中公文庫

失敗の本質

日本軍の組織論的研究

戸部良一／寺本義也
鎌田伸一／杉之尾孝生
村井友秀／野中郁次郎

中央公論新社

目次

はしがき

本書の刊行につながる研究会をわれわれが初めてもったのは、昭和五五年の秋であった。そもそものきっかけは、戦史の教育に従事してきた杉之尾が、戦史研究に社会科学的方法論を導入してより科学的な戦史分析ができないものかと、防衛大学校の同僚である野中と鎌田に話を持ちかけたことに始まる。

しかし、当初のテーマは本書に結実したテーマとかなり異なるものであった。当時中東戦争史に関心を持っていた杉之尾が、さまざまな戦略的奇襲の事例の比較研究を提案したので、当初のテーマは、危機における国家の意思決定や情報の処理を分析することに置かれていた。野中と鎌田は、組織論における意思決定分析をこのテーマに生かそうとし、やがて間もなく対外政策決定論に関心を抱いていた戸部が研究会に加わった。

このテーマに関する研究会は約一年ほど続けられたが、やがて一つの壁にぶつかってしまった。というのは、戦略的奇襲の比較分析を行なうには多くの事例の意思決定や情報処理の実態に関するデータがあまりにも少ないからであり、また十分な実証データを欠く理論研究だけでは、諸外国の先行研究の二番煎じになるのではないかと思われたからである。さらに、組織論専攻以外の者からは、国家という複雑きわまる実体に組織論の理論的枠組がどこまで有効に適用できるのか、という疑問も出された。

こうした暗中模索のなかから誰からともなく、次のような提案がなされた。「われわれがこの研究会を始めたそもそもの動機は、戦史への社会科学的分析の導入にあったのではないか。それならばもう一度原点に立ち戻って、もっと身近な戦史を見直すべきではないか。たとえば日本の大東亜戦争史を社会科学的に見直してその敗北の実態を明らかにすれば、それは敗戦という悲惨な経験のうえに築かれた平和と繁栄を享受してきたわれわれの世代にとって、きわめて大きな意味を持つことになるのではないか。」

こうしてわれわれはテーマの軌道修正を図った。大東亜戦争史上の失敗に示された日本軍の組織特性を探求するという新たなテーマは、その研究対象が組織論のアプローチによく適合するものであったし、「日本はなぜ敗けたのか」というわれわれの潜在的関心にもそうものであった。もちろん、テーマ変更前の研究蓄積がすべて無駄になったわけではない。意思決定や情報処理に関する研究は、本書のケース分析や理論的考察のさまざまなところで生かしたつもりである。また意思決定に関してわれわれが多くの示唆を受けたグレアム・アリソンの『決定の本質』やアーヴィン・ジャニスの『集団思考の犠牲——対外政策決定と失敗の心理学的分析』は、本書の『失敗の本質』というやや誇大な題名にその名残りをとどめている。

新しいテーマが確定された後、研究会には軍事史専攻の村井が加わり、かねてから軍事組織の組織論的研究に意欲を燃やしてきた明治学院大学の寺本が参加した。この両者からは、ともすれば以前のテーマにとらわれがちの旧メンバーに対し、さまざまの新鮮なアイデアが提供された。五七年四月に、それまで研究会の主導的役割を果たしてきた野中が一橋大学に転出すると、研究会開催の頻度はいくぶんペース・ダウンしたが、そのかわり泊まりがけの「合宿」を何度か行なって、共同研究の進展を図った。そしてようやくここに本書刊行のはこびとなった。ずいぶん遠まわりしながら、よくぞここまで粘ることができた、というのがわれわれの偽らざる実感である。

本書に実をむすんだわれわれの共同研究は、異なった分野の研究者から成る文字どおりの学際的なものである。それゆえわれわれは、本書でもところどころで強調している「価値の共有」を図ったが、それでもしばしば、それぞれの専攻分野の特殊性に由来する、ものの見方やアプローチの仕方をめぐって論争が生じた。たとえば、組織論専攻の者は理論化・一般化を強く志向し、これに対して歴史専攻の者は「理論」というものに本能的な警戒心あるいは懐疑心を持ち、個々の事象の特殊性・個別性・独自性を強調して理論化に抵抗し続けた。しかし皮肉なことに、理論化を志向した組織論専攻者はいつの間にか歴史における偶然の要素を指摘するようになり、理論化に抵抗した歴史専攻者は組織論の理論的用語を用いて分析を試みるようになった。これも「価値の共有」が成功した証と見るべきであろうか。読者は各々のケース分析のなかに、執筆者の抵抗の跡と価値の共有の一端を見ることができるかもしれない。

本書においてわれわれは、研究書としての質的水準を確保すると同時に、できるだけ多くの人々に読んでもらうために読みやすさ、平易さをも心がけた。それは、大東亜戦争の貴重な戦史上の遺産を一部の研究者だけの独占物とすることなく、国民全体の共有財産にしようと考えたからにほかならない。今日の平和と繁栄を維持していくうえで、大東亜戦争の経験はあまりにも多くの教訓に満ちている。戦争遂行の過程に露呈された日本軍の失敗を問い直すことは、その教訓のかなり重要な一部を構成するであろう。失敗の実態を明らかにしてその教訓を十分かつ的確に学びとることこそ、平和と繁栄を享受するわれわれに課された責務の一つであり、将来も平和と繁栄を保持していくための糧ともなるであろう。

ただし、平易さをめざすあまり、われわれのケース分析にはいくぶん強引さが見られるかもしれない。この点については、とくに戦史専門家の批判を待ちたいと思う。また、理論的分析の部分では、やはり強引さと生硬なところが目立つかもしれない。これはある意味で、理論化に必然的に伴う避けがたい結果でもあるが、もちろん建設的な批判をわれわれは歓迎する。われわれは本書が、戦史に社会科学的分析のメスを入れた先駆的研究となること、またわが国ではおそらく初めて組織論の立場から軍事組織を実証的に分析した本格的研究となることを期したが、むろん本書は完璧なものではありえない。本書が問題提起の役目を果たして、有益かつきびしい批判が数多く寄せられれば、われわれとしてはその「野心」の大半が達成されたと受けとめ、また新たな研究に向かって前進するであろう。

本書刊行に至るまでには、多くの人々からさまざまなご教示、ご批判、お世話をいただいた。ここで一言お礼を申し上げたい。まず、われわれの研究会で戦史についてのレクチュアを快く引き受けてくださった近藤新治氏（戦史研究家）はじめその他の方々、自ら従軍した作戦に関しヒアリングに応じてくださった方々に、心からお礼を申し上げる。また、平和安全保障研究所理事長（前防衛大学校校長）の猪木正道先生にも感謝の辞を捧げる。先生はわれわれの研究に関心を示され、間接的な形でいわば知的刺激を与えてくださったし、研究者としてのあるべき姿をわれわれは先生から学んだ。ダイヤモンド社社長川島譲氏はわれわれの研究の出版を積極的に勧められ、同社出版局の岩持岑生・羽鳥忠一の両氏は、原稿が遅れがちであるうえに校正の段階でもやたらに修正するわれわれの暴挙を、根気強く耐え忍んでくれた。あらためてお礼をいいたい。なお、ほとんど手弁当で続けてきたわれわれの研究を蔭で支えてくれた家族にも、感謝の意を示したい。

最後に、われわれは本書を、無謀な戦争で傷つき斃れ、戦後の平和と繁栄の礎となった人々に捧げることにする。

昭和五九年四月

執筆者一同

失敗の本質

――日本軍の組織論的研究

序章

日本軍の失敗から何を学ぶか

本書のねらい

大東亜戦争（戦場が太平洋地域にのみ限定されていなかったという意味で、本書はこの呼称を用いる）において、日本は惨澹たる敗北を喫した。したがって悲惨な敗戦を味わった日本人が、戦後、なぜ敗けたのかを自問したのも当然であった。そして、やがて開戦前の状況についての真相が徐々に明らかになるにつれ、国力に大差ある国々を相手とした大東亜戦争は、客観的に見て、最初から勝てない戦争であったことが理解された。それゆえ、なぜ敗けたかという問いは、なぜ敗けるべき戦争に訴えたのか、という形の設問に転化し、歴史学や文明史・精神史の立場からさまざまの解答、説明が与えられた。つまり、開戦時における日本の指導者の誤断や愚かさ、あるいは政策決定の硬直性を指摘する研究や、アメリカが日本を戦争に引きずりこんだとする謀略・陰謀説や、ペリーによる開国強制以来の日米百年戦争論や、「西洋」に対する日本の挑戦に戦争の根源を見出す文明史・精神史的解釈等々が、さまざまに語られてきたのである。

もし読者がこのような戦争原因究明を本書に期待しているとすれば、読者はおそらく失望するであろう。というのは、本書は、日本がなぜ大東亜戦争に突入したのかを問うものではないからである。もちろん、なぜ敗けるべき戦争に訴えたのかを問うことは、すでにいくつかのすぐれた研究があるとはいえ、今後も問い直されてしかるべきであろう。しかし、本書はあえてそれを問わない。

本書はむしろ、なぜ敗けたのかという問いの本来の意味にこだわり、開戦したあとの日本の「戦い方」「敗け方」を研究対象とする。いかに国力に大差ある敵との戦争であっても、あるいはいかに最初から完璧な勝利は望みえない戦争であっても、そこにはそれなりの戦い方があったはずである。しかし、大東亜戦争での日本は、どうひいき目に見ても、すぐれた戦い方をしたとはいえない。いくつかの作戦における戦略やその遂行過程でさまざまの誤りや欠陥が露呈されたことは、すでに戦史の教えるところである。開戦という重大な失敗、つまり無謀な戦争への突入が敗戦を運命づけたとすれば、戦争遂行の過程においても日本は各作戦で失敗を重ね、敗北を決定づけたといえよう。本書は、なぜ敗けたのかという問題意識を共有しながら、敗戦を運命づけた失敗の原因究明は他の研究に譲り、敗北を決定づけた各作戦での失敗、すなわち「戦い方」の失敗を扱おうとするものである。

さて、各作戦段階での失敗といえば、それは一般に戦史の扱う分野とされ、事実、大東亜戦争の各作戦に関しては防衛庁の『大東亜戦争史叢書』をはじめ数多くの戦史研究や、参加者の個人手記、戦記物などが発表ないし刊行されてきた。しかし、本書は、単なる戦史研究のレベルにとどまろうとするものではない。本書のねらいは、これまでの戦史研究の成果を参照しつつ、それを現代の文脈に生かすことにある。

より明確にいえば、大東亜戦争における諸作戦の失敗を、組織としての日本軍の失敗ととらえ直し、これを現代の組織にとっての教訓、あるいは反面教師として活用することが、本書の最も大きなねらいである。それは、組織としての日本軍の遺産を批判的に継承もしくは拒絶すること、といってもよい。いうまでもないが、大東亜戦争の遺産を現代に生かすとは、次の戦争を準備することではない。それは、今日の日本における公的および私的組織一般にとって、日本軍が大東亜戦争で露呈した誤りや欠陥、失敗を役立てることにほかならない。

では、日本軍の失敗がどうして現代の組織にとって関連性を持ちうるのか、また教訓となりうるのか。

そもそも軍隊とは、近代的組織、すなわち合理的・階層的官僚制組織の最も代表的なものである。戦前の日本においても、その軍事組織は、合理性と効率性を追求した官僚制組織の典型と見られた。しかし、この典型的官僚制組織であるはずの日本軍は、大東亜戦争というその組織的使命を果たすべき状況において、しばしば合理性と効率性とに相反する行動を示した。つまり、日本軍には本来の合理的組織となじまない特性があり、それが組織的欠陥となって、大東亜戦争での失敗を導いたと見ることができる。日本軍が戦前日本において最も積極的に官僚制組織の原理（合理性と効率性）を導入した組織であり、しかも合理的組織とは矛盾する特性、組織的欠陥を発現させたとすれば、同じような特性や欠陥は他の日本の組織一般にも、程度の差こそあれ、共有されていたと考えられよう。

ところが、このような日本軍の組織的特性や欠陥は、戦後において、あまり真剣に取り上げられなかった。たしかに、戦史研究などによりさまざまの作戦の失敗は指摘された。そして、多くの場合、それらの失敗の原因は当事者の誤判断といった個別的理由や、日本軍の物量的劣勢に求められた。しかしながら、問題は、そのような誤判断を許容した日本軍の組織的特性、物量的劣勢のもとで非現実的かつ無理な作戦を敢行せしめた組織的欠陥にこそあるのであって、この問題はあまり顧みられることがなかった。否むしろ、日本軍の組織的特性は、その欠陥も含めて、戦後の日本の組織一般のなかにおおむね無批判のまま継承された、ということができるかもしれない。たとえばそれは、企業のリーダーが自己の軍隊経験を経営組織のなかに生かそうとしたり、経営のハウ・ツーものが日本軍の組織原理や特性を半ば肯定的に援用しようとする傾向などに、見ることができよう。

なるほど日本軍の組織原理や特性は、すべてがいかなる場合にも誤りではなかったであろう。日本軍の組織的欠陥の多くは、大東亜戦争突入まであまり致命的な失敗を導かなかった、ともいえるかもしれない。すなわち、平時において、不確実性が相対的に低く安定した状況のもとでは、日本軍の組織はほぼ有効に機能していた、とみなされよう。しかし、問題は危機においてどうであったか、ということである。危機、すなわち不確実性が高く不安定かつ流動的な状況――それは軍隊が本来の任務を果たすべき状況であった――で日本軍は、大東亜戦争のいくつかの作戦失敗に見られるように、有効に機能しえずさまざまな組織的欠陥を露呈した。

戦後、日本の組織一般が置かれた状況は、それほど重大な危機を伴うものではなかった。したがって、従来の組織原理に基づいて状況を乗り切ることは比較的容易であり、効果的でもあった。しかし、将来、危機的状況に迫られた場合、日本軍に集中的に表現された組織原理によって生き残ることができるかどうかは、大いに疑問となるところであろう。日本軍の組織原理を無批判に導入した現代日本の組織一般が、平時的状況のもとでは有効かつ順調に機能しえたとしても、危機が生じたときは、大東亜戦争で日本軍が露呈した組織的欠陥を再び表面化させないという保証はない。

本書は、大東亜戦争における日本軍の失敗を現代の組織一般にとっての教訓として生かし、戦史上の失敗の現代的・今日的意義を探ろうとする。本書が、日本軍の作戦の成功例ではなくて、むしろ失敗例を取り上げるのも、まさにこのためである。もちろん本書は、大東亜戦争において日本軍の作戦が失敗にのみ終始した、ということを暗示するものではない。なかには、開戦劈頭の真珠湾奇襲攻撃に代表されるように、日本軍の作戦成功例とみなすべきものも、少数ながらいくつか存在した。また、物量的劣勢を考慮し、視点を末端の戦闘レベルにおける将兵の戦いぶりに限定するならば、日本軍はよく戦った、と見ることもできるかもしれない。しかし、全体的に見た場合、組織としての日本軍の作戦や戦い方では、その失敗例が成功例を、数の上でも重要度においてもはるかに圧倒しており、しかも失敗例のなかにこそ、日本軍の組織的特性や欠陥がより鮮明に映し出されている。結局、本書がめざすところは、大東亜戦争における日本軍の作戦失敗例からその組織的欠陥や特性を析出し、組織としての日本軍の失敗に籠められたメッセージを現代的に解読することなのである。

本書のアプローチと構成

上述したように、本書は大東亜戦争における日本軍の「戦い方」ないし「敗け方」を問題とする。ただし、本書は、大東亜戦争の戦争指導全般を扱おうとするものではない。

つまり、政府・大本営レベルでの戦争計画、戦争全局への見通し、戦略的意思決定などの推移のすべてを研究対象とするわけではない。むしろ、本書の分析対象は、大東亜戦争の戦局の展開を左右したとみなされる個々の重要な作戦に置かれている。なぜならば、日本軍の組織特性やそれに起因する失敗の本質は、戦争指導全体の流れを追うことよりも、個々の重要な作戦の決定や遂行・実施の実態を分析することによってこそ、より明確かつ具体的な形でとらえることができるであろう、と考えたからにほかならない。もちろん、個々の作戦の分析にあたっては、当然政府・大本営レベルでの決定や行動にも言及されるであろう。しかし、主たる焦点は、当該作戦の実施に従事した部隊もしくは艦隊や、その作戦を実質的に指揮・指導した上級司令部にあてられる。このように個々の作戦やそれに従事した部隊および作戦司令部に焦点を絞ることによって、日本軍の組織特性が最もヴィヴィッドに浮き彫りにされ、そこに表出された失敗の本質から有益な教訓が理解しやすい形で得られるであろう。ただし、われわれは個々の戦闘における戦術レベルまでは扱わない。われわれが追求するのは、戦術の原理・原則ではなくて、それを根底から規定する組織の特性である。

さて、分析対象を個々の作戦に置くというかぎりでは、本書は従来の戦史研究にかなり近いものであり、屋上屋を架すがごときものにすぎないではないか、と考える向きがあるかもしれない。しかし、さきにも触れたとおり、本書は純然たる戦史研究ではない。

そもそも本書の執筆者はそのほとんどが、戦史については、いわば素人である。執筆者の多くは、戦史研究者ではなくて、組織論や経営学、意思決定ないし政策決定論、あるいは政治史や軍事史の研究に従事してきた者である。したがって、われわれ執筆者は、まず何人かの戦史研究者によるレクチュアや研究会を通じ戦史の予備的知識を与えられたうえで、それぞれ個々の作戦に関するケース分析に取り組んだ。そして本書は、これまでの戦史研究の成果に大きく依拠しつつ、組織論や意思決定論（政策決定論）の理論的アプローチをそれに適用させることによって、失敗の本質を析出しようと試みたのである。

本書は大東亜戦史上の失敗例として六つのケースを取り上げ、個々のケースにおける失敗の内容を分析した。六つのケースとは、ノモンハン（執筆担当・村井、軍事史専攻）、ミッドウェー（同・鎌田、組織論専攻）、ガダルカナル（同・野中、組織論専攻）、インパール（同・戸部、政治外交史専攻）、レイテ（同・寺本、組織論専政）、沖縄（同・杉之尾、戦史専攻）である。各ケースの詳しい内容と分析は一章に譲り、ここではそれぞれのケースを取り上げた理由を簡単に説明しておこう。

まず、ノモンハンは、大東亜戦争には含まれないが、その作戦失敗の内容から見て、大東亜戦争におけるいくつかの作戦の失敗を、すでに予告していたと考えられる。たとえば、そこでは作戦目的があいまいであり、しかも中央と現地とのコミュニケーションが有効に機能しなかった。情報に関しても、その受容や解釈に独善性が見られ、戦闘では過度に精神主義が誇張された。これらの点を含む日本軍のさまざまな組織特性や欠陥は、あとで見るように、大東亜戦争開始後の重要な作戦でも、程度の差こそあれ、一様に繰り返されたのである。また、ノモンハンでの失敗は、ほとんど学習されることがなかったのであり、その意味でノモンハンは、比喩的にいえば、失敗の序曲でもあった。

ミッドウェーとガダルカナルは、よく知られているように、それぞれ大東亜戦争における海戦と陸戦のターニング・ポイントであった。それまで順調に軍事行動を進ませてきた日本は、この二つの作戦の失敗を転機として敗北への道を走り始めたのである。とくにミッドウェーは、作戦の成功と失敗の分岐点を明らかにする事例としても、注目される特徴を有している。この作戦の失敗には、作戦目的の二重性や部隊編成の複雑性などの要因もからんでいるが、米軍の成功と日本軍の失敗とを分かつ重大なポイントとなったのは、不測の事態が発生したとき、それに瞬時に有効かつ適切に反応できたか否か、であった。ミッドウェーのケースでは、この点に着目して分析がなされるであろう。

他方ガダルカナルでは、やはり他の失敗した作戦と同じく、情報の貧困や兵力の逐次投入といった点が指摘されると同時に、太平洋戦場で反攻に移った米軍が水陸両用作戦を開発しそれを効果的に用いたのに対し、日本軍がそれにまったく成功しなかった点にも注意が向けられる。陸戦のターニング・ポイントとしてのガダルカナルには、日本軍がそこで実施すべき水陸両用の統合作戦の開発を怠ってきたことの欠陥や失敗という一面もあったのである。

インパール、レイテ、沖縄は、日本の敗色が濃厚となった時点での作戦失敗の主要な例である。いうならば、この三つの作戦は、本来的な意味における「敗け方」の失敗の最も典型的な事例を提供してくれる。インパールは、しなくてもよい作戦を敢行した、いわば賭の失敗であった。そのケース分析では、戦略的合理性を欠いたこの作戦がなぜ実施されるに至ったのかという点に着目し、主に作戦計画の決定過程に焦点を絞るとともに、人間関係を過度に重視する情緒主義や、強烈な使命感を抱く個人の突出を許容するシステムの存在が、失敗の主要な要因として指摘される。

レイテは、まさに〝日本的〟精緻をこらしたきわめて独創的な作戦計画のもとに実施されたが、いぜんとして作戦目的はあいまいであり、しかも、精緻な統合作戦を実行しうるだけの能力も欠けたままであった。そして参加各部隊（艦隊）は、その任務を十分把握しないまま作戦に突入し、統一指揮不在のもとに作戦は失敗に帰したのである。任務の把握の不徹底という点に着目すれば、レイテの敗戦は、自己認識の失敗であったともいえよう。さらに、その自己認識の失敗は、能力不相応の精緻な作戦計画や、事前の戦果の非現実的な過大評価にも通じるものであった。

大東亜戦争最後の主要作戦たる沖縄でも、相変わらず作戦目的はあいまいで、米軍の本土上陸を引き延ばすための戦略持久か航空決戦かの間を、揺れ動いた。ここでもいくつかの要因によって戦略的合理性が貫徹されなかったが、とくに注目されるのは、大本営と沖縄の現地軍に見られた認識のズレや意思の不統一である。このケースでは、米軍の上陸に対して効果的な措置をとることに失敗した根源を、大本営と現地軍との間の対立や妥協から生まれた戦略策定の非合理性ととらえ、そこに分析のメスが入れられるであろう。

以上六つのケースは、大東亜戦争における主要な作戦のすべてを網羅したものではない。しかし、日本軍の組織特性や欠陥から失敗の本質をえぐり出そうという本書の目的からすれば、この六つのケースが最も典型的な「失敗」の例を提供してくれるし、また、六つのケースの分析でわれわれの研究目的にはほぼ十分であろうと思われる。陸戦四、海戦二、という配分も、それぞれのなかに陸海統合作戦的なものも含まれているので、ほどよいバランスといえるであろう。

なお、ケース分析において、われわれはそのデータを主に防衛研修所戦史部（旧戦史室）刊行の『戦史叢書』に求めた。『戦史叢書』はわれわれのケース分析の、いわば底本となっている（とくに断らないかぎり図表は『戦史叢書』をもとに作成した）。ただし、同じ『戦史叢書』を底本としながら、個々のケース分析には少しトーンの違いが見られるかもしれない。問題意識やアプローチ、そして用語の統一性をはかりながらも、個々のケース分析に関しては、われわれはあえて、それぞれのケースの独自性と執筆担当者の叙述スタイルに任せることにした。

さきにも述べたように、われわれの大部分は本来の戦史研究者ではない。したがってわれわれは、いわゆる後知恵によって日本軍の失敗を誇張したり、特定の人間に対し過酷な評価・批判に傾いた嫌いがあるかもしれない。しかしわれわれは、日本軍の失敗に籠められた教訓を探るため、ときにはあえて、失敗の誇張や過酷な批判という危険性を承知のうえで分析を進めたのである。また、われわれは、初めから勝てない相手との戦争なのだから個々の作戦でも敗けるのは明らかだし、そこにさまざまな失敗が露呈したのも当然である、という解釈をことさら意識的に避けた。もちろん、われわれはこのような解釈が誤りであると主張するつもりは毛頭ない。しかしさきにも指摘したように、われわれの問題意識は、「戦い方」ないし「敗け方」の組織論的究明にあるのであって、なぜ敗けたかの歴史的原因のすべてをあげつらうことではないのである。

さて、六つのケース分析を終えたあと、本書は二章で、個々のケースの失敗に共通して見られる日本軍の組織的特性や欠陥を抽出し、最後に試むべき理論的分析のための整理を行なう。すなわち、各事例に共通した失敗の要因を、戦略発想および策定上の特性と組織上の欠陥とに区分し、それぞれの要因に関してあらためて詳しく分析がなされる。さらにそこでは、日本軍と米軍の組織特性上の比較分析が試みられ、この比較を用いて、日本軍の組織上・戦略上の欠陥が鮮明に描き出されるであろう。

最後に、二章でなされた失敗の要因整理を踏まえて、三章では、組織としての日本軍の特性や欠陥が今日でもなお日本のさまざまな組織に継承されているのではないかとの認識のもとに、日本軍の失敗が意味する今日的課題の提示と解明がなされる。ここでは、組織の環境適応理論や、組織の進化論、なかんずく自己革新組織、組織文化、組織学習などの概念を用いて、日本軍の失敗の本質に関する総合的理論化が試みられる。このような理論化の試みは従来の戦史や軍事組織の研究には稀薄であった。したがって、われわれの試みは多分に野心的なものであろう。われわれはもちろん、ここで用いられたアプローチの有効性に対する率直な批判を歓迎する。

三章はまた、日本軍的組織が機能しうる条件と、機能しえない条件とを提示するが、後者の日本軍的組織が機能しえない条件ないし状況の明確化は、とりもなおさず、その今日的課題の提示と解明を導くであろうし、その解明が満足のいく程度まで達成されれば、過去の失敗から現在のわれわれが何を教訓として学ぶべきかが明らかとなる。そして日本軍の失敗に籠められたメッセージの現代的解読が、より明確かつ体系的に整理された形で読者の前に示されることになろう。

一章
失敗の事例研究

1　ノモンハン事件——失敗の序曲

作戦目的があいまいであり、中央と現地とのコミュニケーションが有効に機能しなかった。情報に関しても、その受容や解釈に独善性が見られ、戦闘では過度に精神主義が誇張された。

プロローグ

「日本の兵隊さん、君たちは騙されている。ただちに白旗を掲げて降伏しなさい。命は保証する。君たちは完全に包囲されて、後方を遮断されている。戦ってもあと二、三日の生命です」、昭和一四年八月ノモンハンの荒野にソ連軍の放送が流れた。数年後太平洋の島々で繰り返される光景が初めて現われたのである。

ノモンハン事件（昭和一四年五月〜九月）は、当初関東軍にとって単なる火遊びにすぎなかったが、結果は日本陸軍にとって初めての敗北感を味わわせたのみならず、日本の外交方針にまで影響を与えた大事件となった。

ノモンハン事件は本来荒涼たる砂漠地帯における国境線をめぐる争いにすぎなかったが、第一次世界大戦を経験せず、清、帝政ロシア、中国軍閥と戦ってきた日本陸軍にとっては初めての本格的な近代戦となり、かつまた日本軍にとって最初の大敗北となった。やってみなければわからない、やれば何とかなる、という楽天主義に支えられていた日本軍に対して、ソ連軍は合理主義と物量で圧倒し、ソ連軍戦車に対して火焔瓶と円匙で挑んだ日本軍戦闘組織の欠陥を余すところなく暴露したのである。

ノモンハン事件以前に日本陸軍が師団以上の兵力でソ連軍と交戦したのは、大正八年(一九一九)~同一一年にかけてのシベリア出兵、昭和一三年の張鼓峰事件があるが、いずれも日ソ両軍の本格的な戦闘とはいいがたく、それゆえノモンハン事件からは多くの教訓と示唆が得られたはずであり、物量を誇る米英との大東亜戦争に対する貴重な教訓になるはずであった。

外モンゴルと満州国との国境は、もともと遊牧地帯であるうえに、中国が外モンゴルの独立を認めていなかったという事情もあり、きわめて不明確であった。

日本軍は満州事変後、満州国の支配を通じて、直接国境をはさんでソ連・外モンゴル軍と対峙するようになり、国境画定のための満洲里会議も実をむすばず、外モンゴル、満州国間の国境紛争は昭和一〇年以来頻発するようになっていた。

ノモンハン事件以前の関東軍の方針では、原則として国境警備は満州国の軍隊および

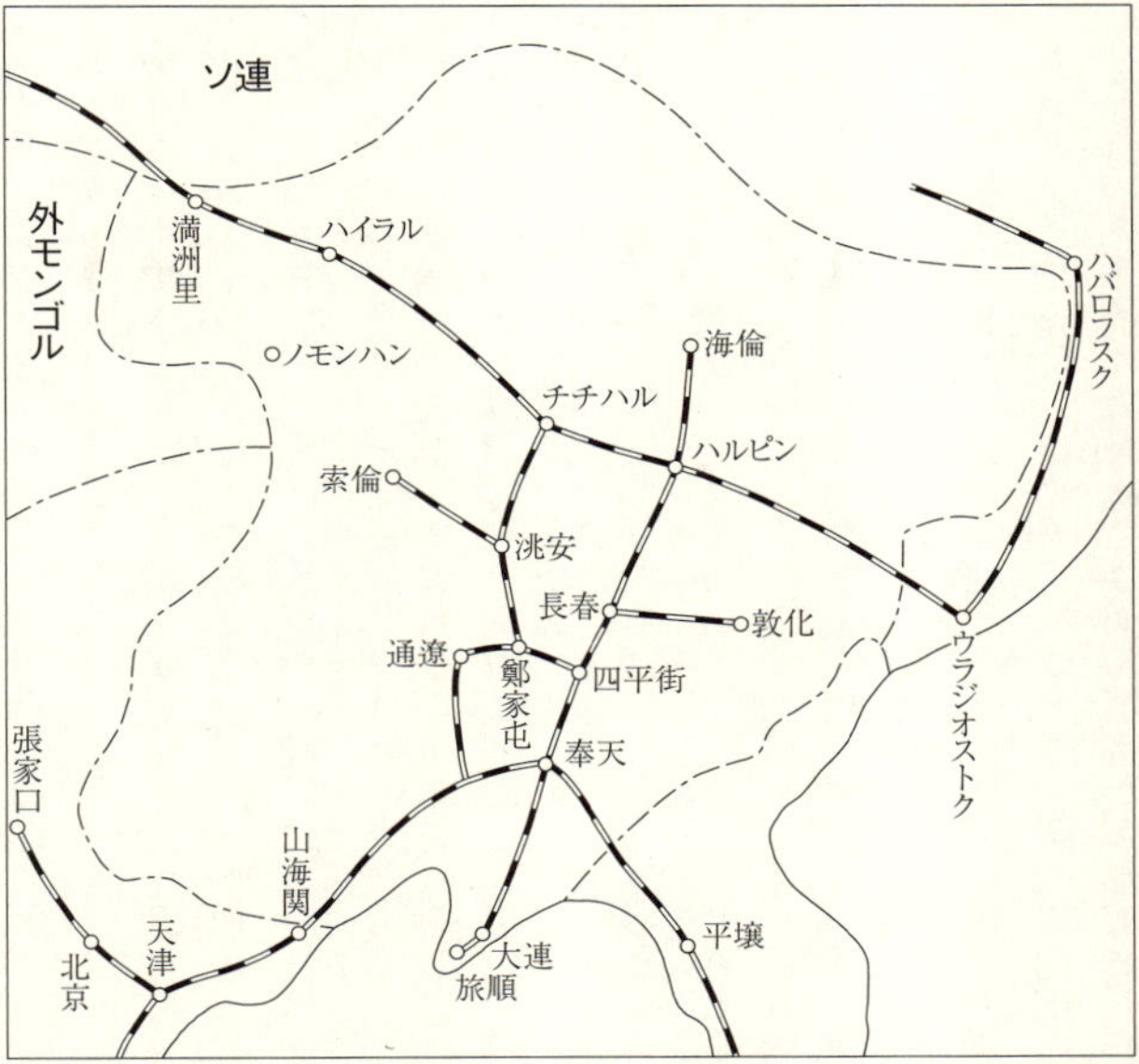

図1－1　満州国

警察をもって行なうことになっており、また中央部も、関東軍は国境線をはさんだ小紛争などを問題とせず、ソ連軍情報の収集と対ソ作戦の研究、軍隊の錬成などに専念するように指示を出していた。

当時日中戦争は三年目を迎え、いよいよ泥沼化の様相を深めており、中央部が他正面において事態を紛糾させたくないと考えたのは当然であった。

ところが、国境紛争が実際に発生した場合の具体的な処理方針と要領は、第一線部隊には示されず、兵力使用の適否と限度という重要な統帥事項があいまいなままであった。

要するに中央部の意図は、紛争が発生した場合には、その場の状況を勘案し、事態を悪化させないように現地と連絡をとりながら処理するというものであった。

ここに関東軍第一課参謀辻政信少佐起案による「満ソ国境紛争処理要綱」が登場する素因があった。

「満ソ国境紛争処理要綱」によれば、基本方針としては、ソ連の野望を粉砕するためには、まずその初動の段階において徹底的にこれを封殺破摧することが必要であるが、国境線が不明確な地域においては、防衛司令官が自主的に国境線を認定して第一線部隊に明示する、ソ連軍が越境したならば、これを急襲殲滅しなければならないが、その際一時的にソ連領に進入してもかまわないとし、第一線部隊は、事態の収拾処理は上級司令部に任せ、兵力の多少にかかわらず必勝を期さなければならないとしていた。

辻少佐は、昭和七年第一次上海作戦に参加して以来中国各地で戦場経験に富み、同一一年四月から一二年八月にかけて関東軍第四課に在勤し、同年一一月からは再び作戦参謀として関東軍勤務についた。そのために関東軍、満州国の事情について最も精通し、また持ち前の積極的な性格もあいまって、関東軍内部におけるその発言力は大きかった。

辻参謀の基本的な考えは、当面の情勢が多端であり日本軍の兵力が劣勢であるからこそ、ソ連が国境を侵す場合は即座にソ連軍に一撃を加え、その出鼻をくじくことが、紛争の拡大を防ぐうえで最も肝要である、というものであった。

関東軍司令官植田謙吉大将はこれに同意し、決裁した後、昭和一四年四月二五日「満ソ国境紛争処理要綱」を作戦命令（関作命第一四八八号）としてその実施を示達した。

なお関東軍は発令と同時にこれを参謀総長に報告したが、中央部は正式に何の意思表示もせず、関東軍としては、作戦計画が当然容認されたものと考えた。

第一次ノモンハン事件

昭和一四年五月一一日ハルハ河東岸の国境線係争地区（日本・満州国側はハルハ河を国境線と主張していた）において約二〇〜六〇名の外モンゴル軍と満州国軍との間で武力衝突が発生した。

この報に接するや、ハルハ河地区をその担当正面とする関東軍第二三師団は即座に出動準備を整えた。第二三師団長小松原道太郎中将は、四月下旬に関東軍から示達された「満ソ国境紛争処理要綱」により、ただちに外モンゴル軍の撃破を決心し、歩兵第六四連隊第一大隊、捜索隊主力に出動を命じ、同時にこの処置を関東軍司令部に報告した。

植田関東軍司令官は小松原師団長の決心、処置を是認し、参謀総長に報告した。これに対し中央部からは、参謀次長名（参謀総長は閑院宮載仁親王）で関東軍の適切な処置に期待する旨返電があった。

五月一三日から五月一五日にかけて第二三師団はハルハ河東岸の外モンゴル軍を攻撃し、外モンゴル軍はハルハ河西岸に撤退した。そこで小松原師団長は、出動の目的を達したと判断し、部隊をハイラルに帰還させた。

しかしその後再び、ソ連・外モンゴル軍がハルハ河東岸に進出したため、小松原師団長は再び「満ソ国境紛争処理要綱」に基づいて、ハルハ河東岸のソ連・外モンゴル軍の撃滅を決心し、五月二一日歩兵第六四連隊、捜索隊に攻撃命令を下達した。

小松原師団長からの報告を受けた関東軍は、「ソ連・外モンゴル軍が一歩越境したからといって早急、不用意に出動するのは急襲成功の道ではない、しばらく機会をうかがい、相手方が油断したときに、突如立ち上がって一挙に急襲することこそ採るべき策案である」として、二一日関東軍参謀長から第二三師団参謀長あて再考を求める電報が打たれた。

これに対して小松原師団長は、すでに出動命令を下達した以上、これを中止することは統帥上不可能である、としてあくまでも攻撃強行を主張した。

この間の事情について、辻政信は後にその著書のなかで、敵を見ていきり立つ第一線

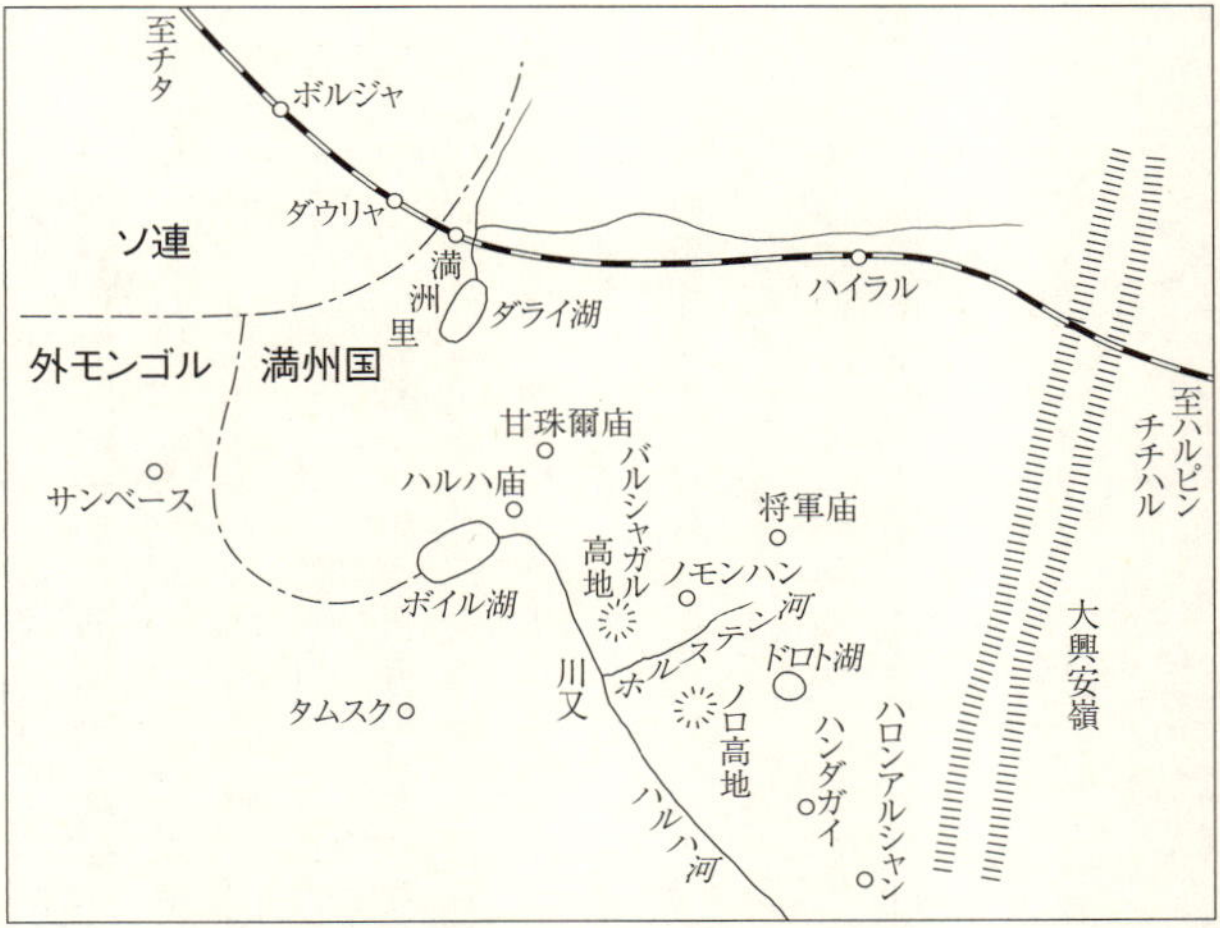

図1－2　ホロンバイル地方図

師団長の心理と、大局的にこれを控制しようとする関東軍の思想との違いであり、後日関東軍と参謀本部が対立したのは、新京で満州の全般を見ながらノモンハンの戦闘を処理する立場と、東京で世界を見ながら満州の一局面を処理する立場の相違である、と述べている。

植田関東軍司令官は小松原師団長の主張を認め、五月二三日中央部へ本事件の処理方針について報告するとともに、関東軍として事件を拡大しないように注意する旨伝えた。

当時参謀本部ロシア課は、ソ連側には事件拡大の意図はないと判断し、関東軍に対しても、それが航空兵力を増強し、外モンゴル内部を爆撃する気配がないかぎり、その措置に干渉しないほうがよいと考えていた。

五月二四日の参謀次長から関東軍参謀長への返電は、関東軍として適切な処置をとるよう要望しただけにすぎなかった。これを受けて五月二七日、第二三師団麾下の山県支隊（歩兵第六四連隊、捜索隊、通信隊無線一小隊、師団自動車隊、救護班）はハルハ河へ向かって進撃を開始したが、圧倒的なソ連軍の砲撃を浴びて支隊主力は動けず、先頭の捜索隊約二〇〇名は孤立し、ソ連軍の砲撃と戦車により全滅した。

小松原師団長は全般の戦況を考慮して、五月三一日攻撃部隊に撤収命令を出し、ここに第一次ノモンハン事件は終了した。

なお一一月大本営陸軍部がまとめた「ノモンハン事件経過の概要」においては、以上に述べた戦闘を第一次事件、以下に述べる戦闘を第二次事件としている。またソ連側では第一次、第二次事件をあわせて、ハルヒン・ゴル（ハルハ河）の戦闘と呼んでいる。

第一次事件は、西北満州防衛司令官としての小松原第二三師団長が示達されたばかりの「満ソ国境紛争処理要綱」に基づいて、自発的に作戦を実行したものであり、第一義的な責任は第二三師団にあったが、以下に述べる第二次事件は、関東軍の命令により第二三師団が作戦を実行したものであった。

第二次ノモンハン事件

第二三師団の攻撃部隊が撤退すると、ハルハ河両岸のソ連・外モンゴル軍陣地はしだいに強化され、兵力も逐次増強されつつあると見られた。

小松原師団長はこのような状況を関東軍に報告し、第二三師団はその防衛の責任上ただちにソ連・外モンゴル軍を攻撃すべきである、との意見具申を行なった。

関東軍では、第一課高級参謀寺田雅雄大佐が、日中戦争をめぐって紛糾しつつある日英会談の処理に悪影響があってはならぬとして、事態の静観を主張したが、これに対して辻参謀は、ソ連の野望を封殺するためには、その初動の時期に痛撃を加えるのが最良の策である、またこうすることによって関東軍の伝統たる不言実行の決意を示すことができ、このことは日英会談の打開にも通じる、としてソ連・外モンゴル軍に対する攻撃を主張した。議論の結果、司令部内の各課参謀は辻案に同意し（寺田参謀も同調）、ソ連・外モンゴル軍に対する攻撃計画が辻参謀を中心に練り上げられた。

作戦方針は、「軍ハ越境セルソ蒙軍ヲ急襲殲滅シ其ノ野望ヲ徹底的ニ破摧ス」というものであり、使用兵力は、第七師団を主体とする歩兵九大隊、火砲七六門、戦車二連隊、高射砲一連隊、工兵三中隊、自動車四〇〇両、飛行機約一八〇機であった。

この作戦で考慮された重要な点の一つは、ハルハ河が関東軍の基地ハイラルから約二〇〇キロメートルであるのに対して、ソ連軍の後方基地ボルジャまたはヴィルカからは約六五〇〜七五〇キロメートルも離れていることであった。したがって不毛の砂漠地帯を越えて長大な兵站線を維持し、大兵力を移動させることは、日本軍の兵站常識では不可能であり、ソ連がハルハ河の戦場に集中できる兵力は、外モンゴル軍と外モンゴルに駐屯する一部のソ連軍のみで、数的には日本軍と大差なく、精鋭な日本軍をもってすれば、鈍重なソ連・外モンゴル軍を容易に撃破できると考えられたのである。

当時ソ連はソ連・モンゴル相互援助議定書（昭和一一年）により、外モンゴルに少なくとも狙撃一個師団、戦車四個旅団以上、飛行機一個旅団の兵力を駐屯させ、昭和一三年九月には、特別狙撃第五七軍団司令部をチタからウラン・バートルに移駐していた。事態を重視し、さらに大規模な日本軍の行動を予想したソ連は、昭和一四年六月はじめ、白ロシア軍管区司令官代理であったゲ・カ・ジューコフ中将を新しく特別狙撃第五七軍団長に任命し、彼の意見によって、軍の指揮点もハルハ河から一二〇キロメートルも離れていたタムスクからハルハ河西岸のハマル・ダバ山に前進させ、日本軍の判断をはるかに上まわる機動力を発揮して莫大な作戦資材を輸送し、優勢な兵力を戦場に集中した。輸送された軍用資材は、砲兵弾薬一万八〇〇〇トン、空軍弾薬六五〇〇トン、各種燃料、潤滑剤一万五〇〇〇トン、各種糧食四〇〇〇トン、その他貨物一万一五〇〇トンであった。またソ連内陸部から前線へ送られた兵力は、狙撃二個師団、空挺一個旅団、戦車一個旅団、装甲車二個旅団、狙撃一個連隊、砲兵二個連隊、通信二個大隊、架橋一個大隊、給水工兵一個中隊などであった。

五月末参謀本部作戦課は、「ノモンハン国境事件処理要綱」を作成し、大本営としての基本構想をまとめた。この要綱の主旨は、関東軍を信頼してその処置に任せるが、敵に一撃を加えた後はすみやかに兵を後方に撤退させるようにその行動を規制し、事件の拡大を招きやすい航空部隊による越境攻撃はこれを強く抑制する、というものであった。しかしながらこの要綱はあくまでも大本営の腹案にとどまり、関東軍に示達されることはなかった。

関東軍の企図、使用兵力を通報せよ、との中央部からの問い合わせに対して、関東軍参謀長は、地勢上ソ連軍が大兵力を集中することは困難と思われるので、第二三師団と現有する航空機と地上直轄諸隊をもって十分作戦目的を達成しうると判断し、またソ連軍に間歇的に大打撃を与え、持久的対峙に陥らないようにする、と報告した。関東軍としては、泥沼化しつつある日中戦争の状況を考慮して、増援要請を手控えたというのであるが、要するに中央部、関東軍ともにソ連軍が本事件に関して大兵力を展開することはないという先入観にとらわれていたのである。

辻参謀を中心に練り上げられた作戦要領は、第七師団と戦車部隊をもってハルハ河西岸に進入し、ソ連軍砲兵陣地を攻撃してこれを蹂躪した後、ハルハ河東岸のソ連・外モンゴル軍を背後から攻撃する、一方、第二三師団は主力の攻撃に呼応してハルハ河東岸のソ連・外モンゴル軍橋頭堡を攻撃しこれを殲滅する、というものであった。第二三師団に代わって第七師団を主力にすることにしたのは、すみやかに作戦目的を達成するために、関東軍のなかで最も伝統がある精鋭師団を起用することにしたからである。第二三師団は、中国戦線に転用された騎兵集団に代わってノモンハン事件の一年前に編成が終わったばかりで、兵員の大部分は新しく補充された初年兵、二年兵で構成されていた。兵員の多くは九州および広島県、島根県出身者で満州に渡ってからノモンハン事件が始まるまでの約半年間はそのほとんどを対寒訓練に費やし、本格的な教育訓練は四月中旬から開始されたが、一ヵ月もたたないうちにノモンハン事件が始まったのである。また第二三師団は日本陸軍最初の三単位編成の師団であり、独立師団として運用するには歩兵力、火力装備が不十分であるといわれていた。なお第二三師団長小松原中将は駐ソ武官、ハルピン特務機関長を勤め、参謀長大内孜大佐はラトビア駐在武官の経験を持ち、両者とも陸軍部内におけるソ連通であった。

関東軍参謀長磯谷廉介中将は作戦課に対して、戦略単位兵団を動かす規模となる以上、あらかじめ大本営の了解を得ることが必要ではないか、との意見を述べたが、作戦課参謀は、越境したソ連・外モンゴル軍を排除することは関東軍本来の任務であるうえ、中央に申し出れば必ず拒否されるので、この際機を失せずにすみやかに作戦を実行すべきである、と主張し、結局参謀長も作戦課の意見に同意した。植田関東軍司令官は、武力行使には同意したが、統帥上の見地から西北地区の作戦に関して、担当の第二三師団をはずして第七師団を使うことには異議を唱え、作戦計画の練り直しを命じた。すなわち皇軍の伝統は打算を超越し、上下父子の心情をもって結合するにあり、血を流し、骨を曝す戦場における統帥の本旨とは、数字ではなく理性でもなく、人間味あふれるものでなければならない、との思想であった。植田大将は、自分の担当正面に発生した事件を他の師団長に処理させることになれば自分ならば腹を切る、と涙を浮かべて述べたといわれている。こうして修正された案では主力部隊が第七師団から第二三師団に変更され、歩兵が四大隊、火砲が約二〇門、工兵が二中隊それぞれ増強された。この修正案は六月二〇日、関作命第一五三二号として下達された。

当時関東軍作戦課では、ソ連・外モンゴル軍の兵力を、ソ連狙撃一個師団（約九大隊）、火砲二〇～三〇門、戦車二個旅団（一五〇～二〇〇両）、飛行機二～三個旅団（約一五〇機）、外モンゴル騎兵二個師団と判断しており、関東軍「機密作戦日誌」によれば、この程度のソ連・外モンゴル軍に第二三師団その他を派遣することは、「鶏ヲ割クニ牛刀ヲ以テセンコトヲ欲シタルモノ」と見ていた。関東軍が最も懸念していたのは、攻撃する前にソ連・外モンゴル軍が退却してしまうことであった。ただしチチハルに駐屯していた第七師団長園部和一郎中将は、部下の歩兵第二六連隊長須見新一郎大佐への手紙のなかで、「敵は大敵で装備優良、しかも十分準備しているのに対し、我は兵力少なく装備劣悪なるにもかかわらず、敵を軽侮し準備不十分、行きあたりばったりの作戦計画で敵地に進入するのは正に一大事である。急いでは失敗する」と警告していた。

関東軍の作戦計画は、中央部の了解を得ずに準備が進められ、実施直前になってから中央部へ報告された。これに対して陸軍省軍事課長岩畔豪雄大佐は、「事態が拡大した際、その収拾のための確固たる成算も実力もないのに、たいして意味のない紛争に大兵力を投じ、貴重な犠牲を生ぜしめるごとき用兵には同意しがたい。ことに今や膨大な軍備拡充を要求している統帥部がこのような無意味な消耗を認めるのは不可能である」として強く反対したが、参謀本部第二（作戦）課長稲田正純大佐は、「国境紛争は段々と拡大しており、敵は今後何をやり出すかわからぬから、その出鼻をくじくのも一案である。また北辺のことは関東軍に任せてあり、万一の場合、大興安嶺以西を放棄し、第二三師団を失うことを覚悟しなければならぬかもしれぬが、一個師団位の使用は関東軍に任せてもよいではないか」との意見を述べ、結局は陸軍大臣板垣征四郎中将の、「一個師団位いちいちやかましくいわないで、現地に任せたらいいではないか」という一言で関東軍作戦計画の承認に決まったといわれている。関東軍、参謀本部とも作戦の結果についてはなんらの不安も感じていなかったようである。

タムスク爆撃

六月二三日関東軍は第二飛行集団に対して以下の命令を下達した（関作命甲第一号）。

一、軍ハ速カニ外蒙空軍ヲ撃滅セントス
二、第二飛行集団長ハ好機ヲ求メテ速カニ「タムスク」「マタット」「サンベース」付近ノ根拠飛行場ヲ攻撃シ敵機ヲ求メテ之ヲ撃滅スヘシ

関東軍の寺田参謀は、中央部との意思統一が不十分であるとして自重を促したが、関東軍作戦課は、「タムスク進攻作戦は国境防衛任務達成上の戦術的手段として関東軍司令官の権限に属するもので、別に大命を仰ぐ筋合ではない」として作戦準備を強行した。関東軍は、中央部が国境紛争不拡大方針をとっており、とくに航空機による越境爆撃には絶対反対の立場をとっていることを十分承知していたため、この作戦については一切中央部に秘匿して準備を進めた。ところが関東軍の一参謀によりこの計画が大本営作戦課に伝えられ、六月二四日参謀次長より、この越境爆撃計画は事件の拡大を招くおそれがあり、不適当であるので自発的中止を求める、との電報が関東軍参謀長あて届けられた。またこの電報には、連絡のため参謀本部の将校を派遣する旨付け加えられていた。

そこで関東軍は大本営の明確な命令指示がないことを利用して、具体的な規制が行なわれる前に、越境爆撃作戦を強行することに決定した。六月二七日第二飛行集団はハイラルの飛行場を出発して、タムスク、サンベースを急襲し大きな戦果を挙げた。

しかし関東軍のこの独断攻撃は、中央部と関東軍の間に激しい感情的対立を引き起こした。

参謀本部の稲田作戦課長は、「大命により中止を求めなかったのは、関東軍の地位を尊重し、自発的に中止させようとしたためであるのに対して、関東軍は中央部の意中を無視して強行し、中央部の信頼を裏切った」と感じ、関東軍参謀の電話による戦果報告に対して激しい非難を浴びせた。当時の関東軍内部の雰囲気について、辻参謀は次のように述べている。「決死の大戦果に対し、第一線の心理を無視し、感情を踏みにじって何の参謀本部であろう。このときの電話は関東軍と中央部とを決定的に対立させる導火線となった」。作戦終了後参謀次長より関東軍参謀長に宛てた電報は、「事前ニ連絡ナカリシヲ甚タ遺憾ト感シアリ　本問題ハ影響スル処極メテ重大ニシテ貴方限リニ於テ決定セラルヘキ性質ノモノニ非ス　右企図ノ中止方至急御考慮アリ度」と述べ、これに対し関東軍の返電は、「北辺ノ些事ハ当軍ニ依頼シテ安心セラレ度」と応酬したのであった。

当時の大本営作戦課参謀は次のように述べている。

「関東軍ヨリノ電報ハ怪シカラヌモノバカリ　関東軍ト中央部トヲ全然同等ノ相手ト考

へ統帥ノ大義ヲ考ヘザル点全ク幕僚トシテノ資格ナシ」

六月二九日大本営は、これ以上国境紛争の拡大を防止するため関東軍の任務を制限し、その行動を規制するため次のような命令指示を関東軍に与えた。まず、大陸命第三二〇号は、国境紛争の処理は局地に限定するように努め、状況によっては行なわなくてもよい、と命じ、次に大陸指第四九一号は、地上戦闘範囲をボイル湖以東に限定し、敵の根拠地に対する空中攻撃は行なわない、と指示した。

中央部は、関東軍の権限の限界が不明確であったために、さまざまな問題が生じたと判断し、参謀本部作戦課は以下の諸点を研究事項として取り上げた。一、関東軍の防衛任務を大命一本にまとめ、同軍の行動規制を容易にする。二、遠隔地に派兵するときは必ず中央部と協議する。三、戦略単位（旅団以上）の使用には中央部の認可を受けさせる。四、航空機の積極的使用は中央部の認可を要する。五、国境線の多少の出入りは問題視せず。六、中央部は断固たる統制に意を用いる一方、現地との協調一体化にいっそう留意指導する。

ハルハ河渡河作戦

大陸命第三二〇号の発令により、ハルハ河東岸のソ連・外モンゴル軍を攻撃しなくてもよいことになったが、関東軍としては越境したソ連・外モンゴル軍を撃滅するとの従来の方針になんらの変更も加えなかった。

六月下旬になるとソ連軍陣地はさらに強化され、警戒も厳重になり、捜索活動はきわめて困難になっていたが、敵情を十分に把握できなかった関東軍の作戦参謀は、ソ連軍が関東軍の攻撃を避けて戦線を離脱するのではないかと心配し、早急に攻撃を実施することに努めた。

六月三〇日攻撃に関する師団命令が下達された。攻撃計画の要旨は、第二三師団主力をもってハルハ河西岸に進出し、西岸のソ連・外モンゴル軍を撃破し、その後東岸のソ連・外モンゴル軍陣地を背後から攻撃する、一方安岡正臣中将の指揮する戦車第三、第四連隊、歩兵第六四連隊、独立野砲兵第一連隊、工兵第二四連隊は、主力の攻撃に呼応してハルハ河東岸を南進し東岸のソ連・外モンゴル軍を殲滅する、というものであった。さらにソ連・外モンゴル軍が戦場から離脱するのを防ぐため、企図を察知されるおそれのある捜索活動をあまり行なわず、急襲によって一気に包囲殲滅しようとする方針であった。なおこの作戦は、日本、満州の主張する国境線であるハルハ河を越えることになっていたため、中央部は七月二日の上奏で、地勢上やむをえない戦術上の一時的手段であると説明した。

しかしソ連軍の作戦計画は、ハルハ河東岸の陣地をあくまでも確保し、日本軍の包囲攻撃に対しては増援した機甲兵団による阻止攻撃を行ない、さらに日本軍の出方によっては、航空部隊を含む優勢な兵力による縦深陣地からの反撃を予定していた。

再三にわたる「ソ連軍退却」の情報に焦った攻撃部隊は、十分な準備と捜索をせずに追撃思想による攻撃を開始した。七月二日夜敢行されたハルハ河渡河作戦は一応成功したが、翌日にはソ連軍の反撃が始まり、質量ともに優勢な機甲部隊、砲兵の攻撃を受け、また航空部隊も活動を再開し、日本軍の進撃は阻止された。さらにソ連軍は渡河した攻撃部隊の背後を襲う気配を見せたために、第二三師団に同行していた関東軍参謀副長矢野音三郎少将は小松原師団長に撤退を指示し、第二三師団を主体とする越境攻撃部隊はハルハ河東岸へ撤退した。なお第二三師団大内参謀長は撤退の混乱のなかで戦死した。

ハルハ河東岸に撤退して態勢を整理した第二三師団は、七月七日安岡支隊とともにハルハ河東岸のソ連・外モンゴル軍に対する攻撃を開始した。しかし十分な火力（重砲、戦車、航空機等）を持たない日本軍は、歩兵による夜襲方式を採用せざるをえず、また一日攻撃が遅れれば、それだけ敵に兵力増加の機会を与え、陣地と火力を強化させ、その結果日本軍の攻撃はますます困難になるとして、十分な火力の増強を待たずに追撃思想による攻撃を続行し、損害を重ねていった。

当時関東軍の戦況判断はきわめて楽観的であったが、大本営では第二三師団の作戦が順調に進んでいないと感じていた。大本営作戦課参謀井本熊男少佐のメモによると、大本営は戦況があまり有利ではないという印象を受けており、第二三師団が予定された戦果を挙げられない理由として、一、敵を軽侮し過ぎている、二、砲兵力不足、三、架橋能力不足、四、後方補給力不足、五、通信能力不足、六、第二三師団の任務過重、七、「向フ意気」の不足、をあげている。

このように第二三師団が苦戦を続けていたとき、攻撃部隊のなかで大きな役割を演じていた第一戦車団に対して、関東軍から原駐屯地へ帰還するようにとの命令が出された。このような戦況を無視した決定がなされた背景には、当時関東軍が進めていた「修正軍備充実計画」があった。すでに大損害を受けていた第一戦車団はこの計画の重要部分である戦車部隊拡充計画の母体として予定されており、関東軍としてはこれ以上の戦車の損耗を避けたかったのである。日本軍が固執した白兵突入作戦は、貧弱な生産力が兵士に強要した苦しまぎれの戦法であり、多数の重砲や戦車を動員する戦闘方式は巨大な生産力と不可分のものであった。

砲兵戦

ハルハ河西岸は東岸よりも高く、東岸のソ連・外モンゴル軍陣地を攻撃する日本軍はほとんど全部が西岸のソ連軍砲兵の視界のなかに入り、西岸から正確な砲撃を浴びた。

そこで植田関東軍司令官は、ハルハ河西岸の敵砲兵さえ撲滅すれば、東岸の陣地は容易に奪取できると考え、従来の歩兵を中心とする攻撃から砲兵主体の攻撃への切り替えを計画した。七月一二日の師団命令は、砲兵全力の展開を待った後、攻撃を開始し、一挙にハルハ河東岸のソ連・外モンゴル軍陣地と西岸台上のソ連砲兵を撃滅する、というものであった。砲兵を主体とする第二三師団の総攻撃は七月二三日から実施されたが、結局予定された成果を挙げることはできなかった。砲兵戦において勝利を収めるためには、まず第一に相手を圧倒できるだけの多数の火砲と多量の弾薬を準備しなければならない。また目標に対して十分な捜索を行なった後、急襲的かつ一挙に敵砲兵を撲滅することが必要である。ところが第二三師団の攻撃の場合は、ソ連軍に比較して火砲数、とくに弾薬量が少なく、また火砲自体の性能も劣っていた。さらに敵情の捜索、観測を十分に行なわずに実施した攻撃が失敗するのは当然であった。

第一次世界大戦において見られたような本格的近代戦の実戦的体験を持たない日本軍は、物力の意味を理解していなかった。弱体もしくは少数の戦車、航空兵力、砲兵力をもって、ソ連軍が構築した近代式陣地を突破しようとしたのは本来無理であり、結局攻撃部隊はソ連軍砲兵の猛射を浴びて大損害を出し、攻撃は停頓した。

「事件処理要綱」

七月二〇日上京した磯谷関東軍参謀長に対して、参謀次長中島鉄蔵中将は事件打ち切りに関する中央部の方針「事件処理要綱」を説明した。この要綱は六月に示達された大陸命第三二〇号と大陸指第四九一号を具体化したものであり、ノモンハン事件を冬季に入る前に終結させることを目標としていた。そのために七月下旬の総攻撃において所望の戦果を挙げるか、外交商議が成立すればただちに撤兵し、その後ソ連・外モンゴル軍が係争地区に進入しても、情勢が許すまで地上膺懲作戦は行なわず、また敵機が越境爆撃を行なってもこれに対する報復越境爆撃は行なわないとの方針であった。

これを聞いた磯谷関東軍参謀長は、数千の将兵が血を流した土地を棄てて撤兵することは統帥上なしえない、と主張し容易に納得しなかった。そこで中央部は、「要綱」を強制して関東軍の感情を刺激することを恐れ、「要綱」の実施を命ずる処置をとらなかった。関東軍の立場を尊重し、実施はあくまでもその自発的意思によるという従来の方法をとったのである。磯谷関東軍参謀長が持ち帰った「事件処理要綱」は、明確な示達手続がとられていなかったために、関東軍としては単なる参考資料の一つとして取り扱っていた。関東軍の寺田参謀は後に、中央部の意図、命令、指示は不明確なものが多く、事件処理に関して積極的態度が見られず、ことの成り行きにまかせることが多かったと感想を述べている。

持久防禦

七月三日に開始されたハルハ河両岸攻撃、続いて歩兵の夜襲によるハルハ河東岸攻撃、退勢挽回をねらった砲兵戦主体の総攻撃はいずれも失敗し、第二三師団は七月二五日以来持久防禦の態勢に入った。しかし八月に入ってからソ連・外モンゴル軍の行動は活発になり、盛んに日本軍陣地に攻撃を繰り返し、日本軍はその防戦に追われて防禦工事は遅れ、防禦態勢が整わないうちに八月二〇日のソ連軍大攻勢を迎えることになったのである。

ソ連軍の八月攻勢に関する情報は、七月中旬に関東軍に伝わり始めた。攻勢の規模、時期等に関しては不明の点が多かったが、ともかくソ連軍が攻勢に備えて兵力を集結しつつあることは明らかであった。当時ソ連軍は連日偵察飛行を行なっていたが、日本軍はほとんど飛行機を飛ばさなかった。

植田関東軍司令官はこのソ連軍の攻勢に対処するため、第七師団の使用について研究を命じたが、関東軍作戦課は、第七師団は関東軍最後の戦略予備軍であり、七月中旬以来全極東ソ連軍の動きが活発化しているとき、万一の場合に備えて軽々に動かすべきではない、また軍の輸送力には限度があり、この際第二三師団の越冬工事のための資材を優先すべきである、と主張し、結局ソ連軍の攻勢に対する処置としては、第二三師団の欠員を補充し、第七師団の一部兵力を前線に派遣するにとどまった。七月三一日に策定された「作戦準備促進要綱」には、ソ連・外モンゴル軍の大規模な攻勢に対しては、現陣地を基点として攻勢に転じ、これを撃破できるように準備を促進し、一方関東軍全般の立場においては、北および東方面の作戦準備に十分注意する、と述べられてあった。

また八月一二日に策定された関東軍の「ノモンハン事件処理要綱」には、厳冬期において既得の戦果を確保できるように準備を促進し、同時にソ連・外モンゴル軍の戦力を破摧して敵の野望を断念させ、また敵が長期抗戦を企図する場合には、これを圧倒撃破する、と述べられている。

東京においては、八月一九日中島参謀次長が上奏し、ノモンハン事件解決のために外交交渉を重視し、また交渉が不成立の場合においても厳冬期の到来を手がかりに全兵力を係争地区外に撤収するとの考えを説明した。

ところで満州においては、八月四日大本営命令（大陸命第三三四号）によって第六軍が編成された。これは第二三師団、第八国境守備隊、ハイラル第一、第二陸軍病院などによって編成され、軍司令官は荻洲立兵中将、参謀長は藤本鉄熊少将であった。ただし軍司令官以下各幕僚は二人を除いて関東軍やソ連軍、満州の地形、気候に関する予備知識をほとんど持っておらず、さらに新司令部設置に伴う事務処理に追われて一人の軍幕僚も戦場に進出しないうちに、ソ連軍の大攻勢を迎えることになる。

八月に入ってから中央部は、日英会談、防共協定の強化、内閣更迭など多くの重要問題に直面してきわめて多忙であり、一方、七月中旬頃から関東軍の戦況報告は途絶えがちになり、八月中旬頃には関東軍と中央部との連絡は中絶状態となった。しかしその間にも優勢なソ連軍と対峙している日本軍部隊は、絶え間なくソ連軍重砲の集中射を浴び、一日平均三〜四パーセントの損害を重ねながら次第に衰弱していった。ソ連軍の弾薬集積量は日本軍と比較にならず、日本軍が一度砲撃すると、ソ連軍はその何倍もの砲弾を日本軍の上に浴びせたために、八月に入ると日本軍歩兵は砲兵に、なるべく撃たないでくれ、と頼んだといわれている。

このような日本軍の苦戦を早くから予想する意見もあった。駐ソ大使館付武官土居明夫大佐は、六月下旬にモスクワから帰国途中に観察した状況を報告し、少なくとも狙撃二個師団、重砲等約八〇門が輸送されつつあるので、作戦は慎重に行なわなければならないとの意見を述べた。また関東軍第二課高級参謀磯村武亮大佐は、ソ連軍の兵力は約二個師団であり、これに対抗するためには日本軍も十分な兵力が必要である、さらに七月末以降日本軍陣地線の左右両翼が開放されており危険である、と再三にわたり意見を述べた。これに対して関東軍作戦課は、一挙にソ連・外モンゴル軍を撃滅するという意気にあふれているときに、そのような消極的意見は不適当である、またソ連・外モンゴル軍に対しては三分の一程度の兵力で十分であり、今回の日本軍の予定兵力はむしろ鶏に対する「牛刀」にあたるものである、と判断していた。さらに、両翼が開放されているとの指摘に対しては、これはソ連軍を引き入れた後、包囲殲滅するためにわざと空けてあるのだ、と反論した。七月中旬には参謀本部総務部長笠原幸雄少将が、第二三師団の戦力が弱体化していることに注意し、第七師団を後詰めとしてハイラルまで推進することを提案し、中島参謀次長も同意して関東軍に伝えられた。これは植田関東軍司令官の考えとも同一であったが、実現されず、結局第七師団の一部兵力の推進にとどまった。さらにハルピン特務機関長秦彦三郎少将は八月中旬に意見具申し、ソ連を軽視せず、むしろ多すぎるぐらいの兵力を集めて一挙にソ連・外モンゴル軍を撃滅し、すみやかに兵力を撤収するようにと述べた。植田関東軍司令官はこの意見に留意し、作戦指導を再検討するよう要求したが、手をつける前にソ連軍の大攻勢が開始された。

当時の日本軍においては、観念的な自軍の精強度に対する過信が上下を問わず蔓延していたと思われる。

ソ連軍の八月攻勢

ソ連軍の作戦構想は、日本軍の両翼に強力な打撃を加え、日本軍をハルハ河東岸の外モンゴルが主張する国境線内に捕捉して包囲殲滅することであった。このためにソ連・外モンゴル軍は日本軍主力を拘束する正面攻撃の中央集団（狙撃二個師団、狙撃機関銃一個旅団、砲兵二個連隊）と日本軍の両翼を攻撃する主攻撃部隊の南北各集団（狙撃一個師団および一個連隊、戦車二個旅団および二個大隊、装甲車二個旅団、対戦車砲二個大隊、自走砲一個大隊、火焔放射戦車一個中隊、モンゴル騎兵二個師団）、および予備隊（装甲車一個旅団、空挺一個旅団）を編成し、八月二〇日朝総攻撃を開始した。ソ連軍は以後の戦闘を二つに区分し、第一期（八月二〇日～二三日）は日本軍の分断と包囲、第二期（八月二四日～三一日）は日本軍の撃破と殲滅であった。

これに対して第二三師団は攻勢移転計画を示達し、反撃を試みた。その方針は、ソ連・外モンゴル軍を深く日本軍陣地内に誘致する一方、攻撃部隊がソ連・外モンゴル軍の側背に向かって攻撃前進し捕捉殲滅する、というものであった。しかし実際には日本軍の攻勢兵力は弱小であるうえに準備不足であり、日本軍陣地は縦深性に乏しいうえに正面過広であり、場所によっては陣地間の距離が四キロメートルから六キロメートルも離れ、防禦用の鉄条網も設置されていなかった。ソ連軍は日本軍の誘致を待つまでもなく次々と日本軍を分断、包囲し、戦況は急速に悪化していった。友軍砲兵が後方へ回った敵戦車を撃つため、味方に損害を出す有様であった。

このような事態に対応するため、関東軍司令部は引き続き第二三師団に要地の確保を命ずる一方、第七師団主力をハイラルに推進して第六軍指揮下に入れ、さらに第二師団、第四師団の急派を決定した。しかしこのような兵力逐次使用の見本のような用兵は効果なく、戦局はさらに悪化し、八月末には第二三師団のほとんどの部隊が撃破され、日本軍陣地には赤旗が林立し、組織的戦力は尽きようとしていた。当時第六軍は、全滅の危機にある第二三師団を撤退させる必要を感じながら、第一線の軍司令部として師団に戦場放棄を命ずることをためらっていたが、ついに八月二九日荻洲第六軍司令官は、前線に孤立している残存部隊に対し撤退命令を出した。「速カニ敵線ヲ突破シテ『ノモンハン』ニ向ヒ前進スヘシ　吾等ノ責任ハ最後ノ企図遂行ニ在リ　此際自重シ現状ノ如何ニ拘ラス本命令ノ実行ヲ厳命ス」。戦場を撤退した各部隊の損耗率はいずれも六〇～七〇パーセント以上に達していたといわれている。八月末日第七師団主力による掩護陣地が一応形を整え、第二三師団の残存部隊約二〇〇〇名はかろうじて脱出することができた。

一方全戦線にわたって日本軍を圧倒したソ連軍は、外モンゴルが主張する国境線で進撃を停止し、また第六軍も自ら係争地区外に後退する方針を固めつつあった。

しかし、関東軍は作戦終結を考えることなく、再び増援部隊を派遣して戦闘を継続する意思を示した。大本営としては作戦終結の意思を持っていたが、統帥の原則として実際の作戦運用はできるだけ現地の関東軍に任せるべきであると考えていた。したがって大本営の指導方式は、まず関東軍の地位を尊重して、作戦中止を厳命するようなことはせず、使用兵力を制限するなどの微妙な表現によって中央部の意図を伝えようとしたのである。このために、八月三〇日作戦終結に関する大命（大陸命第三四三号）が下ったが、その内容は、大本営の企図は北辺の平静を維持することにあり、関東軍はできるだけ小兵力で持久策をとるべし、というものであり、表現が明確さを欠いており、婉曲に関東軍の善処を要求したにすぎず、関東軍としては作戦の中止を要求したものとは考えなかった。同日中島参謀次長が関東軍に派遣され、直接大命を伝達することになったが、彼も関東軍の激しい攻勢意図に同化されてしまい、中央部の意図を伝えなかった。そこで関東軍としては参謀次長が作戦続行に同意したものとみなし、攻勢準備をいっそう促進することになった。この中島参謀次長の現地指導は中央部の意図とは大きく異なっていたため、九月三日再び攻勢中止の大命（大陸命第三四九号）が伝えられた。この命令は関東軍司令官に対し、攻勢作戦の中止と兵力を係争地域外に後退させることを明確に命じていた。関東軍はなおも戦死者収容のための限定作戦の実施を求めたが、中央部の認めるところとはならなかった。よって九月六日、植田関東軍司令官は大命によりノモンハンにおける作戦を中止するとの関東軍命令を示達し、ここにノモンハンにおける戦闘は終わった。

第六軍軍医部の調査によれば、昭和一四年の五月から八月にかけて死闘を繰り広げた日本軍は、戦死七六九六名、戦傷八六四七名、生死不明一〇二一名、計一万七三六四名の兵士を失い（昭和四一年一〇月一二日、靖国神社でノモンハン事件戦歿者の慰霊祭を行なった際、発表された戦歿者の数は一万八千余人であった）、また一方ソ連・外モンゴル軍も戦死・戦傷合わせて一万八五〇〇名の兵士を失ったのである。

九月一五日モスクワにおいて、東郷駐ソ大使とモロトフ外務人民委員の間で合意が成立し、一六日「停戦協定」が共同発表された。国境線については、日本・満州国・ソ連・外モンゴルの間で協議が続けられ、昭和一五年六月九日合意が成立したが、確定された国境線の大部分は、ソ連・外モンゴルが従来から主張していた線であった。

アナリシス

ソ連軍の攻勢の結果、多数の日本軍第一線部隊の連隊長クラスが戦死し、あるいは戦闘の最終段階で自決した。また生き残った部隊長のある者は、独断で陣地を放棄して後退したとしてきびしく非難され、自決を強要された。日本軍は生き残ることを怯懦とみなし、高価な体験をその後に生かす道を自ら閉ざしてしまった。一方、九月から一一月にかけて、ノモンハン事件の責任を明らかにするための人事異動が行なわれ、中央部では参謀本部次長、第一部長が予備役にまわされ、関東軍では軍司令官、参謀長が予備役に編入され、第二三師団では師団長がいったん関東軍司令部付となった後、予備役に入った。また参謀本部第二課長、関東軍参謀副長、第一課全作戦参謀、重傷を受けた第二三師団参謀長が更迭された。新しい幕僚の人選はできるだけ大本営勤務の経験者または堅実な者を選び、事件後関東軍の独断的行動は少なくなったといわれている。

大本営の稲田作戦課長は、新参謀次長の問いに対して、中央部がその意思を関東軍に強要しなかったのは、従来の悪習を踏襲したものであり、統帥上の大失策であった、また関東軍が中央と対等の観念を持ち、中央からの連絡を無視したことも満州事変以来の悪習であり、断固改革しなければならない、統帥の要は人にあり、関東軍をコントロールするには適正な人事が必要で、首脳部の更迭を実行すべきである、との意見を述べている。

一一月には中央部は、関東軍関係者と中央部が任命する委員より成る「ノモンハン事件研究委員会」を設置し、ノモンハン事件の再検討を始めた。研究討議の結果は、低水準にある日本軍の火力戦闘能力を飛躍的に向上させる必要がある、というものであったが、一方、物的戦力の優勢な敵に対して勝利を収めるためには、日本軍伝統の精神威力をますます拡充すべきである、とも述べていた。

日中戦争の初期、小畑敏四郎中将は、日本軍が中国軍相手の戦争ばかり続けていると、戦術が粗雑になり下手になると心配し、囲碁をする者が下手とばかり手合せをすると手が落ちるのと同じだ、といったことがある。

当時の関東軍は、満州国の内政指導権が関東軍司令官に与えられていることを理由に、しばしば政治に干渉し、満人官吏の任免や土建業者の入札にまで関与していた。対ソ戦争の準備に専念すべき各地の師団も政治経済の指導に熱中し、また治安維持のために兵力を分散配置し、対ソ訓練はほとんど行なわれなかったといわれる。当時の関東軍の一師団に対する検閲後の講評は、「統率訓練は外面の粉飾を事として内容充実せず、上下徒に巧言令色に流れて、実戦即応の準備を欠く、その戦力は支那軍にも劣るものあり」というものであった。また関東軍の作戦演習では、まったく勝ち目のないような戦況になっても、日本軍のみが持つとされた精神力と統帥指揮能力の優越といった無形的戦力によって勝利を得るという、いわば神憑り的な指導で終わることがつねであった。

ノモンハン事件は日本軍に近代戦の実態を余すところなく示したが、大兵力、大火力、大物量主義をとる敵に対して、日本軍はなすすべを知らず、敵情不明のまま用兵規模の測定を誤り、いたずらに後手に回って兵力逐次使用の誤りを繰り返した。情報機関の欠陥と過度の精神主義により、敵を知らず、己を知らず、大敵を侮っていたのである。

また統帥上も中央と現地の意思疎通が円滑を欠き、意見が対立すると、つねに積極策を主張する幕僚が向こう意気荒く慎重論を押し切り、上司もこれを許したことが失敗の大きな原因であった。

なお日本軍を圧倒したソ連第一集団軍司令官ジューコフはスターリンの問いに対して、日本軍の下士官兵は頑強で勇敢であり、青年将校は狂信的な頑強さで戦うが、高級将校は無能である、と評価していた。一方、辻政信はソ連軍について、薄ノロと侮ったソ連軍は驚くほど急速に兵器と戦法を改良し、量において、質において、運用において日本軍を凌駕した、革命軍の大きな特色というべきだろう、と述べている。

満州国支配機関としての関東軍は、その機能をよく果たし、またその目的のためには高度に進化した組織であった。しかし統治機関として高度に適応した軍隊であるがゆえに、戦闘という軍隊本来の任務に直面し、しかも対等ないしはそれ以上の敵としてのソ連軍との戦いというまったく新しい環境に置かれたとき、関東軍の首脳部は混乱し、方向を見失って自壊作用を起こしたのである。

中国侵略そしてその植民地的支配の過程で、日本軍の戦闘機関としての組織的合理化は妨げられ、逆にさまざまな側面において退化現象を示しつつあった。このような退化現象を起こしつつあった日本軍の側面を初めて劇的な形で示したのが、ノモンハン事件であった。

2 ミッドウェー作戦——海戦のターニング・ポイント

作戦目的の二重性や部隊編成の複雑性などの要因のほか日本軍の失敗の重大なポイントになったのは、不測の事態が発生したとき、それに瞬時に有効かつ適切に反応できたか否か、であった。

プロローグ

昭和一七年六月一一日「朝日新聞」は、「東太平洋の敵根拠地を強襲」という大見出しのもとに、アリューシャン列島上陸作戦とともにミッドウェー海戦に関して次のように報道した。

大本営発表（一〇日午後三時三〇分）東太平洋全海域に作戦中の帝国海軍部隊は六月四日アリューシャン列島の敵拠点ダッチハーバー並に同列島一帯を急襲し四日、五日両日に亘り反復之を攻撃せり。一方同五日洋心の敵根拠地ミッドウェーに対し猛烈なる強襲を敢行すると共に、同方面に増援中の米国艦隊を捕捉猛攻を加え敵海上及航空兵力並に重要軍事施設に甚大なる損害を与えたり。

同日の大本営発表によれば、ミッドウェー海戦での米軍側の損害は、航空母艦二隻沈没、航空機約一二〇機の損失、重要軍事施設の破壊であり（六月一五日の追加発表では、巡洋艦一隻および潜水艦一隻の沈没が付け加えられ、航空機の損失は約一五〇機に修正された）、また日本軍側の損害としては、航空母艦一隻の沈没と同一隻の大破、巡洋艦一隻の大破、ならびに未帰還航空機として三五機の損失が発表された。

このようなミッドウェー海戦に関する大本営発表に続いて同紙は、「太平洋の戦局はこの一戦に決したというべく、その戦果は絶大なものがある」と述べ、さらに、同日付の「読売新聞」は、「わが海軍部隊勇士が獅子奮迅、鬼神を哭かしむる激戦死闘を敢行した有様が想像され一億国民は重なる偉大なる戦果にただただ感謝感激の誠を捧ぐるのみである」と興奮した表現を用いるとともに、米軍側の損害は公表以上のものがあるようだと推測したうえで、この作戦の意義を「わが帝国防衛水域を米合衆国西岸にまで延長したことを意味」するととらえ、「戦史上特筆大書さるべきものである」とした。

しかしながら、ミッドウェー海戦が実際に日米両軍にもたらした帰結は、これとはまったく逆に日本軍側にとってきわめて不利なものであった。日本海軍は、開戦以来連合艦隊機動部隊において中心的な役割を果たしてきた大型正規空母四隻を失うという、大本営発表をはるかに上まわる損害を受け、一方これに対して米国側の空母損失は一隻にすぎなかったのである。

ミッドウェー海戦は、短期間ではあったが連戦連勝を続けてきた日本軍側が初めて経験した挫折であり、太平洋をめぐる日米両軍の戦いにおけるターニング・ポイントとなった。その意味で、まさにミッドウェー海戦は「太平洋の戦局はこの一戦に決した」というべき戦いであり、「戦史上特筆大書さるべき」海空戦であったが、それは日本側にとってではなく、戦果絶大なものがあったのは米軍側なのであった。

作戦の目的とシナリオ

日本海軍の戦略思想

明治四〇年（一九〇七年）に制定された「帝国国防方針」と「用兵綱領」以来、日本海軍の仮想敵は、米国海軍であった。日本海軍は長年にわたって、広大な太平洋をはさんで対峙する米国海軍に対し、一定の兵力比を維持することに努力してきた。その戦略思想の中心は、短期決戦を原則とし、太平洋を越えて来攻する米国艦隊を日本近海に邀撃し、艦隊決戦により一挙に撃滅しようとするものであった。そしてこのような一貫した基本方針のもとに、約三〇年余にわたり、日本海軍は作戦研究、兵力の整備、研究開発、艦隊編成、教育訓練などを行なってきたのである。

ところが、このような日本海軍——軍令部の戦艦を中心とした漸減邀撃作戦思想に対して、山本連合艦隊司令長官は積極的な作戦思想を持っていた。連合艦隊司令長官は日本海軍の主要兵力のほとんどすべてを率いる実戦部隊の最高指揮官であり、最高統帥部である大本営、軍令部総長の命令、指示、作戦方針に基づき、具体的な作戦計画の立案とその実施の任務を持っていた。山本は、アメリカとの国力差から絶対に長期戦に引き込まれてはならないと考えていたが、旧来の邀撃作戦では、その危険性を回避することはできないとみなしていた。

すなわち、攻撃の時期や場所を自主的に決めて来攻することができる優勢な敵に対して、劣勢な者が受身に立っては勝ち目がない。劣勢な日本海軍が米国海軍に対して優位に立つには、多少の危険をおかしても、奇襲によって自主的に積極的な作戦を行ない、その後も攻勢を持続し相手を守勢に追い込み、「米国海軍および米国民をして救うべからざる程度にその士気を沮喪せしめ」るほかない。これが山本の判断であった。

いうまでもなく、このような山本司令長官の積極的な作戦構想は、長年にわたって日本海軍が踏襲してきた漸減邀撃の作戦方針を堅持している軍令部とは相容れない点があった。軍令部は、連合艦隊が立案した真珠湾奇襲作戦に対し、予想される危険性からさまざまな理由をつけてその承認を躊躇し、連合艦隊内部でも「ハワイ作戦」を中止すべきだという意見具申がないわけではなかった。しかしながら、山本司令長官の強い意思によって、最終的に軍令部もこの作戦計画をとらざるをえなくなったのである。

ミッドウェー作戦の目的とシナリオ

周知のように、対米開戦以降の日本海軍の行動は、ほぼ山本司令長官のシナリオどおりに進行した。そして、次の段階の作戦として浮かび上がってきたのが、ミッドウェー攻略作戦であった。

この作戦は、ミッドウェーを攻略することによって米空母部隊の誘出を図り、これを捕捉撃滅しようとするものであったが、連合艦隊は、ミッドウェーの奇襲攻略は可能であり、これに応じて反撃に出てくるであろう米空母部隊を捕捉撃滅することも、現在の戦力から見て容易であると判断していた。そして、本作戦の要ともいうべきミッドウェー上陸予定日は、月齢、気候状況などを踏まえたうえで、六月七日(昭和一七年)に計画されたのであった。

ミッドウェー攻略作戦と同時にアリューシャン攻略作戦もあわせて行なわれることになったため、本作戦には連合艦隊の決戦兵力のほとんどが動員されることになった。こ

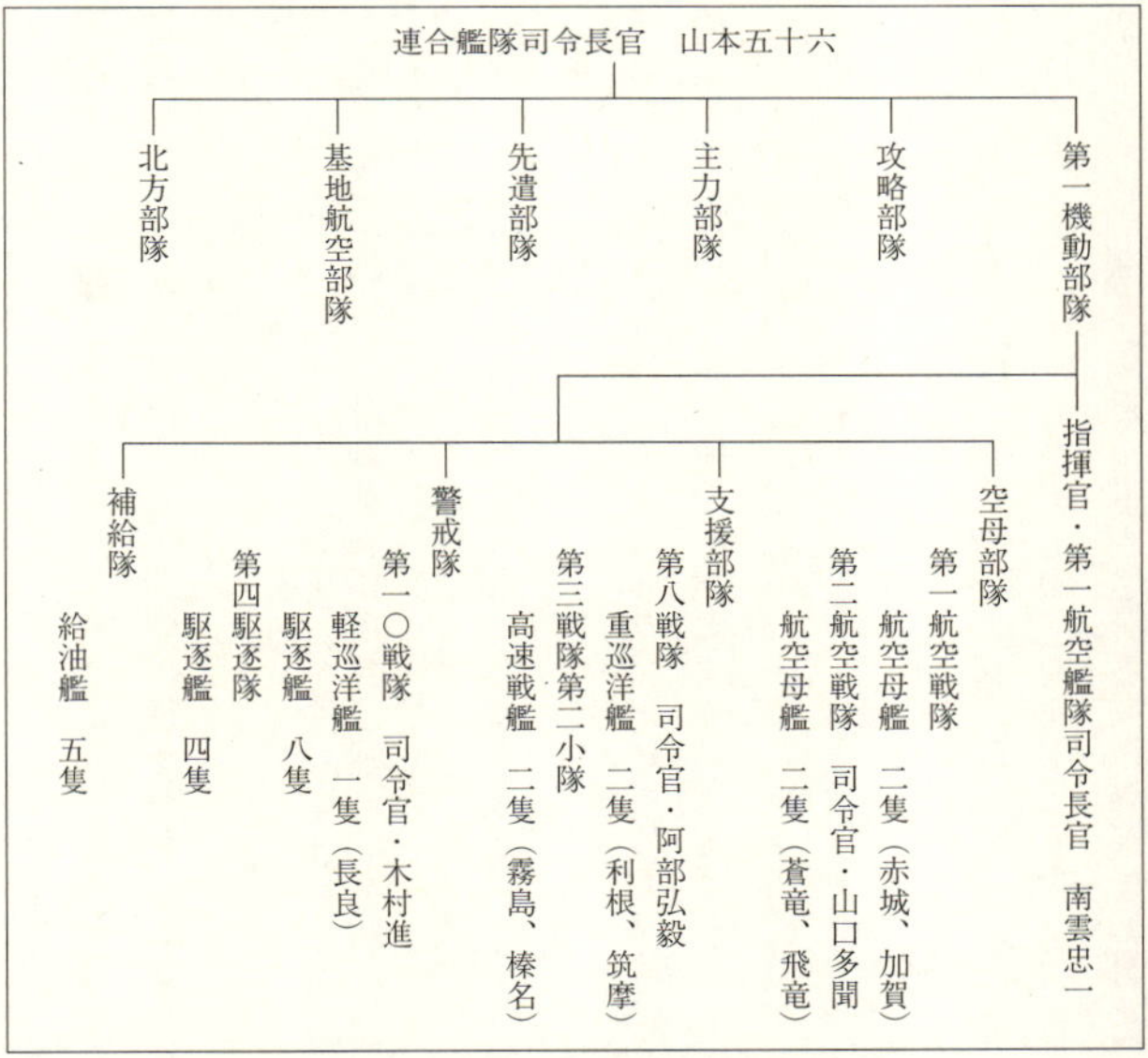

表1－1　日本海軍主要参加部隊と指揮官

のため、北太平洋から中部太平洋にまたがり、山本司令長官のもとに艦船約二〇〇隻、航空機約七〇〇機が、主力部隊、攻略部隊、機動部隊、先遣部隊、基地航空部隊、北方部隊などに分かれて展開した。これら艦船の総トン数は一五〇万トンを超え、乗員、将兵は一〇万人に及んだ。

　このように本作戦には多くのプレーヤーが参加しているが、以下では、ミッドウェー海戦において主役を演じた機動部隊の行動を中心に見ていくことにしよう。機動部隊とは航空母艦を基幹とする部隊をさすが、本作戦ではミッドウェー攻撃に従事した機動部隊を第一機動部隊、これに対し北方部隊に属してダッチハーバー攻撃に従事した第四航空戦隊の小型空母二隻を中心とする部隊を第二機動部隊と称している。いうまでもなく、ここでの主役は第一機動部隊である。

本作戦において、連合艦隊司令部は戦略的奇襲が成り立つとの判断の前提のもとに、以下のようなシナリオを描いていた。

まず、南雲第一航空艦隊司令長官の指揮下、第一航空戦隊、第二航空戦隊の空母四隻を中心とする第一機動部隊は、N―二日、すなわちミッドウェー攻略二日前の六月五日、ミッドウェーの北西二五〇カイリ付近に進出し、同島を奇襲し、所在の敵航空機、基地施設等を撃滅し、一時使用不能にする。状況によっては同日再度攻撃を実施する。この間、母艦搭載機の半数は敵艦隊の出現に備えて待機する。

N―一日、敵情に変化なければ、機動部隊は敵艦隊の出現に備えつつミッドウェーの攻撃を続行する。N日すなわち、ミッドウェー攻略予定日当日、敵情に変化なければ、ミッドウェー島上陸作戦に協力の後、同島の北方約四〇〇カイリ付近に進出し敵艦隊の出現に備える。ミッドウェーの基地使用が可能になりしだい、各空母に搭載中の基地航空部隊の戦闘機を同島に進出させる。以降N＋七日までミッドウェー付近海面に行動し、

N+七日以降命により同海面を離れトラック島の基地に向かう。

以上が、連合艦隊司令部が第一機動部隊に期待したシナリオであった。このようなシナリオのもとで行動を開始した主役は、いかなる錯誤に遭遇し、そして最終的にどのような帰結がもたらされることになったのだろうか。これを具体的に見る前に、相手側たる米海軍がどのようなシナリオ（作戦構想）を描いていたかを検討してみよう。

米海軍のシナリオ

米海軍は、かねてから対日作戦の基本方針として、主力艦隊を西太平洋に進出させて艦隊決戦を行なう計画を持っていた。ところが、大西洋と太平洋の二正面に同時に対処しなければならなかったこと、ならびに開戦劈頭のハワイ奇襲による被害が大きかったことから、太平洋方面では積極的作戦をとることができなかった。開戦後に大西洋から回航した一隻を加えても、太平洋には四隻の正規空母を有するにすぎなかったのである。

真珠湾奇襲後、一段落して日本本土に集結した日本海軍主力が、太平洋のどこかで遠からず積極的な作戦に出てくることは確実であった。しかしながら、その時期や目的地については判断がつきかねていた。このように守勢の立場にあった劣勢の米国海軍にとって強い力となったのは、暗号の解読であった。すなわち、日本海軍において最も広く用いられた戦略常務用の「海軍暗号書D」の解読にかねてから取り組んでいた米海軍情報部は、五月二六日までにほぼその解読に成功していたのである。これによって、太平洋艦隊ニミッツ司令長官は、ミッドウェー作戦の計画に関して日本側の作戦参加艦長、部隊長とほぼ同程度の知識を得ていたという。

後知恵によれば、このような情報量の差が、米海軍に圧倒的な勝利をもたらしたといえるが、これに関して『ニミッツの太平洋海戦史』は次のように指摘している。「米国は日本の暗号電報を解読できたので、日本の計画に関する情報はきわめて完全であった。ニミッツ提督が得た情報は、日本の目的、日本部隊の概略の編成、近接の方向ならびに攻撃実施の概略の期日に関するものである。このように敵情を知っていたことが米国の勝利を可能にしたのであるが、日本の脅威に対処するにはあまりにも劣勢な米兵力の点からみれば、米国の指揮官にとって、それは不可避な惨事を事前に知ったようなものであった」。

ミッドウェーは、米国の太平洋における防衛拠点として絶対に手放すことのできない戦略的要点であった。このため、ニミッツ司令長官は、これまで最下位に近かったミッドウェーに対する補給優先順位を最優先として、急遽ミッドウェーの守備兵力を増強し防備の強化に努めた。しかしながら、その戦力は寄せ集めで十分なものではなかった。

また、海上兵力の主戦力である空母も絶対的に不足していた。ニミッツ司令長官は南太平洋で行動中の全空母部隊にただちに帰投を命じたが、第一七機動部隊の空母「ヨークタウン」は珊瑚海海戦で損傷し、修理に約三カ月を要すると見られていた。このため、ニミッツが使用できる空母は第一六機動部隊の「エンタープライズ」「ホーネット」の二隻しかなかった。当時太平洋にあった米空母四隻のうちの残りの一隻「サラトガ」は、

太平洋艦隊　司令長官チェスター・W・ニミッツ

- 空母攻撃部隊
  - 指揮官・第一七機動部隊司令官　フランク・J・フレッチャー
    - 第一七機動部隊
      - 航空母艦　一隻（ヨークタウン）
      - 重巡洋艦　一隻（ポートランド）
      - 軽巡洋艦　一隻（アストリア）
      - 駆　逐　艦　六隻
    - 第一六機動部隊
      - 司令官　レイモンド・A・スプルーアンス
      - 航空母艦　二隻（エンタープライズ、ホーネット）
      - 重巡洋艦　四隻（ニューオルリンズ、ミネアポリス、ノーザンプトン、ペンサコーラ）
      - 軽巡洋艦　二隻（ヴィンセンス、アトランタ）
      - 駆　逐　艦　一一隻
      - 給　油　艦　二隻
- 潜水艦部隊
- ミッドウェー基地航空部隊
- ミッドウェー守備隊
- アリューシャン方面部隊

表1－2　米国海軍主要参加部隊と指揮官

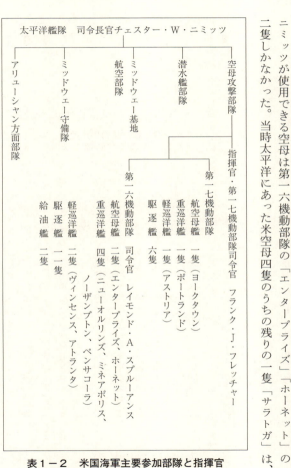

米西岸において訓練中で本作戦には投入できなかったのである。このように、当初ニミッツには二隻の空母しかなかったが、「ヨークタウン」の応急修理を三日間ですますことができたため、最終的には三隻の空母をミッドウェー付近に配備することができたのだった。

同時に、ニミッツ司令長官は絶対的な兵力不足から、主力をミッドウェー方面に集中して日本軍を邀撃することを計画した。すなわち、それまでに入手し推察された日本軍の作戦計画に関する情報に基づいて、次のようなシナリオ(作戦構想)を描いたのである。

	日本海軍	米国海軍
航空母艦	4	3
戦　　艦	2	0
重巡洋艦	2	5
軽巡洋艦	1	3
駆 逐 艦	12	17
そ の 他		ミッドウェー航空基地

表1－3　参加兵力の比較
(機動部隊対決の場面に限定)

まず、日本軍をなるべく遠距離で発見捕捉して、ミッドウェーに対する日本空母の奇襲を阻止する。このためにミッドウェーからの哨戒索敵を厳重にする。そして、ミッドウェーに対する空襲の行なわれる前に、航空攻撃によって日本軍空母を撃破しその攻撃を未然に防止する。空母部隊は、ミッドウェーの北東方海面、日本軍の飛行索敵圏外に隠れて待機する。そして、ミッドウェーからの哨戒機が日本軍の動静を明らかにするのを待って、ただちに進出し日本軍空母部隊を奇襲する。

以上のように、ニミッツ司令長官は使用できる兵力のほとんどすべてを集中したが、兵力絶対量においても、その練度においても劣勢はいなみがたかった。しいて、それをカバーする点をあげれば、戦略的には、日本軍の作戦計画の全貌をほぼつかんでいたことと、戦場が自己の根拠地に近いこと、また戦術的には「不沈空母」ミッドウェーの存在、レーダーの装備や無線通信能力などにおいて日本軍よりすぐれていたことであろう。

海戦の経過

以下、海戦経過の記述については、昭和一七年六月五日、この作戦の帰趨を決したミッドウェー北西の海域における日米機動部隊の対決にのみ焦点をあてることとする。なお、日時の表示は日本中央標準時を用い、時間表記については〇一三〇（午前一時三〇分）のように二四時間表記によった。ミッドウェー現地時間は、これより二一時間遅れることになる。すなわち、日本中央標準時から一日を減じ、三時間を加えるとミッドウェー地方時になる。

序幕——索敵の開始

第一機動部隊は六月五日〇一三〇（日の出約二〇分前）、ミッドウェーの北西約二一〇カイリ付近に到達し、空母の上空警戒機、ミッドウェー攻撃隊（水平爆撃機隊三六機、急降下爆撃機隊三六機、戦闘機隊三六機の計一〇八機）を発進させた。また同時に敵空母の存在に備えて索敵機を発進させたが、索敵機の一部（重巡洋艦「利根」から発進した「利根四号機」）は発進がやや遅れた。

この時点での南雲司令長官の状況判断は従来と変化なく、敵空母が付近で待ち受けているとはまったく考えていなかった。そして、連合艦隊司令部の指導により万一敵空母が出現した場合の可能性に備えて待機させていた航空兵力を、ミッドウェーに対する第二次攻撃に振り向けようと予定していた。

一方、ほぼ同じ頃、第一七機動部隊（Task Force 17）のフレッチャー司令官も空母「ヨークタウン」から索敵機を発進させていた。この日は、日本軍空母部隊のミッドウェー攻撃がかねてから予想されている日であった。また、ミッドウェー基地も日本軍の攻撃に備え諸準備を整え、ミッドウェーを発進した飛行艇は、連日の広範囲にわたる哨戒任務にすでに従事していたのである。

索敵機による相手艦隊の発見は、米軍側のほうが早かった。すなわち、ミッドウェーを発進した哨戒機は、〇二二〇頃日本軍の空母を発見、また別の哨戒機は〇二四〇頃、第一機動部隊を発進した日本軍のミッドウェー攻撃隊を発見したのである。さらにミッドウェー基地のレーダーは、〇二五三、日本軍の大編隊を発見・捕捉し、同基地は所在の全機に対し発進を命じたのだった。

第一機動部隊vs.ミッドウェー航空基地

ミッドウェー上空に達した日本軍攻撃隊は、〇三三〇頃第一弾を投下、約三〇分間にわたり計画どおりミッドウェー基地に対する攻撃を実施した。しかし、同基地の航空兵力はすでに発進ずみで地上にはほとんど残っておらず、基地施設に大損害を与えたものの、滑走路などの破壊も十分ではなかった。このため、攻撃隊指揮官からは、第二次攻撃の必要がある旨の報告が〇四〇〇に第一機動部隊に入った。

これに対して、ミッドウェー基地を発進した米軍航空部隊は〇四〇五頃から日本軍第一機動部隊上空に到達し、逐次攻撃を開始した。これは小兵力による断続的なもので、〇五四〇頃まで約一時間半にわたって続けられることになる。しかし、この攻撃は戦闘指揮不適切のためまったく事前の打合せもなくバラバラに実施され、さらに搭乗員の伎倆不足もあって、一発の爆弾、魚雷も命中させることができなかった。そればかりでなく、第一機動部隊が第二次攻撃隊用に控置した戦闘機の大部分を発進させ防空戦闘に従事させたため、来襲機の大半は撃墜され、米軍側の損害はきわめて大きく第二次攻撃を断念せざるをえなかったほどであった。

このように、ミッドウェー基地航空部隊は、日本軍機動部隊の発見、接触に哨戒機が大きな役割を果たしたものの、日本軍機動部隊に対する攻撃そのものには見るべき成果がなく、きわめて大きな被害を受ける結果となった。しかしながら、この長時間にわたる断続的、不統一な攻撃は、意図せざる結果として、日本軍側に上空警戒機の連続配備、攻撃隊の兵装転換遅延をもたらし、南雲司令長官の戦闘指揮をむずかしくさせる一因にむすびつくことになったのだった。

南雲司令長官の意思決定

この間南雲司令長官は、さきに発進させた索敵機が捜索線の前端に到達するのを待っていたが、予定時刻（〇四一五頃）になっても敵艦隊発見の連絡がなかった。このため同長官は、予想どおり、ミッドウェー付近には米艦隊はいないものと判断し、当初の予定どおり、第二次攻撃をミッドウェーに対して実施することにした。

ところが、ミッドウェーに対する攻撃に備え航空機の兵装転換作業中の〇四二八に、遅れて出発した第四索敵線の「利根四号機」から、「敵ラシキモノ発見」の報が入った。続報を待ちながら、南雲司令長官は米艦隊が近くに存在することは確実であり、おそらく空母を含むであろうと判断した。そして、〇四四五、ミッドウェーに対する第二次攻撃をとりやめ、米機動部隊を攻撃することを決意、ミッドウェー基地に対する陸上攻撃用から艦船攻撃用に航空機の兵装転換を命じ、索敵機に対し引き続き空母存在の確認と接触持続を命じたのである。

〇五二〇になって、索敵機は、敵は空母らしきもの一隻を伴うと報告してきた。ここに敵空母の存在が疑うべくもないものになったのである。この時点で両軍機動部隊間の距離は約二一〇カイリと判断された。これは空母機の攻撃可能範囲のなかにあった。機動部隊の航空決戦の原則からすればただちに攻撃隊を出さなければならない。しかしミッドウェー基地からの一時間半にわたる断続的攻撃はいぜん続いていた。わが方の艦艇に対する被害はほとんどなく、来襲米軍機は、発艦した上空警戒機（零戦）による防空戦闘によってその大半を撃墜されていた。しかしこのために、攻撃隊につけてやる護衛戦闘機には、余裕がなかったのである。また、攻撃隊航空機の兵装転換作業も完了していなかった。さらに〇四五〇頃から、さきに発進したミッドウェー攻撃隊が空母上空に帰投し始めていたのである。

第一機動部隊司令部はジレンマに直面していた。すなわち、米空母に対する「攻撃隊の発進準備を急ぐために、それらの飛行機を甲板上に並べれば、ミッドウェー攻撃隊の着艦が遅れて、燃料不足で不時着水するものも出てくる。そうかといって、ミッドウェー攻撃隊を収容してから、敵機動部隊に向かう攻撃隊を準備すれば、その発進は著しく遅れることになる」のであった。

このような一刻を争う状況下に、山口第二航空戦隊司令官は、すぐ発艦準備のできる第二航空戦隊の艦上爆撃隊をまず発進させるよう南雲司令長官に意見具申した。しかしながら、南雲司令長官はこれを容れなかった。

第一航空艦隊司令部の航空作戦指導の用兵思想に大きな影響力を行使したといわれる源田航空参謀は次のように回想している。「図上演習や兵棋演習ならば、文句なしに第二次攻撃隊を優先させたであろう。しかし、実戦では机上のコマを動かすのとわけが違う。血の通った戦友を動かしているのである。……長い間、苦楽を共にしてきた戦友達に、『燃料がなくなったら、不時着水して、駆逐艦にでも救けてもらえ』という気持ちには、どうしてもなれなかった」。

また、これまでの米軍機の攻撃ぶりからみても、攻撃隊発進が遅れて、その間に敵空母艦載機の攻撃を受けたとしても、これまで同様十分撃退しうるものと考えられた。さらに、索敵機の報告位置から考えて敵機の来襲までには、まだ時間的余裕があるものと判断されたのだった。そして、ミッドウェー攻撃隊をまず収容し、その後に第二次攻撃隊を発進すべきであると源田参謀は南雲司令長官に進言し、長官もそれを受けることになったのである。

すなわち、空母上空に帰投したミッドウェー攻撃隊の残り燃料や被弾を考えて、まずこれを収容し、米空母に対する攻撃隊の兵力を整え十分な護衛戦闘機をつけたうえで、一挙に敵空母部隊を撃滅する方針をとったのである。そして、その準備ができるまでの間、機動部隊を北上させ、米機動部隊との間合いをつめようとしたのだった。

フレッチャーとスプルーアンスの意思決定

米空母部隊の指揮官フレッチャー第一七機動部隊司令官は、既述のとおり日本軍とほぼ同じ頃索敵機を発進させていたが、日本軍機動部隊は予想どおりの行動をとっていることが明らかになったため、〇三〇七、第一六機動部隊のスプルーアンス司令官に対し、西方へ進出して位置の明らかな日本軍空母を攻撃するよう命じた。この命により、スプルーアンスは攻撃隊の航続能力を考えて、日本軍機動部隊との距離をもう少しつめたうえで攻撃隊を発進させようと考えた。また、その時点での日本軍空母発見の報告は二隻であり、情報による四隻より少なかったので、残り二隻の存在に備え一部兵力を控置することも考慮したのであった。

しかしながら結局、スプルーアンスは約一時間、日本軍機動部隊に接近したうえで、〇四〇〇、指揮下の第一六機動部隊航空母艦「ホーネット」、続いて「エンタープライズ」から攻撃隊を発進させ全力攻撃を行なう決心をしたのである。空母は、飛行甲板の広さの制約から、発着に多くの時間を要し、搭載機を一度に準備し発艦させることはできない。第一次の発艦から第二次の発艦までは約一時間を要する。このため、航続力に余裕のあるものをまず発艦させて上空で待機させ、次の発艦準備を行なう。そして、準備できしだいこれを発艦させ、各空母を発艦した攻撃隊は上空で合流し、全兵力一体となって進撃させる。そして、目標に到達したら、戦闘機隊が日本艦隊上空の直掩機に対して攻撃を加えている間に、急降下爆撃隊が上空より攻撃し、同時に雷撃機隊が低空より水面すれすれに攻撃する。これがスプルーアンスの判断と計画であった。

ところが、〇四二八、「エンタープライズ」のレーダーが南方に、日本軍索敵機と思われるものを捕捉した（これは第一機動部隊が発進させた索敵機のうち、遅れて発進した「利根四号機」に間違いないものと思われる。すでに述べたようにほぼ同時刻に利根四号機は「敵ラシキモノ」発見の報告をしている）。このためスプルーアンスは、ただちに攻撃隊を日本機動部隊に向ける必要があると考え、全兵力一体となった協同攻撃を断念し、すでに上空にあるものから逐次進撃することを命じた。

一方、フレッチャー指揮下の第一七機動部隊の航空母艦「ヨークタウン」は、索敵機の収容を終えたうえで、第一六機動部隊のあとを追った。フレッチャー司令官は未発見の日本空母に備え、同艦の航空兵力を控置していたが、すでに発見した日本空母を攻撃することにし、〇五三八、「ヨークタウン」から攻撃隊を発進させた。しかし念のため、爆撃機隊の半数を控置しておいた。

加賀、赤城、蒼竜の被弾

第一機動部隊のミッドウェー攻撃隊と上空警戒機は、〇六一八までほぼその半数が各母艦に収容された。ちょうどこの頃、米機動部隊から発進した攻撃隊が第一機動部隊上空に到達したのである。最初に目標を発見したのは「ホーネット」から発進した雷撃機隊であった。次いで「エンタープライズ」の雷撃機隊、そして遅れて発進した「ヨークタウン」の雷撃機隊が相次いで日本軍機動部隊を発見し、攻撃に移った。

この米空母機による攻撃は、日本側が予想したものより早いものであり、多数の航空機を収容し艦内が混乱しているさなかの最悪のタイミングで攻撃を受けることになってしまった。しかしながら、さきのミッドウェー基地からの米軍機の攻撃と同様、今回も防空戦闘で来襲機の大半は撃墜されたのだった。米空母機の攻撃は、〇七〇〇頃一時とぎれ、再び開始されたが、上空警戒機の活躍と、米軍機の伎倆拙劣のために多数が撃墜され、さらにたくみな操艦回避運動によって、艦艇に対する損害はほとんどなかったのである。

以上のように、米機動部隊を発進した攻撃隊は、全兵力一体となった協同攻撃を行なうことができず、低空を進撃する低速の雷撃機隊が単独でバラバラに攻撃することになってしまった。このため、一本の魚雷も命中させることができず、ほぼ全滅に近い損害を受けたのである。しかしながら、この雷撃機隊の攻撃が日本側の注意を低空に集中させることになり、結果的には、遅れて攻撃に入った爆撃機隊の奇襲を成功させることになったのである。

○七二三頃、第一機動部隊の各空母は、米空母雷撃機隊の攻撃に対処するための回避運動に従事し、上空警戒機もこれに対処するために大部分が低空に降りてきていた。ちょうどこのとき、高高度より米空母爆撃機隊が接近してきたのである。これはさきに「エンタープライズ」から発進した爆撃機隊であり、雷撃機隊とほぼ同じ頃発艦しながらバラバラに進撃したため回り道をして、遅れて第一機動部隊上空に達することになったのであった。つまり、この「エンタープライズ」爆撃機隊は進撃方向が南にずれてしまい、燃料の余裕もなくなり索敵をあきらめて帰投しようとしたが、念のため北へ針路を向けたところ、偶然にも第一機動部隊を発見したのである。さらに引き続いて、「エンタープライズ」攻撃隊より一時間遅れて発進した「ヨークタウン」爆撃機隊がこの攻撃に合流することになり、第一機動部隊の「加賀」「赤城」「蒼竜」の三空母は、相次いで急降下爆撃による奇襲を受けるに至った。

すなわち、○七二三頃「加賀」が九機の攻撃を受け四弾命中、○七二四頃「赤城」が三機の攻撃を受け二弾命中、○七二五頃「蒼竜」は一二機の攻撃を受け三弾命中し、いずれも大火災となったのである。このとき各空母は攻撃準備中であり、各機とも燃料を満載し、搭載終了あるいは搭載中の魚雷や爆弾が付近にあり、艦内は最悪の状態であった。これによって、第一機動部隊は四隻中三隻の空母を失うことになるのである。

　しかしながら、米空母攻撃隊のこのようなめざましい成果は、必ずしも当初に予定されたシナリオどおりの作戦行動によってもたらされたものとはいえない。そこにはさまざまな錯誤ないし偶然が重なっていた。「ホーネット」「エンタープライズ」「ヨークタウン」から発進した各隊はバラバラに目標に向かい、意図せざる結果として、雷撃機隊による攻撃と爆撃機隊による攻撃とが連続し、しかも「エンタープライズ」と「ヨークタウン」から発進した爆撃機隊の急降下爆撃がほぼ同時になされることになったのだった。しかし、これは偶然ないし意図せざる結果であったとはいえ、指揮下の全機全力攻撃を果断に決定したスプルーアンスの意思決定のもたらしたものでもあった。彼の瞬時の果断な決定は、日本側の意思決定の遅れや逡巡と、きわだった対照をなしていた。なお、「ホーネット」から発進した爆撃機隊と戦闘機隊は、このとき日本軍機動部隊を発見することができなかった。また、米軍の航空機の犠牲はきわめて大きく、とくに雷撃機は全滅に近かった。

山口司令官の意思決定

　第一機動部隊旗艦「赤城」の被弾・炎上により、南雲司令長官は軽巡洋艦「長良」に旗艦を移し、〇八三〇、指揮権の所在を示す将旗を掲げた。この間、第一機動部隊の空母のなかで唯一無傷で生き残った「飛竜」が、反撃を開始することになる。「飛竜」座乗の山口第二航空戦隊司令官は、上級指揮官の命を待たず独断で、ただちに米空母攻撃を決意し、〇七五〇、「全機今ヨリ発進敵空母ヲ撃滅セントス」と報告し、間合いをつめるため米機動部隊へ向かって接近したのである。

山口司令官は、とりあえず発進準備が終わっている艦上爆撃機隊だけで攻撃を実施することにし、準備の間に合った艦上戦闘機すべてを護衛につけ、〇七五八には、第一次の攻撃隊を「飛竜」から発進させたのだった。山口司令官は、来襲機数などから見て米空母は二隻程度と判断したが、とりあえず所在を確認している米空母の攻撃隊収容直後を、のがさず攻撃しようと考えたのである。すなわち、米機動部隊の第二次攻撃の準備が間に合わない好機に反撃しようとしたのである。

日本空母に対する攻撃から帰投した攻撃隊を収容中の「ヨークタウン」のレーダーは、〇八五二、「飛竜」第一次攻撃隊の大編隊を捕捉した。「飛竜」艦爆隊は〇九〇〇頃「ヨークタウン」上空に達し、〇九〇八から〇九一二にかけて攻撃を実施した。戦闘機による防空戦闘と対空砲火のなか、八機が攻撃に成功しそのうち三弾が命中、「ヨークタウン」は大火災となった。「ヨークタウン」の被弾炎上により、第一七機動部隊のフレッチャー司令官は、一〇二四頃その旗艦を軽巡洋艦「アストリア」に移した。しかしながら、「飛竜」攻撃隊の受けた被害も大きかった。

第一次の攻撃隊を発進させた後、「飛竜」はただちに第二次攻撃隊の準備を急いでいた。すると、第一次攻撃隊の戦果が報じられた後になって、別の米空母機動部隊発見の報告が索敵機から入った（〇九二〇）。山口司令官は、第二次攻撃をこの新たに発見された空母に対して行なうことにし、使用可能全兵力を集めて、一〇三一、第二次攻撃隊を発進させた。この後、帰投した第一次攻撃隊が収容されたが、その数は発進時の三分の一にすぎなかった。

少数の艦上攻撃機（雷装）を中心とする第二次攻撃隊は、「飛竜」を発艦して目標へ向けて進撃の途中、米空母を発見、この米空母は炎上中でなかったため、さきに第一次攻撃隊が攻撃したものとは別のものであると判断した。しかし、これは第一次攻撃隊が炎上させた「ヨークタウン」であった。「ヨークタウン」は被弾後、約二時間たらずの間に消火活動と応急修理に成功し、一一〇二には自力航行を始めていたのだった。「ヨークタウン」はただちに防空隊形を整え上空警戒機を発進させた。今回は東方にあった第一六機動部隊からも防空戦闘機が支援にかけつけた。「飛竜」第二次攻撃隊は戦闘機による防空戦闘と対空砲火のなか、一一四五頃数機が雷撃に成功、魚雷二本を「ヨークタウン」に命中させた。同艦はこれにより傾斜したが、動力系統故障のため復元できず、復旧の見込みがないまま、一一五五総員退去が命令された。

これよりさき、第二次攻撃隊を発進させた直後、日本側は偵察機などの情報から米空母は実際は三隻であると確認していたが、これにより残る米空母は一隻になったものと南雲司令長官は判断した。すなわち、同一空母を二度にわたって攻撃したとは知らずに、第一次、第二次攻撃隊、都合二回の戦果報告から、米空母三隻中の二隻が戦闘不能になったものと考えたのである。

ここから米軍側の反撃が開始されることになる。奇襲攻撃によって日本空母三隻に対するめざましい成果を挙げることに成功した後も、第一七機動部隊フレッチャー司令官には第四の日本空母（「飛竜」）の所在位置がつかめなかった。このため「ヨークタウン」が「飛竜」攻撃隊によって被弾し、旗艦を「アストリア」に移動させた後も、フレッチャーは偵察機を発進させて残る第四の空母を捜索させていたのである。

そうしたところ、一一三〇になってようやく「ヨークタウン」索敵機が日本空母を発見し、この報告は「飛竜」第二次攻撃隊の攻撃を受けているさなかにフレッチャーに届いた。自己の空母「ヨークタウン」を失ったフレッチャーは、以後の航空作戦指揮を第一六機動部隊のスプルーアンス司令官にゆだね、スプルーアンスはただちに全力で残り一隻の日本空母を攻撃することを決意し、そして、一一三〇には「エンタープライズ」、次いで一三〇三には「ホーネット」から第二次攻撃隊を発進させたのである。

一方、それとは知らずに「ヨークタウン」に対する二回目の攻撃を行なった「飛竜」第二次攻撃隊は、「飛竜」上空に帰投し一二四五に収容された。第二次攻撃隊の受けた損害も大きかった。第二次攻撃隊を発進させた直後、米空母は三隻であったことを確認した山口司令官は、第三の空母に対する第三次攻撃隊の準備を急いでいた。

しかし、第一次、第二次の二回にわたる攻撃隊はほぼ予期どおりの結果をもたらし都合二隻の空母を撃破したものと判断されたが、攻撃隊の受けた損失も予想以上に大きかった。このため、第三の空母に対する第三次攻撃隊を、十分な兵力で編成することができなくなった。山口司令官は、これまでの米軍側の防空戦闘や対空砲火から見て、この貧弱な兵力では攻撃を成功させることはできないと判断、少数兵力でも確実な効果を得るために、攻撃に有利な薄暮まで待つことにしたのである。

閉幕――全空母喪失と作戦の中止

「エンタープライズ」「ホーネット」を発進した攻撃隊は、一三四五頃「飛竜」を発見した。このとき、日本海軍第一機動部隊は唯一の残存空母「飛竜」を中心に輪形陣をとり、対空警戒を厳にして薄暮攻撃に備えている最中であった。薄暮攻撃を行なう第三次攻撃隊は一五〇〇発進の予定であり、それまでにはまだ約一時間あった。

日本側は米空母機来襲を予想し、上空警戒機を発進させて備えていたにもかかわらず、今回の攻撃もまた奇襲となった。すなわち、太陽を背にして急降下してきた爆撃機隊の攻撃により、一四〇三、四発の爆弾が命中、「飛竜」は炎上し飛行甲板が使用不能となってしまったのである。

	日本海軍	米国海軍
航空母艦	4	1
重巡洋艦	1	0
駆逐艦	0	1
航空機	約300	147*
その他		ミッドウェー航空基地 陸上施設の破損

表1－4　両軍にもたらされた帰結（損害）
＊Prange, 1982

この時点で、日本海軍第一機動部隊は艦隊航空決戦の主役である四隻の空母すべてが戦闘不能となり、事実上、作戦遂行能力を失うに至った。また、さきに被弾し戦闘不能となった三空母のうち、「蒼竜」「加賀」は、一六一〇頃から一六二五頃にかけて相次いで誘爆、沈没した。

その後、山本連合艦隊司令長官は、夜戦によってミッドウェー攻略の目的を達成することも検討したが、最終的に兵力を集結して戦場を離脱することを決意し、二三五五にミッドウェー攻略作戦は中止を下令されたのだった。

なお、「赤城」「飛竜」は翌日になってから処分された。すなわち、「赤城」は味方駆逐艦の雷撃により六日〇二〇〇に沈没、「飛竜」も同じく六日〇二一〇に味方駆逐艦により雷撃処分された。一方、「ヨークタウン」は行動不能になり総員退去の後ハワイへ向け曳航中のところを、七日になって日本軍潜水艦によって発見され魚雷攻撃を受けて沈み始め、翌八日夜明けにその姿を海面から消したのだった。

アナリシス

後知恵と錯誤

戦闘は錯誤の連続であり、より少なく誤りをおかしたほうにより好ましい帰結《アウトカム》をもたらすといわれる。戦闘というゲームの参加プレーヤーは、次の時点で直面する状況を確信をもって予想することができない。相手がどのような行動に出るか、それに対してこちらが対応した行動がどのような帰結を双方にもたらすかを、確実に予測することはできないのである。このような不確実な状況下では、ゲーム参加プレーヤーは連続的な錯誤に直面することになる。

ゲームはそれぞれの主体の意図と意図とがぶつかり合う場である。戦争は組織としての国家がそれぞれの意思と意思とをぶつけ合い生存をめぐって繰り広げる闘争である。そして、戦闘は組織としての戦闘部隊の主体的意思である作戦目的（戦略）と、その遂行（組織過程）の競い合いにほかならない。戦場において不断の錯誤に直面する戦闘部隊は、どのようなコンティンジェンシー・プランを持っているかということ、ならびにその作戦遂行に際して当初の企図（計画）と実際のパフォーマンスとのギャップをどこまで小さくすることができるかということによって、成否が分かれる。作戦計画の立案とその達成過程において、どちらがより錯誤が少ないかということがポイントなのである。

さて、戦闘の帰結はいわゆる勝敗という形で表現される。これは、特定地域の攻略であれ、相手兵力の殲滅であれ、あるいは逆にそのような相手側の企図の阻止であれ、主体的企図（目的）をどこまで達成することができたか、ということによって相対的に規定されることになる。ミッドウェー海戦の場合でいえば、日本海軍連合艦隊の作戦目的はミッドウェーの攻略と米空母部隊の殲滅であり、それに対して米海軍太平洋艦隊の作戦目的はそのような日本海軍の企図を阻止することにあった。そして、米海軍はその目的達成に成功し、日本海軍はその企図を断念せざるをえなかったのである。

このような勝敗の帰趨は、いうまでもなくさまざまな視角から説明することが可能である。たとえば、凱旋将軍が謙虚に語る、いわゆる「運」という要因は、勝利の原因を人間の主体的意思を超えたものに帰属させようとするものである。このような慎み深い表現は、しばしば多くの人々の情緒的共感を呼び起こす。

しかし、このような運命論の世界から一歩出て、人間の主体的意思や行動との関連で社会現象を説明しようとするならば、そして、歴史に「もしあのとき……だったならば」という仮定法過去完了は許されないという言葉にさしあたり耳を傾けないで、歴史的事象を人間行動の主体的意思決定の帰結、あるいは一連の意思決定の集積されたものとしてとらえようとするならば、ミッドウェー海戦における日本軍の失敗は、いくつかの錯誤にむすびつけて説明することができるだろう。

いうまでもなく、このようなアプローチは後知恵の結果論の限界を超えることができない。どのような行動（意思決定）が錯誤だったかということは、事後的な帰結に照らし合わせて後知恵によって評価されるからである。また錯誤それ自体はつねに組織の失敗をもたらすわけではなく、意図せざる結果として組織の成功にむすびつく場合もある。

さて、ミッドウェー海戦でなぜ日本軍が完敗を喫したかということに関しては、戦略思想、兵力整備から作戦計画の立案、その遂行（戦術）などにわたり、さまざまな要因を想起することができる。そして、それぞれの錯誤の最終的帰結への貢献の大きさと重要度も、遠因、近因さまざまである。

たとえば、連合艦隊司令部が、暗号が米海軍によって解読されていることに気づかずに戦略的奇襲を前提に作戦を計画したとしても、このような錯誤は作戦計画の実施段階である程度はカバーしうる可能性があったのではないだろうか。すなわち、暗号解読によって日本側の作戦計画を知られていても、第一機動部隊が慎重な索敵と厳重な警戒、そして周到な奇襲対処策を講じ、適切な航空作戦指導を行なっていたならば、この要因は必ずしも致命的マイナスとはならなかったであろう。なぜならば、練度、モラル、航空機の性能等に関して当時世界最強といわれた第一機動部隊の実力からすれば、むしろ米海軍機動部隊を誘出するという点で、好ましい帰結にむすびつく可能性もあったからである。

このように、さまざまな錯誤の最終的帰結への貢献度については、多様な解釈が可能であろうが、議論を複雑にしないためにとりあえずそのウエイトづけを考慮の外におき、日米間を比較した場合顕著に差異が見られる要因のみに着目するならば、これらは大略次のような三つのレベルに整理することができよう。すなわち、第一に本作戦の目的ならびに計画を立案した連合艦隊司令部（山本司令長官）のレベル（戦略）、第二にその作戦計画の実質的な遂行の中心となった第一機動部隊（南雲司令官）のレベル（組織過程）、そして、これら戦略、戦術をより一般的な枠組で制約し方向づけている、組織としての日本海軍全体にまとわりついている戦略・用兵思想のレベルである。

連合艦隊司令部の錯誤

目的のあいまいさと指示の不徹底――ミッドウェー作戦は、開戦劈頭のハワイ作戦と同様に、山本連合艦隊司令長官の航空決戦思想の産物であり、日本海海戦の大勝利以来、日本海軍が追求してきた漸減邀撃作戦という対米艦隊決戦思想とは、まったく異質のものであった。ミッドウェー作戦の主眼とするところは、ハワイ奇襲で撃ちもらした米太平洋艦隊の空母群を捕捉撃滅することであった。しかし、米空母群を捕捉撃滅するためには、それが日本艦隊が決戦を強要しようとする海域に出撃してこなければならない。したがってミッドウェー作戦は米空母群の出撃を誘出するための条件をつくり出さなければならなかった。つまり、この作戦の真のねらいは、ミッドウェーの占領そのものではなく、同島の攻略によって米空母群を誘い出し、これに対し主動的に航空決戦を強要し、一挙に捕捉撃滅しようとすることにあった。ところが、この米空母の誘出撃滅作戦の目的と構想を、山本は第一機動部隊の南雲に十分に理解・認識させる努力をしなかった。ここに、後世に至って作戦目的の二重性が批判される理由がある。南雲に対してのみならず、軍令部に対しても、連合艦隊の幕僚陣に対してすらも、十分な理解・認識に至らしめる努力はなされなかった。したがってミッドウェー攻略が主目的であるかのような形になってしまった。山本の本来の企図は第一機動部隊に対して十分徹底されず、第一機動部隊は、米機動部隊の出現はミッドウェー攻略のあとでありミッドウェー攻略中に米機動部隊が出現してくることはあるまい、との先験的判断を持ってしまっていた。一方ニミッツは、場合によってはミッドウェーの一時的占領を日本軍に許すようなことがあっても、米機動部隊（空母）の保全のほうがより重要であると考えていた。そして、「空母以外のものに攻撃を繰り返すな」と繰り返し注意していたのである。ニミッツは、ハワイでスプルーアンスと住居をともにするなど日常生活のレベルにおいても、部下との価値や情報、作戦構想の共有に努めていたといわれる。これに比べると、山本と南雲の間では、そのような価値・情報・作戦構想の共有に関し、特別の配慮や努力が払われた形跡はなかった。

情報の軽視と奇襲対処の不十分さ——米空母群の誘出撃滅をねらうミッドウェー作戦の顕著な特質は、奇襲の要素が作戦実施の途上において大きく失われる可能性を内在させている点にあった。すなわち、ミッドウェー攻略という作戦行動により、米太平洋艦隊の空母群の誘出を図ろうとするのであるから、米艦隊の出撃決定段階で、日本側の奇襲の要素は大きく逓減せざるをえない。奇襲は、あらゆる次元の、あらゆる規模の戦いにおいて、つねに追求しなければならない大原則であるが、その奇襲の要素が作戦実施の途上において逓減することを前提とする作戦構想は、大きなリスクを必然的に伴うものである。はたして、当時の日本海軍は、このきびしい作戦のリスクを十分に自覚していたであろうか。このようなミッドウェー作戦の特質を自覚しておれば、作戦準備の段階において、細心の対情報処置を講じ企図の秘匿・欺騙に努めるとともに、実施の段階にあっては、周到な情報と厳格な警戒の態勢を確立し、つねに米軍側の逆奇襲に対処しうる反撃戦力を準備しておく措置をとるべきであった。米空母群の誘出をねらうことは、こちら側の所在を暴露してしまう可能性が高く、当然、逆奇襲を受ける公算があると予期しておかなければならない。ところが、緒戦の大勝利により驕慢となっていたためか、連合艦隊はこの可能性を十分に顧慮しなかったし、南雲は、米空母の出撃がミッドウェー攻略のあとになるという先入観にとらわれていたのである。

矛盾した艦隊編成——ミッドウェー作戦の目的である米空母群の誘出撃滅は、山本の航空決戦思想に基づくものであったが、作戦部隊の編成は、旧来の艦隊決戦思想に由来する漸減邀撃作戦を前提としたものであり、ここに大きな矛盾があった。というのは、山本の企図を生かそうとすれば、空母を骨幹とする機動部隊主体の編成でなければならないはずであったからである。前述したように、連合艦隊司令部の内部においても山本の真のねらいが徹底していなかったことが、ここにも表われている。作戦目的にそぐわないこの艦隊編成は、用兵思想の混乱をシンボリックに示している。当時日本海軍連合艦隊は、兵力量、参加将兵の練度いずれをとっても、米太平洋艦隊に対して優位に立っていたが、矛盾した艦隊編成によりその優位さを十分に発揮しえなかった。これに対して米太平洋艦隊ニミッツ司令長官は、少ない手持ち兵力をかき集めてミッドウェー方面に集中させたため、機動部隊同士の対決場面では、米海軍は必ずしも劣勢とはいえなかった。

司令長官の出撃——また、山本連合艦隊司令長官自らが主力部隊を率いて出撃したため、逆にかえって適切な作戦指導を行なうことができなかった。奇襲攻撃を企図したため、主力部隊旗艦（戦艦「大和」）も無線封止となったのである。このため、ミッドウェー海戦当日、第一機動部隊のはるか後方を主力部隊を率いて航行していた山本司令長官は、重要な場面で第一機動部隊に対して適切な作戦指導を行ないえなかった。これに対して奇襲を企図した米機動部隊も無線封止をしていたが、ニミッツは自ら出撃することなく、ハワイから作戦指導をしたのだった。

第一機動部隊の錯誤

索敵の失敗――第一機動部隊の作戦遂行過程の錯誤としてまずあげられるのは、索敵の失敗であろう。戦闘開始直前の米機動部隊に対する索敵計画、ならびに行動には慎重さが欠けていた。日米両機動部隊は、ほぼ同時刻に索敵機を発進させていながら、日本側は索敵機の発進の遅延、見落し、索敵コースのずれ、発見位置の誤認、報告の不手際などが重なり、米軍側に対して大幅に遅れをとったのである。

航空作戦指導の失敗――しかしなんといっても、最も重大な錯誤は、米空母はミッドウェー付近に存在しないであろうという先入観にとらわれていたことであろう。そして、奇襲対処のための予備兵力の控置をせず、四隻の空母すべてからミッドウェーに対する攻撃を行なった。所要の航空兵力は、米機動部隊の存在の可能性に備えて控置しておくべきであった。また、米空母の存在を確認したら、護衛戦闘機なしでもすぐに攻撃隊を発進させるべきだった。航空決戦では先制奇襲が大原則なのである。このタイミングを失したために、とりかえしのつかないことになってしまったのである。このような南雲司令官の航空作戦指導は、フレッチャー、スプルーアンス両司令官のそれと対比すると、きわめて対照的であったといえよう。

これらの錯誤・過失はいずれもミッドウェー作戦の目的と構想の理解・認識が十分でなかったことに由来していた。

日本海軍の戦略・用兵思想

近代戦における情報の重要性を認識できなかった――米海軍情報部は多大の努力を払って、日本海軍の暗号解読に成功したのに対し、日本海軍は米海軍の暗号が解読できず、傍受した通信の解析を中心に状況判断を行なっていたにすぎない。情報収集力の不備を、他の要因でカバーできると考えていたのであろうか。また、戦場における情報収集に関しても、必要な性能を備えた偵察機の開発が遅れ、性能不十分な他機種を長い間代用していた。さらに、レーダーについても、開戦時における日米間の技術力の差はそれほどでもなかったが、その後の実用化の努力には顕著な違いが見られる。

攻撃力偏重の戦略・用兵思想――情報の重要性に対するこのような姿勢は、攻撃力を重視する思想に遠因があると思われる。日本海軍においては、艦隊決戦の用兵思想からとくに攻撃力の発揮が重視され、攻撃技術はめざましい進歩をとげた。しかし、兵力量、訓練用燃料などの制約から、攻撃力発揮の前提である情報収集、索敵、偵察、報告、後方支援などを配慮する余裕がなく研究や訓練も十分でなかった。

防御の重要性の認識の欠如――また、攻撃力の重視は防御の重要性の認識を欠くことにもなった。航空母艦の特徴は、攻撃力はきわめて大きいが、防御力が脆弱なことである。このため、先制攻撃こそが最も効果的な防御手段であると見られていたが、いったん攻撃を受けた場合の防空戦闘能力はきわめて不十分であった。第一機動部隊の四隻の空母がいずれも奇襲攻撃を受ける形になってしまったことからわかるように、対空見張能力はきわめて貧弱で、対空砲火の命中精度もきわめて悪かった。また、米海軍に比べると無線電話がほとんど実用にならず、防空指揮統制機構をつくることもできなかったのである。

ダメージ・コントロールの不備――さらに、いったん被弾した場合の艦内防御、防火対策、応急処置なども十分な考慮が払われていたとはいえない。空母の飛行甲板の損傷に対する被害局限と応急処置に関しては、ほとんど研究、訓練が行なわれていなかったのである。このようなダメージ・コントロールに対する日米の差は、珊瑚海海戦で大破し、真珠湾における三日間の修理で本海戦に出撃し、被弾後消火に成功したばかりか、飛行甲板の応急修理まで行ない、「飛竜」第二次攻撃隊に無傷の空母を攻撃したと思わせた「ヨークタウン」の例を見るとき、とくに顕著であるといえよう。

3　ガダルカナル作戦――陸戦のターニング・ポイント

失敗の原因は、情報の貧困と戦力の逐次投入、それに米軍の水陸両用作戦に有効に対処しえなかったからである。日本の陸軍と海軍はバラバラの状態で戦った。

プロローグ

ガダルカナル作戦は、大東亜戦争の陸戦のターニング・ポイントであった。海軍敗北の起点がミッドウェー海戦であったとすれば、陸軍が陸戦において初めて米国に負けたのがガダルカナルであった。サミュエル・モリソンは、「ガダルカナルとは、島の名ではなく感動そのものである」と述べ、これに対して伊藤正徳は、「それは帝国陸軍の墓地の名である」とそれぞれ書いている。この戦闘以来、日本軍は守勢に立たされ続けることになったのである。

マレー作戦とフィリピン作戦を主体とする南方第一段作戦は、日本海軍の真珠湾奇襲と陸海軍航空部隊による制空権の確保により予想以上の成功裡に終了した。しかしながら、第一段作戦の成功は、連合軍の準備不足をねらった作戦であったため、実際には連合軍の大兵力との決戦は起こらなかった。それゆえ、この勝利はほんとうはきわめて不確実な要素を含んだものだったのである。

大本営の戦略的課題は、第一段作戦終了後の連合軍の反攻の時期と規模についての明確な見通しを確立することであった。開戦前海軍は、邀撃作戦を基本とし、積極的に進攻して米主力艦隊と決戦を求める意図はなかった。しかしながら、第一段作戦での真珠湾奇襲の成功によって、第二段作戦は積極的進攻による敵艦隊の各個撃破へとその方針を転換した。そして海軍は、当初計画になかったハワイおよびオーストラリアの攻略を主張するに至ったのである。

一方、元来大陸戦略構想をもつ陸軍は、持久戦略をその基本としていた。つまり、積極的に太平洋地域に打って出るよりも、インド方面作戦で英国を倒し、中国を単独に屈伏させ、既存の占領地域の完全なる確保を主とする戦略を考えていた。したがって、海上四〇〇〇カイリ離れたオーストラリアまで進出することには、兵站の点からも困難であるとして反対した。これは、陸海軍の用兵思想の差から当然のことであった。

そもそも海軍には、陸軍のような兵站補給線がない。艦艇は何週間分かの糧食弾薬を積み込み、めざすところへ航行するから、追送補給の必要性は薄い。戦勢が不振になれば、艦隊は簡単に後退することもできる。しかし、陸軍はそれほど簡単な行動はとれない。地上作戦兵力が大きくなるに従って、兵站補給線は太くなり、一度決めた作戦方向は容易に変更することが困難である。したがって、大作戦の発動にあたっては、本来十分に補給能力を検討しなければならないのである（林三郎『太平洋戦争陸戦概史』）。

しかし陸軍は、オーストラリアが米軍の対日反攻作戦発動の最大の拠点となる可能性を否定せず、南方作戦の大成功に調子づけられて、米豪遮断作戦の必要性に同意して準備に着手した。その結果、陸海軍部で妥協した要地獲得の目標は、ニューカレドニア、フィジー、サモア（FS作戦）、ならびにポートモレスビー（MO作戦）となった。

ところが海軍は、FS作戦の前にミッドウェー・アリューシャン攻略作戦を提案し、歩兵一個連隊を基幹とする部隊の派遣を陸軍に要請してきた。陸軍側はやむなくこれに賛成し、一木連隊三〇〇〇名を割いてこれにあてたが、ミッドウェー戦の惨敗によって、FS作戦は一時中止になった。しかしながら、FS作戦の中止が決まるより前に、現地海軍部隊は米豪遮断作戦に役立つ飛行場建設を、ガダルカナルで進めていたのであった。

一方、米軍はミッドウェー海戦後、初めてイニシアチブをとり、日本軍の進出を抑える時期を迎えた。ニミッツ提督とマッカーサー将軍は、反攻をできるだけすみやかに開始すべきであるという点では意見は一致していたが、マッカーサー将軍は直接ラバウルを奪回すべきであると主張していた。これに対して海軍側は、短期に出動可能な唯一の水陸両用部隊・第一海兵師団を、ソロモン諸島を越えて、米豪軍の航空威力圏外において強化されつつある日本航空基地の前面攻撃に向けることに反対した。その結果、成功が比較的に容易で大損害を避けうる、ステップ・バイ・ステップの上陸作戦を敢行することになった。そしてその反攻の第一段が、日本軍が飛行場を建設中であることを発見したガダルカナルに決定された。日本軍の米豪連絡線に対する進攻企図を未然に撃破すべく、この作戦は加速化されたのである。

元来、米国の対日戦略の基本は、日本本土直撃による戦争終結にあった。ただし、中部太平洋諸島の制圧なくしては、米軍の対日進攻はありえないし、航空機の前進基地確保は困難であった。米軍は、このような長期構想のもとに、大本営の反攻予測時期より早く、日本軍の補給線の伸びきった先端、ガダルカナル島を突いてきたのである。

作戦の経過

一木支隊急行

昭和一七年（一九四二年）八月七日、米軍がガダルカナルとツラギ島へ上陸したという第一報が入ったとき、大本営陸軍部内にその名を知っていた者は一人もいなかった。

ガダルカナル島は、南太平洋ソロモン海に浮かぶ四国の約三分の一ほどの小島である(図1—3)。そして、同島に海軍陸戦隊一五〇〇人と人夫約二〇〇〇人が飛行場を建設していたのを知ったのも、そのときが初めてであった。大本営陸軍部は、米軍の反攻開始は早くても昭和一八年以降であるという希望的観測に傾いていたので、敵の上陸は一種の偵察作戦か飛行場の破壊作戦である可能性が高く、したがって敵の上陸兵力は著しく劣勢であり、そのうえ米陸軍は弱いから、ガダルカナル島奪回兵力は、小さくても早く派遣できる部隊がよいと判断した。米軍が海兵隊を中心にし陸海空の機能を統合して島から島へと逐次総反攻を進める水陸両用作戦という新たな戦法を開発していたことは、陸海軍とも夢想だにしていなかったのである。

その結果、大本営は八月一〇日わずか二〇〇〇人の一木支隊を第一七軍の指揮下に入れてガダルカナル島の奪回を命じた。一木支隊は、旭川第二八連隊を基幹とする歩兵部隊で、前述のようにミッドウェー島占領のための要員として出陣したが、ミッドウェー海戦の大敗によって上陸不能となり、グァム島から内地に帰航の途にあったところを急遽ガダルカナル島に転用されることになったものである。一木清直大佐は、陸軍歩兵学校教官を数次にわたり勤めた、実兵指揮に練達した武人であった。同大佐は、帝国陸軍の伝統的戦法である白兵銃剣による夜襲をもってすれば、米軍の撃破は容易であると信じていた。その自信は、出撃に際し、「ツラギもうちの部隊で取ってよいか」と第一七軍参謀に尋ねたことにも表われている。

駆逐艦六隻に分乗した一木支隊先遣隊九〇〇人は、満々たる自信をもって、八月一八日夜一兵もそこなわずに、米軍陣地から約三〇キロ離れたタイボ岬に上陸した。ガダルカナル島に上陸した米軍は、海兵第一師団を中心とする一万三〇〇〇人であったが（一木大佐は約二〇〇〇と判断したらしい）、同大佐は小銃弾二五〇発、糧食七日分で、過去の戦史に例を見ない水陸両用作戦を開発していた米海兵隊と立ち向かうことになったのである。

一木支隊の先遣隊（歩兵一大隊と工兵一中隊）は、八月一八日の上陸と同時に、後続部隊の上陸を待たずに、九〇〇人だけで飛行場の奪回に向かった。一木支隊の後続部隊は二二日大型輸送船二隻で追及することになっており、さらに川口支隊（川口清健少将指揮の歩兵第一二四連隊）が二八日に増派される計画であったから、これら増援部隊の来着を待ち、その場の地形敵情を偵察してから総攻撃をかけるのが常道であったかもしれなかった。しかし戦機を逸しないように急行することを要求され、かつ敵は弱体であると思い込んでいたので、上陸早々行動を起こし、翌一九日の午前中には、ベレンデ川の線に到着した。同日午後二時三〇分三四人の尖兵小隊は、待ち伏せしていた敵兵に突如包囲され、ほとんど殲滅された。

一方ガダルカナル島の米海兵隊最高指揮官バンデグリフト海兵少将は、必ずしも有利

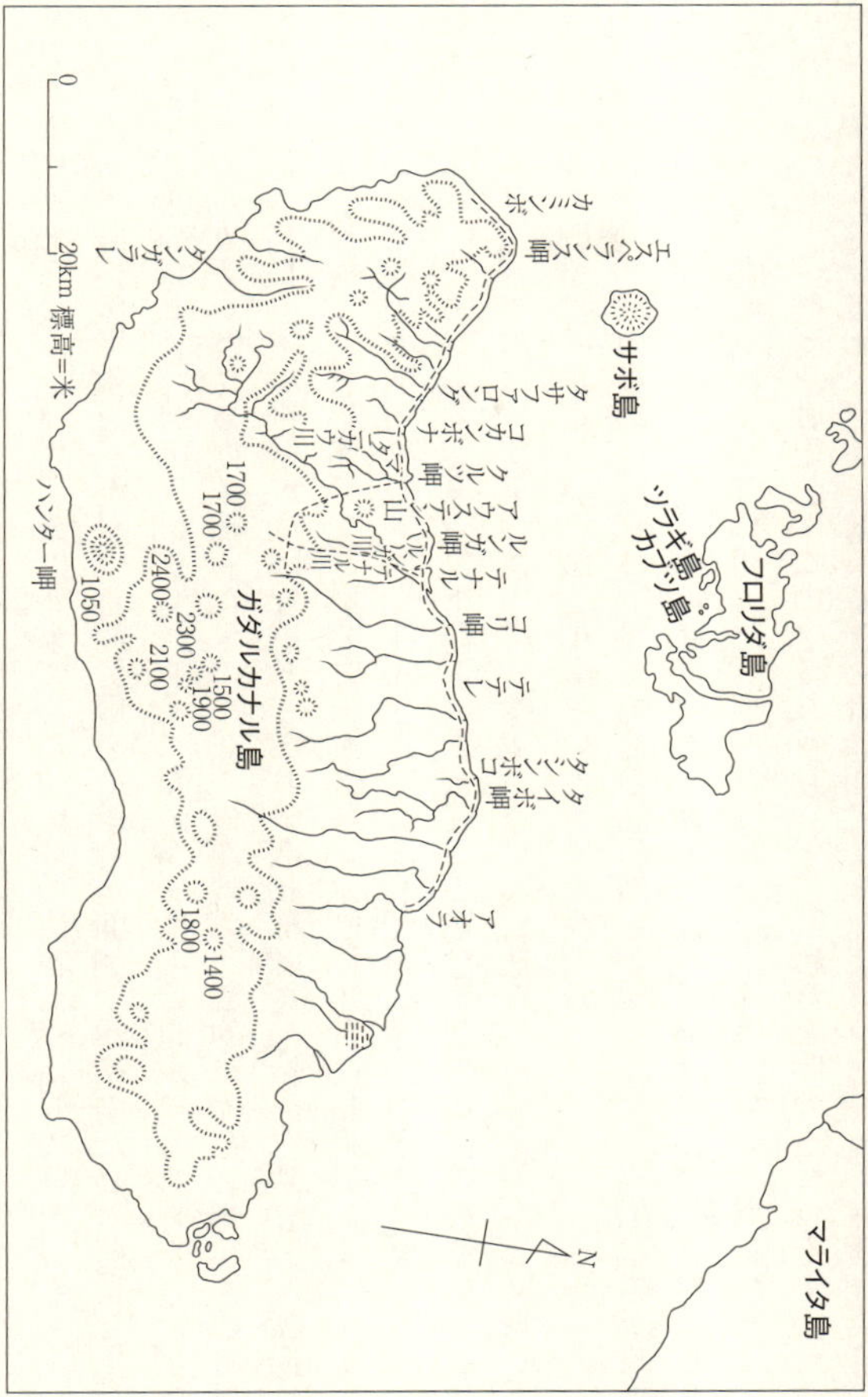

図1－3　ガダルカナル島全般図

とはいえなかった。海兵隊は、対日作戦向けに水陸両用作戦のドクトリンと方法を開発したものの、一九四三年までは実戦に参加することを予期していなかった。情報将校の活動にもかかわらず、ツラギ、ガダルカナルについての情報も不足していた。ニュージーランドで上陸作戦準備をしたが、港湾労働者の組合が面倒な兵站のための荷役を拒否したので、海兵隊員たちは八時間交代で物資の積み替えをしなければならなかった。さらに、ガダルカナル島に無血上陸したものの、この作戦に悲観的だったフレッチャー提督は、八月八日日本機の来襲に危険を感じて第六一機動部隊を補給品を半分しか陸揚げしないまま、撤退させてしまった。第六二機動部隊・水陸両用部隊指揮官ターナー少将は、後にこれを「主要戦力の脱走」と非難した。しかし、全艦隊が引き揚げたわけではなかった。クラッチレー英海軍少将指揮下の米豪混成の巡洋艦部隊が作戦海域にとどまったが、八月九日三川軍一海軍中将の第八艦隊（重巡五、軽巡二、駆逐艦一）と交戦し、五重巡のうち四撃沈、重巡一駆逐艦一損傷という大敗を喫した。

このときルンガ沖の米輸送船団は、まったくの無防備となった。もし三川艦隊が攻撃を続行し輸送船団を撃破していたならば、ガダルカナル戦の形勢は変わっていた。しかしながら、三川中将は攻撃を打ち切った。米軍の反撃と魚雷等の減少を考慮したためといわれていたが、艦隊決戦思想がこのような行動をとらしめた要因の一つでもあったろう。第一七軍司令部は、第八艦隊が輸送船団に再突入をしなかったことに不満を禁じえなかった。「第八艦隊甲巡五を撃沈して帰途に就けるが如し。敵空母を恐れたるか、今一息という処、遺憾至極なり。斯くてツラギは遂に敵の蹂躙に委したるか。果して然らば之が恢復は容易に非ず」（二見秋三郎参謀長日記）

この「第一次ソロモン海戦」の敗北の結果、フレッチャーは彼の艦隊を危険水域から撤収することを再確認し、海兵隊は、ガダルカナル島にとり残されたのであった。

このような状況下で、バンデグリフトは、攻撃態勢がいまだ整っていないと判断し、防御に重点を置いた作戦計画をたてた。最も重視したのは、飛行場のすみやかなる整備であった。防御陣地は、ルンガ川流域からイル川に及んだ。重火器陣地も防御線の各所につくられ、戦車隊に対し即応態勢をとるように命じた。このようなときに、前述の日本軍尖兵小隊と出会い、これを倒して日本軍の陸上部隊が上陸したことを知った。さらに日本軍に捕えられたが脱走した原住民の元警官ジャコブ・ブーザが、日本軍の兵力について通報した。

一木支隊は、午後六時レンゴを出発、一挙に飛行場付近まで突進すべく、八時テナル川に到着した。午後一〇時三〇分、尖兵がイル川右岸一〇〇メートル付近に進出すると、少数の敵兵から自動小銃の射撃を受け、尖兵はこの敵を追尾して川右岸に進出、そこで停止した。支隊長と大隊長は尖兵中隊長の位置に先行して、擲弾筒の集中射撃支援のもとに尖兵に前岸突入を命じたが、思うようにならなかった。

一木大佐は、イル川河口に近く、幅五〇メートルの渡渉容易な砂州を発見したので、一部正面に進め、主力はこの砂州を越えて攻撃するよう待機させた。そして、突撃を起こしたのは二一日未明であった(図1—4)。

砂州を越えようとしたとき、左前方の台上から猛烈な銃砲火を浴びた。米軍は、機関銃、自動小銃、迫撃砲、そして手榴弾とあらゆる兵器を動員して応戦した。一木支隊一部は鉄条網を破壊、突入する者もあったが、大部分は砂州の前後に折り重なって倒れた。支隊長は機関銃中隊、大隊砲小隊を戦闘に加入させたが、地の利を占めた米海兵第一連隊の集中火をこうむり、戦況の好転は望めなかった。

当時、海軍の航空隊および艦艇による陸海空の協力については、事前の計画も準備もなかった。二一日九時、支隊の南側から米海兵隊の反撃が始まった。前日の二〇日には、海兵隊航空隊の「ドーントレス」および「ワイルドキャット」計三一機がヘンダーソン飛行場に飛来しており、使用可能になったばかりの滑走路から飛び立った飛行機も支隊に機銃掃射を浴びせた。

午後になると米軍戦車六両も加わって反撃が続行され、支隊の背後を踏みにじった。この光景を、バンデグリフト第一海兵師団長は、「戦車の後部は、まるで肉ひき器のようだった」といっている。将兵の奮戦にもかかわらず、戦況は日本軍にとってまったく不利になった。

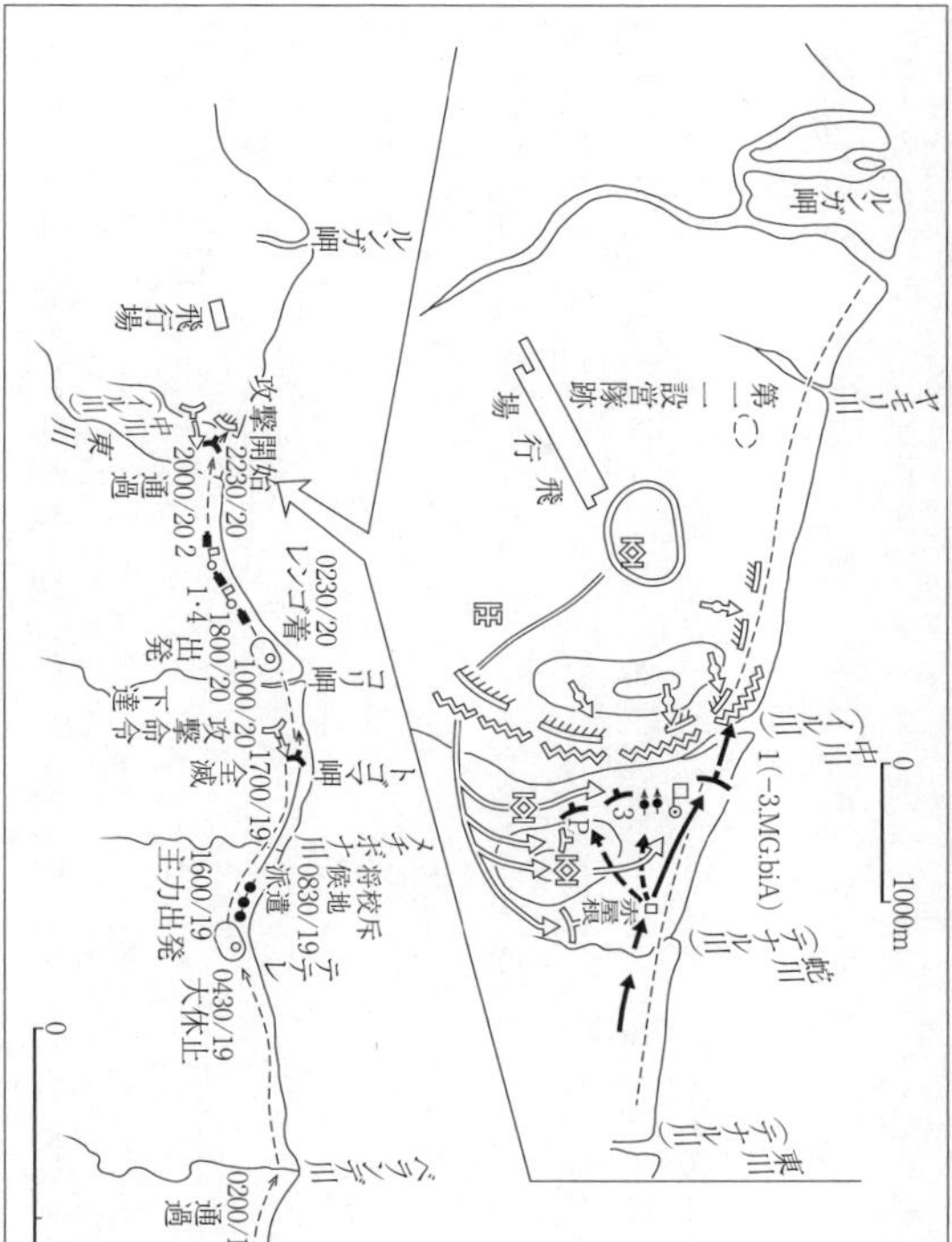

図1−4　一木先遣隊戦闘経過要図（昭和17年8月18日〜21日）

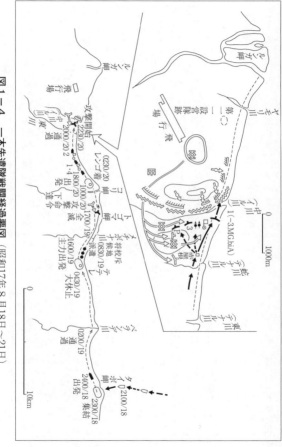

一木大佐はすでに打つべき手段もなくなったと感じて、午後三時頃、軍旗を奉焼して自決して果てた。部下の将兵の大部分も支隊長に従ってそこで壮烈な戦死をとげた。

　このガダルカナル島第一戦の勝利は、米海兵隊に大きな自信を与えることになった。米軍の戦史は、このテナル戦闘史の結論に〝From that time on, United States Marines were invincible〟（このとき以来、アメリカ海兵隊は向かうところ敵なし）と書いたのである。

第一回総攻撃

　米軍は日本軍のつくった飛行場を二〇日から使用し始めた。このため、ガダルカナル島付近の制空権は米軍の手に落ち、一木支隊の第二梯団はガダルカナル島に接近できず、上陸は二五日に延期された。このため、連合艦隊は、二四日、米機動部隊を鎮圧すべく出動し、ここに「第二次ソロモン海戦」が起こった。結果は、米航空母艦「エンタープライズ」大破、日本側は空母「竜驤」沈没。そして、一木支隊第二梯団を護衛していた第二水雷戦隊の一部は損害を受け、西北方に退避せざるをえなかった。この海戦は、日米機動部隊同士が航空攻撃に終始した海空戦であったが、双方ともに不徹底に終わった。

　しかしながら、この海戦以後ガダルカナル島への輸送は、昼間の輸送船による大規模増援から夜間高速を利用した駆逐艦による逐次連続輸送、すなわち〝ねずみ輸送〟に切り替えることになった。

かくして、ガダルカナル島への兵員、武器、糧食の輸送は大型輸送船では不可能となり、駆逐艦などの高速艦による輸送に切り替えられたが、こうした輸送作戦は次のような陸軍の不満を呼んだ。

(1)　海軍は任務遂行よりも自己艦船の保全を第一義としているのではないか。

(2)　海軍は戦況任務のいかんにかかわらず、敵の空母、戦艦のみを攻撃の目標としているのではないか。

(3)　海軍には敵の輸送船を撃沈して作戦全般を有利にする着意が全然認められない。

かかる不満の当否は別として、陸・海軍の間の不信感の発生は、真の統合作戦の遂行をますます困難にしていった。

ともあれ〝ねずみ輸送〟によって、国生勇吉少佐の第一大隊、渡辺久寿吉中佐の第三大隊、一木支隊の残兵から成る集成一個大隊、青葉支隊（仙台）から来援した田村昌雄少佐の一個大隊の計四個大隊で構成される川口支隊は、八月二九日から九月四日までの間にタイボ岬付近に上陸を終えた。これと並行して岡明之助大佐の指揮する一個大隊は、三〇隻の大発をつらねる〝アリ輸送〟で西側のエスペランス付近に上陸した（ただし途中で敵機の大爆撃を受け、この岡部隊は約四五〇名に減少）。ねずみ輸送の場合、駆逐艦一隻の輸送能力は、平均人員一五〇人、軍需品約一〇〇トンが限度であり、大発の場合、速力三～四ノット、人員二〇〇人程度で、重火器の輸送は不可能であった。

こうした苦心の輸送によって、九月七日までに陸軍五四〇〇人、海軍二〇〇人、高射砲二門（駆逐艦には載せられず、敷設艦「津軽」を使用）、野砲四門、連隊砲（山砲）六門、速射砲一四門、糧食は約二週間分ほどを揚陸させることができた。

ところが、久留米、博多、仙台、旭川という最精鋭の四個大隊で構成される川口支隊は、米海兵隊一個師団、一万六〇〇〇人を攻撃するため再度伝統の夜襲をもってすることにした。しかし支隊長は、一木支隊が行なったように海岸線を前進してイル川の線に布陣している米軍を東方から攻撃するのは同様の運命に陥る可能性が高いと考えた。そこでテナル川河口付近以東の地区からジャングル内に潜入迂回し、飛行場南方から敵の背後を奇襲して、一夜のうちに飛行場を奪回することを意図した。兵たちは、これを「鵯越」と呼んで勇み立った。支隊長は、「一夜のうちに敵を突き殺し、蹴飛ばして払暁までに海岸線に突入すべし」と訓示した。

一木集成隊は、テナル川上流の最右翼に配置され、その左に田村大隊、渡辺大隊、国生大隊の順で左へ翼を広げ、川口司令部は国生大隊の左翼後尾に即接して陣を布いた。一三日午後九時五分、わずかに残ったテナル河畔の砲からの五発を合図に、川口支隊の総攻撃が開始された（図1―5）。

左翼第一線の国生大隊の突進目標は飛行場北西側の高地であったが、そこへ進出する

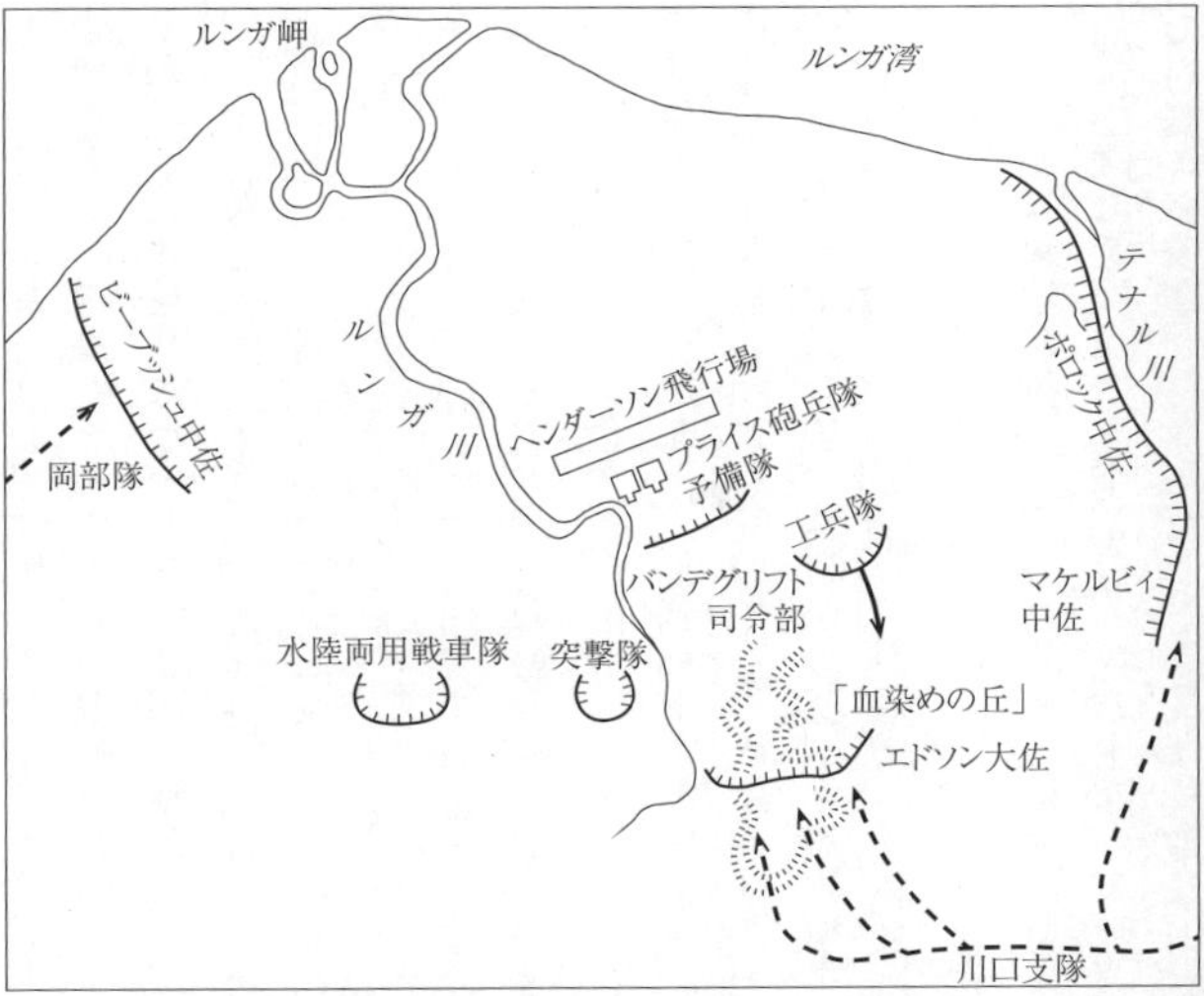

図1－5　「血染めの丘」の戦い　Morison, S. E., 1949, p.127 より

ためには、まずエドソン大佐の主力二大隊の布陣する小丘（左右側面は第一工兵大隊、第一挺進大隊、後方はデル・ヴァーレ大佐の砲兵隊がそれぞれ支援布陣）を中心とした鉄条網のある二条の陣地を突破しなければならなかった。この丘は、周囲のジャングルの樹々より高く、滑走路が見下ろせる飛行場攻撃のための当然の攻撃路であった。この丘は戦闘後、エドソン丘あるいは「血染めの丘（Bloody Ridge）」の名で知られるようになった高地、日本名ムカデ高地であり、ここが落ちないかぎり飛行場の占領はできなかった。国生大隊

長は、白刃を振るって敵主陣地の第一線を突破したが、第二線陣地を抜くことができず、猛烈な米軍の砲撃のなかで多数の戦死者を出した。国生大隊長は敵重砲陣地に突っ込み、重砲の上に馬乗りになったまま壮烈な戦死をとげた。

第二線攻撃部隊である田村大隊は、小野寺、黒木、石橋の三個中隊を並列し、「夜襲の仙台師団」の名誉にかけて遮二無二エドソン丘に突進した。エドソン大佐は、最前線に出て、「きさまたちになくて敵にあるのはガッツだけだ」と兵士を叱咤激励した。ベイリー少佐は、退却してくる海兵隊員をつかまえては再び立ち向かわせ、「おまえたちは永遠に生きたくないのか」と海兵隊の伝統的合言葉を叫んで抵抗した。左翼の小野寺中隊は、エドソン大佐の最堅陣にぶつかり、中核部隊の猛烈な反撃を受けて肉弾あいつ凄絶な戦闘を展開した。匍匐前進と突撃によって敵の第二線陣地の一部を奪取したが、中隊長以下多数の損害を受けてその後の前進は困難となった。右翼の石橋中隊は、突撃直後平坦地へ出たため、八方から猛烈な銃砲撃を撃ちかけられ死傷者が続出したが、第一線陣地を占領した。その後、中隊はエドソン丘を越えてその北東地域に進出したが、天明を迎えるに及んで前進困難に陥った。田村大隊長は、第一線両中隊の苦難の状況を知ったが、攻撃続行し一四日払暁までに海岸線に進出する決断を堅持し、予備隊である黒木中隊に突撃命令を下した。黒木中隊は、戦闘中の小野寺中隊を超越し、エドソン丘の右側から攻撃を行なった。中隊長は負傷し中隊の半数を失ったが、中隊長は残兵五〇

～六〇名を率いて敵陣突破し、天明頃、飛行場南東方地区の第一海兵師団司令部付近にまで進出した。黒木中隊はそこを蹂躙突破しようと試みたが、敵の防衛火力は激烈をきわめ活発な攻撃行動がとれなくなった。プライス砲兵隊長の一〇五ミリ迫撃砲群だけで、その日約二〇〇〇発を撃ったが、「デル・ヴァーレ砲兵隊の驚異的な支援がなければ、エドソン丘は確保できなかっただろう」と、エドソン大佐の先任将校グリフィス中佐は後に書いている。田村大隊長は、一四日天明とともにいぜん攻撃を続行すべく各中隊との連絡に努めたが、各所に分散しているため掌握は困難をきわめた。間もなく、川口支隊長の攻撃中止命令が伝達されてきた。

右翼第一線にあって最も期待されていた渡辺中佐の第三大隊は、この間何をしていたのだろうか。渡辺大隊の一三日夜の戦闘については、明確な資料がない。川口少将の手記には、次のようにある。

この大隊には飛行場を突き進み、先ず一五高地という最も大事な高地を占領せよと命じてあった。然るに一三日昼間の敵大射撃におびえた為か、大隊長は副官其他を連れ、安全な処に隠れて出て来ない。

とり残された大隊は古参中隊長が代理を勤めて大隊を指揮して夜襲すべきであるが、特別志願のB大尉はそれをしなかった。結局全大隊が遂に一三日夜無為に過したのである。一番大事にし、望みをかけて居た有力大隊がこの始末になった。

私は之を知り、悧然たると共に無念の涙が流れる。一五日大隊長を呼び、怒り心頭に発し「卑怯者腹を切れ」と怒号した。

しかし当時大隊長は、在満中の外傷が再発悪化し突撃時に歩行不可能に陥り、副官とともにジャングル内低地に横臥するのやむなきに至ったといわれている。それでも、第三大隊全部が無為に終わったということではなく、大隊長の命令がないまま一部が夜襲に参加したことが確実であるとされている。そもそも夜襲における統合行動は、きわめて困難なものであった。

九月一五日になって、川口支隊長は、「攻撃ヲ行ヒタルモ敵ノ抵抗意外ニ大ニシテ大隊長以下多数ノ損害ヲ蒙リ已ムナク大川（ルンガ川）左岸ニ兵力ヲ結集、後図ヲ策セントス　将兵ノ健闘ニ拘ラス不明ノ致ス処、失敗申訳ナシ」と軍司令部に打電するに至った。かくして、川口少将の主力は、敗れて退いた。攻撃参加主力約三〇〇〇人。生存者約一五〇〇人。

第一七軍司令部は、川口支隊攻撃失敗の原因を次のように分析した。

(1)　タイボに上陸した敵のため一部の糧食等を押さえられ、かつ攻撃準備のため十分な時間の余裕がなかったこと。

(2)　敵の火力（砲火）優越（この戦闘に使用された日本軍の火砲はわずか山砲一門、迫撃砲二門だったといわれている）。

(3)　ジャングルのため部隊の連絡が十分とれず、支隊長の命令どおりに突撃した支隊兵力は五大隊中、国生（第一）大隊、田村（青葉）大隊の二個大隊にすぎず、結局突撃兵力が不足したこと。すなわち一木集成大隊の水野大隊は一三日攻撃準備位置につくことができなくて攻撃していない。渡辺（第三）大隊は突撃していない。岡連隊主力はルンガ左岸地区から策応する予定だったが、舟艇機動中の損害が多かったのと地形が錯雑かつ隔絶していて連絡がとれなかったため攻撃していない。

(4)　支隊長が支隊の根幹たる岡連隊主力を舟艇機動により手裡から脱し、他の建制でない諸部隊を少数の支隊司令部で指揮し、いわゆる非建制部隊の掌握不十分の弊に陥ったおそれがあること。

(5)　密林内で、しかも地図はきわめて不完全で用をなさないため、方向の維持困難であったこと。

他方、連合艦隊司令部は、次のように分析している。

(1)　敵の決意牢固にして、その防備対抗手段に万全を期しあるを軽視し、第一段作戦の我術力を過信し、軽装備の同数（或いは以下）の兵力をもって一挙奇襲に依って成算を求めたこと。

(2)　敵の制空権下に於て天候の障害多く我飛行機の活用並びに輸送が困難であったのに対し、敵は損害を顧みず相当に増強を継続し、防禦を固くしたこと。

(3)　奇襲以外火砲の利用等考慮少なく又軍の統率連繫全からず。支離個々の戦闘を為せること。

(4)　主体の進出位置適当ならず（天日暗き天然のジャングルを進出するの困難）進撃容易ならず加うるに各大隊毎の左右連繫に協同不能に陥りたること。

(5)　奇襲は敵の意表に出て初めて成功すべきに拘わらず、聴音機等の活用により早期に発見せられ、予期せざる銃砲火の集中を受け先頭部隊の損害と相俟って精神的にも挫折せしこと。

之を要するに敵を甘く見すぎたり。火器を重用する防禦は敵の本領なり。今後陸海軍共第一段作戦の成果に陶酔することなく顔を洗って理屈詰めに成算ある作戦を確立し、機に臨んで正攻奇襲の妙用を期すること最も肝要なり。

ガダルカナル戦のなかで、第一回総攻撃の失敗は、きわめて決定的な意味をもった。

この後の戦闘の推移を見ても、川口支隊の攻撃がガダルカナル島飛行場奪還の唯一の機会であった。田村少佐は、「もう一個連隊あったら、ルンガ飛行場は完全に占領していたよ」、同田村大隊の将兵は、「あの朝、もう二つ握り飯があったら、飛行場は完全にとれとったのに……」と残念がったといわれる。その事実関係は別として、この夜襲戦の四日後には、海兵第七連隊四〇〇〇人が到着し、海兵隊の必勝の信念はますます高まった。サミュエル・モリソンは、この戦闘が〝セプテンバー・クライシス〟の最も大きなものであったと指摘し、次のようにいっている。「この丘の戦いは太平洋戦争の最も決定的な地上戦闘の一つであった。それはエドソンの人を鼓舞するリーダーシップと海兵隊員一人一人のスキルと勇気であった。この戦いを失っていたら、ヘンダーソン飛行場を失い、海兵隊はこの島を保持することが困難であったろう」。

第二回総攻撃

開戦以来、快進撃を続けてきた日本軍にとっては、ガダルカナル島の八月二〇日の一木支隊の全滅と九月一二、一三日の川口支隊の攻撃失敗は帝国陸軍の不敗の思想が米軍の作戦の前につまずいたことを示した。ここで初めて大本営と現地軍の本格的準備によるガダルカナル島奪回と南太平洋の戦局好転への作戦がとられることとなり、戦闘単位としての師団のガダルカナル島への投入が企図されることになった。

これまで支隊の寄り合い世帯であった第一七軍は、第二師団を主力とする建制二個師団を根幹とすることに増強され、参謀陣も大本営からの派遣参謀辻政信、杉田一次を含めると三名から一挙に一一名に増員された。九月下旬、百武晴吉中将は、川口少将をラバウルの軍司令部に招致してガダルカナル島の実情をただした。川口はわが方の戦力の貧困（とくに飢えと疲労）、地形の峻険さ、敵戦力の強大さ（航空、火力、電波探知機の多用など）を説明したが、その悲観的事実認識は必勝の信念に燃える司令部の反感を買った。また、少なくとも二個師団の兵力、野戦重砲五個連隊、十分なる弾糧の補給、空軍の協力を得られなければ、一〇〇〇キロ離島の決戦は行なうべきではないと主張していた二見秋三郎参謀長は更迭された。

しかしながら、今回の総攻撃計画は、少なくともこれまでの夜間奇襲と異なる堂々たる正面作戦であった。輸送の予定は、第二師団を主力とする歩兵約一万七五〇〇名、火砲約一七六門、弾薬〇・八会戦分、糧食二万五〇〇〇人の三〇日分であった。そして必勝を期していた第一七軍は、ガダルカナル島奪回に引き続き、ラビおよびモレスビーの攻略を行なう予定であったのである。

問題は、このような戦力を実際に揚陸させる補給にあった。海軍は船団護送に連繫して、その前日に第一一航空艦隊の爆撃編隊が二回にわたりルンガ飛行場を攻撃し、さらに戦艦「金剛」、「榛名」の二艦による艦砲射撃を行なった。とくに、「戦艦の殴り込み」

といわれた後者の強襲は、同飛行場に甚大なる被害を与えた。米軍の使用可能航空機は九〇機から四二機に減少し、B―17用滑走路は一時使用不能になった。しかしながら、このような支援戦闘の努力にもかかわらず、制空権はすでに日本軍の手中にはなかった。第一七軍は、ねずみ輸送によって予定の約半分は揚陸したが、艦艇輸送でははかどらないので、輸送船団による一挙輸送を海軍に要請した。かくして、優秀船六隻から成る「ガダルカナル島突入船団」が編成され、一〇月一四日無事タサファロング泊地に投錨した。ところが戦力資材の揚陸作業を行なっていたまさにそのときに、艦爆大編隊が飛来しその攻撃を受けた。船団は、六隻のうち四隻が炎上、一隻は沖合いから砂浜に突っ込み、擱坐揚陸を敢行した。このような努力で兵員の全部は上陸できたが、食糧は二分の一程度、弾薬は約一～二割が揚陸されたにすぎなかった。肝心のルンガ飛行場攻略の火砲は、野山砲合計して三八門にすぎず、とくに重砲はわずか二門であった。

第一七軍参謀長はこのような状況下で、当初の大なる火力をもってする正攻法を一八〇度転換させて、前回の川口少将の行なったジャングル迂回の夜間奇襲攻撃を再度敢行することに決したのである。右翼隊長川口少将は、一〇月一五日、第二師団命令を受領すると、「右翼隊の信念」と題する印刷物を部下に配布し、この攻撃の特性を徹底させた。

第一　天皇陛下の御為に日米決戦の勇士として一命を捧げまつるは今なるぞ
第二　歩兵の銃剣突撃は日本国軍の精華である　敵は之が一番怖いのだ
第三　敵の長所は火力の優勢に在る　之を封ずるの途は夜暗と密林の利用にある
第四　愈々総攻撃が始まったなら　各部隊は部下を克く掌握し予定の時刻に一度にドット突入し　第一線を素早く奪取し刺殺し必ず夜明け迄に海岸に突進して敵を殲滅せよ
第五　斯くして皇軍の大勝利疑ひなし

しかしこの川口少将は、一〇月一九日二見参謀長に代わった宮崎周一参謀長（在ラバウル）からの、「ルンガ飛行場南側面の敵防御の強化状況は、空中写真を見ても明らかであるので、陣地攻撃の準備に遺漏のないように」という趣旨のメモと敵陣地航空写真を受け取ったときに、考えが揺らいだ。第一線師団はすでに機動を開始していたが、同少将は、今回の突入路はさきに失敗したエドソン高地と同一の個所であったので、「之では金城鉄壁に向かって卵をぶっつけるようなもので、失敗は戦わなくても一目瞭然だ。私は悩んだ。私はこの陣地を避け、遠く敵の左側背に迂回攻撃しなければならんと思った」（川口手記）。

川口少将は、二二日丸山道の分岐点で辻参謀と会ったので、正面攻撃を避けて左側背への迂回の意見を述べ、第二師団長への伝達を依頼した。川口は、辻参謀に話したことにより師団長の認可を得たものと信じ、二三日迂回行動をとろうとしていたとき師団参謀長から電話がかかった。攻撃開始が一日遅れるので、当初予定どおり正面攻撃をやるべし、という指令を受けた。川口は、「正面攻撃は部隊長として責任を負い難い。何卒もう一度師団長に私の案を申し上げてお許し願いたい」と答え、電話を切って待機した。約三〇分後にかかってきた電話は、「閣下は右翼隊長を免ぜられました。後任は東海林大佐です」というものであった。かくして、川口少将は総攻撃直前に罷免になった。『戦史叢書』によれば、この罷免については、当時軍戦闘司令所では全然関知せず、師団長、参謀長、辻参謀の間で取り扱われたもののようである、といわれている。

一〇月二四日夕刻より、第二師団はいよいよ夜襲を開始した（図1—6）。しかしこの日の夜襲については、各部隊の行動がいまだによくわかっていない。川口少将に代わって東海林大佐の指揮する右翼隊については、「攻撃しなかった」、「一部突入したが主力が遅滞した」、「一部が飛行場に進出したが後続がなく敵と対峙した」という三様の資料がある。東海林大佐は、「右翼隊は草原を北進し零時敵陣地に近接したが、猛烈な敵火のため前進は頓挫し、敵陣地前において敵と近く相対したまま二五日天明を迎えた」と回想しているが、要するに統帥の混乱した右翼隊の攻撃は失敗したのである。

仙台夜襲師団の名をになう那須弓雄少将の指揮する左翼隊（二九連隊主力）は、勇戦

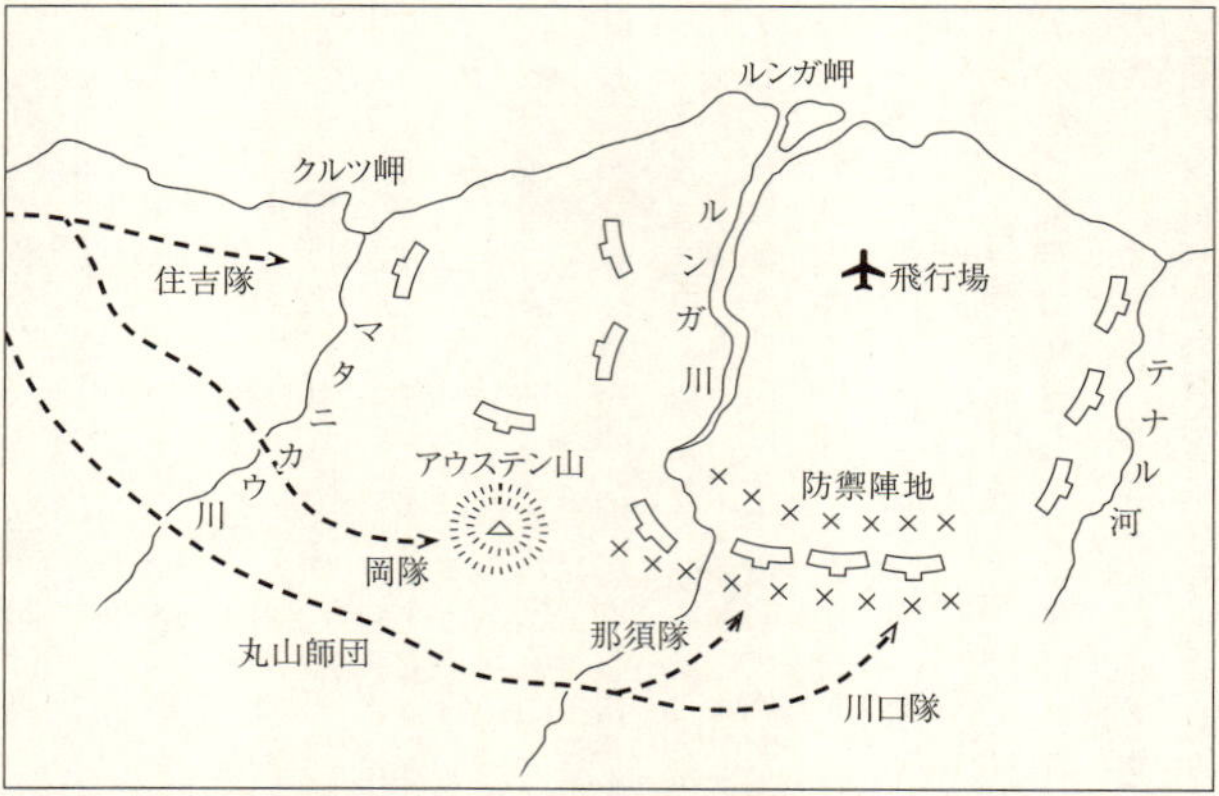

図1－6　第二回総攻撃進路図

奮闘敵陣に突入した。ところが哨戒線を突破したものの、第二、第三の堅塁に阻止され、猛砲火のため損害続出して攻撃は進捗しなかった。連隊長古宮大佐は、連隊旗とともに行方不明となり、大隊長、中隊長の大半を失うに至った。このような事態にもかかわらず、この夜「バンザイ」（飛行場占領を意味する暗号）の発信があり、師団司令部は歓喜し、「御芽出度う」を交歓しあった。井本参謀は、業務日誌の一頁全体をおおう大字で「天下一品の夜」と書いたほどであったが、後に第一線の誤報として訂正されるという情報処理の貧困を示す一幕があった。

第二師団長丸山政男中将は、二五日朝を迎えて、師団の損失は大であるが、第二九連隊が敵陣に突入している状況を確認し、同夜全力をあげて再度の夜襲を敢行する命令を下達した。左翼隊は歩兵第一六連隊を増加されて、那須少将は先頭に立って突進したが、猛砲火を浴びて、那須少将戦死、第一六連隊長広安大佐戦死、第二九連隊長古宮大佐行方不明、大、中隊長の戦死傷多発し、攻撃は敵の第一線陣地を突破することなく頓挫した。第二九連隊の損害は、約五〇パーセントにも達した。

二六日黎明前、第二師団田口参謀は、この状況を見て、二六日中に突破の成功は望み少ない旨師団長に報告した。辻参謀さえも、師団の現況をもってしては、陣地突破は望みえない意見を述べた。第一七軍司令官は午前六時、攻撃中止の命令を発令した。

かくして、複雑な経緯を伴ったガダルカナル島の第二回総攻撃もあえなく潰えた。

撤退

大本営は、陸海軍ともまだ表面的にはガダルカナル島奪回方針を堅持していた。しかし、第一線にも中央にもガダルカナル島奪回はむずかしいのではないかという考え方が台頭しつつあった。それでも、誰も公式にはいい出さなかった。

一一月二四日、二五日には辻参謀の報告が陸軍部、海軍部作戦関係者に対し行なわれた。彼は、「路傍には、からっぽの飯盒を手にしたまま斃れた兵が腐って蛆がわいている」とガダルカナル島の惨状を述べたが、撤退を明言しなかった。

陸海軍の間では、「相互の中枢における長年の対立関係が根底にあって、おのおの面子を重んじ、弱音を吐くことを抑制し、一方が撤退の意思表示をするまでは、他方は絶対にその態度を見せまいとする傾向が顕著であった」（井本熊男『作戦日誌で綴る大東亜戦争』）。一方、ガダルカナル島の第一七軍は、ますます強化された米軍と飢えに対しながら、極限状況にあった。

一二月六日、田中新一作戦部長は、ガダルカナル島作戦継続のための船舶増徴一六万五〇〇〇トンの要求に対し、八万五〇〇〇トンしか閣議が認めないので、東条総理に食い下がり、「馬鹿野郎」と怒鳴ったため更迭された。一二月八日、海軍側から駆逐艦によるガダルカナル島へのドラム缶輸送を中止する、という申し入れが陸軍側になされた。

一二月三一日、永野軍令部総長と杉山参謀総長は、ガダルカナル島撤収案を天皇に上奏し、その結果、天皇は「この方針に最善を尽くすように」と決裁した。昭和一八年一月四日、大本営の撤退命令が下った。大本営参謀が撤退を考えるようになってから、ほぼ二カ月も経過してからの決定であった。この間ガダルカナル島の日本軍においては、飢餓と病が加速度的に進行していたのであった。

ガダルカナル島撤収作業は、昭和一八年二月一日、四日、七日の三次に分けて毎回駆逐艦二〇隻で実施され、陸軍九八〇〇名、海軍八三〇名の撤収に成功した。

ガダルカナル島に投入された将兵は、約三万二〇〇〇人であったが、そのうち戦死は一万二五〇〇人余、戦傷死は一九〇〇余人、戦病死は四二〇〇余人、行方不明は二五〇〇人にのぼった。これに対して、米軍の犠牲は、米陸軍公刊戦史によれば戦闘参加将兵六万人のうち戦死者は一〇〇〇人、負傷者は四二四五人を数えるだけである。餓死した米軍兵士は、一人もいなかった。

一方、海軍側の損失もガダルカナル島をめぐって起きた数次にわたる海戦と船団護送で、艦艇五六隻沈没、一一五隻損傷。そのうち駆逐艦の沈没が一九隻、損傷が八八隻。そして飛行機の損失も約八五〇機に達したのである。

アナリシス

ほぼ四カ月にわたって展開されたガダルカナル島をめぐる攻防戦の詳細を記述すれば、おそらく優に数冊の書物になる。しかしながら、その敗戦の分析については、これ以上の経過を追う必要はないであろう。ここで、ガダルカナル戦の敗因を考察してみよう。

戦略的グランド・デザインの欠如

米軍には、ガダルカナル島攻撃が、日本本土直撃への一里塚であるという基本的デザインがあった。もし、ガダルカナル島が手に入れば、ニューギニアから米・豪支援海上輸送路を脅かす日本軍基地に対する航空作戦も容易となり、次のステップとなるラバウル攻略を足掛かりとしてしだいに日本本土への直接上陸も可能となるのであって、当時日本軍が完成を急いでいたガ島滑走路を日本軍航空戦隊が使用する以前にすみやかにガダルカナル島を占領することが緊急の課題であった。

一方、帝国陸軍の戦争終末観は、主力を中国大陸に置き、重慶攻略作戦によって、米国を中心とする連合軍に対抗して、日本の不敗態勢を確立することであった。したがって、主要攻略地域は、重慶・インド洋方面であって、南太平洋方面では、米・豪間の海上支援交通遮断のために主力はラバウルとニューギニア東部にあり、海軍のソロモン海域への作戦をなんら最重要視するものではなかった。当時、日本軍中枢部にはガダルカナルの名さえ知らぬ者もいた。太平洋は海軍の担当であるので、なんらの関心も持っていなかったのである。しかも、米軍の反攻のあり方については、深く研究もしていなかった。

たとえば、八月七日米軍がガダルカナル島に来攻したその日、大本営陸軍部首脳は、午後三時から第二部第六課（対米情報）の主任参謀杉田一次中佐から、「最近における米国の動向」の説明を聴取していた。当時米国通の一人といわれた杉田情報参謀の説明は、米陸軍兵力の見通しが中心であって、米軍が海兵隊を中心として水陸両用作戦を展開して、太平洋正面から直接本土に向かって進攻してくることを夢想だにせず、危機は太平洋方面よりは極東ソ領およびインド・中国方面にあることを指摘したものであった。

一方海軍は、米艦隊主力をソロモン海付近に求めその撃滅を図ったうえで戦争終結への方途を考えようとしていたのであり、航空基地たるガダルカナル島奪回をこの主力決戦を成功させる条件とみなしていた。しかしながら、海軍も米軍が陸・海・空統合の水陸両用作戦を開発していたことは、まったく予期しておらず、太平洋諸島の攻防をいかにすべきかについてもほとんど研究をしていなかったのであった。

このような戦略デザインと現状認識しかなかったために、陸・海・空統合作戦がなされなかったのはもちろんのこと、一木支隊、川口支隊、青葉支隊、第二師団、第三八師団という戦力の逐次投入が行なわれたのである。

攻勢終末点の逸脱

陸軍における兵站線への認識には、基本的に欠落するものがあった。すなわち補給は敵軍より奪取するかまたは現地調達をするというのが常識的ですらあった。海軍における主要目標は米国海軍機動部隊撃滅であり、本来的には補給物資輸送の護衛等に艦艇を供しようとするものではなかった。

ガダルカナル島は、地理的にもラバウルより五六〇カイリの距離にあり、中継基地もつくらなかったために、一時驚異的な航続距離を誇った零戦二一型をして船隊護衛を図っても、ガダルカナル島泊地上空滞空時間はわずか一五分であった。このような攻勢の限界を超えたところで多くの輸送船団が米航空戦力によって沈没させられたのも当然であった。

統合作戦の欠如

米軍の上陸作戦は活発な無線通信システムを利用した後、日本軍の重要拠点への砲・爆撃を行なった。当時、海兵隊には、正確な弾着や重要拠点の砲・爆撃のため海軍の砲撃観測員と空軍の要員が配置されており、情報を送るために各戦闘組織間の連絡は緊密な情報システムの網のもとに統合的・組織的運営が行なわれていた。

陸・海・空の組織的統合による共同目標への整合的な攻撃力の集中は、各組織単位間の連繫動作を有効に機動させるための情報運用体制の整備と、完成度が高く高性能な通信システムが必要であり、米海兵隊はそれらをよく整備していたということができる。

これに対し日本側は、各組織単位が有効な通信システムの整備のうえに緊密な情報運用と攻撃を機動的に行ない、共同目標への組織的統合を図るべき場合においても、陸軍と海軍がバラバラの状態で戦い、空、海戦力を短時間間歇的に投入していた。補給にしても、所要量の三分の一内外を輸送しえたにすぎなかった。

第一線部隊の自律性抑圧と情報フィードバックの欠如

作戦司令部には兵站無視、情報力軽視、科学的思考方法軽視の風潮があった。それゆえ、日本軍の戦略策定過程は、独自の風土をもつ硬直的・官僚的な思考の体質のままに机上でのプランを練っていく過程で生まれる抽象的なものであったが、第一線でかなりの程度までの命令遂行が行なわれたのは、戦闘部隊が練達した戦闘伎倆の瞬時における迅速果敢な展開により、抽象的な戦略布達を補って余りあるものを発揮したからである。帝国陸・海軍部隊の人間わざをはるかに超える、血のにじむような訓練を通じて教育された練達の戦闘伎倆は、戦場において発揮されていた。つまり、それまで、粗雑な戦略であっても、個々の戦闘において、第一線はその練達の戦闘伎倆によってよくこれをカバーして、戦果を挙げてきたのである。

したがって、本来的に、第一線からの積み重ねの反覆を通じて個々の戦闘の経験が戦略・戦術の策定に帰納的に反映されるシステムが生まれていれば、環境変化への果敢な対応策が遂行されるはずであった。しかしながら、第一線からの作戦変更はほとんど拒否されたし、したがって第一線からのフィードバックは存在しなかった。

大本営のエリートも、現場に出る努力をしなかった。

攻撃するごとに潰滅状態に陥ったガダルカナル島の実情は、かつて日本陸軍が経験したことのない惨憺たる状況であった。六千キロの海洋を隔てた東京の机上では、とうてい想像のできない情景であったのである。若干の幕僚が現地に進出して、実情を報告しても、首脳者はその真相を把握することはできなかったようである。用兵の高級責任者自ら現地に、少なくともラバウルまでは進出して第一線の実情を把握する必要があったと思う。(井本熊男『作戦日誌で綴る大東亜戦争』)

組織のなかでは合理的な議論が通用しなかったし、状況を有利に打開するための豊富な選択肢もなかった。それゆえ、帝国陸軍の誇る白刃のもとに全軍突撃を敢行する戦術の墨守しかなされなかったのである。

4　インパール作戦――賭の失敗

しなくてもよかった作戦。戦略的合理性を欠いたこの作戦がなぜ実施されるに至ったのか。作戦計画の決定過程に焦点をあて、人間関係を過度に重視する情緒主義や強烈な個人の突出を許容するシステムを明らかにする。

プロローグ

インパール作戦は、大東亜戦争遂行のための右翼の拠点たるビルマの防衛を主な目的とし、昭和一九年三月に開始された。この作戦は、徐々に悪化する戦局を打開し戦勢を挽回するための賭としての性格をも有していたが、莫大な犠牲（参加人員約一〇万のうち戦死者約三万、戦傷および戦病のために後送された者約二万、残存兵力約五万のうち半分以上も病人であったという）を払って惨憺たる失敗に終わり、四カ月後にようやく作戦が中止されたときには、ビルマの防衛自体も破綻していた。しかも作戦実施の過程では、参加三個師団の師団長がいずれも解任もしくは更迭されるという異常な事態をも生んだ。

このような作戦の失敗と犠牲の大きさ、異常さを生み出した原因の大半は、つまるところ、作戦構想自体の杜撰さにあったといわれる。したがってここでは、主に作戦の決定過程に分析の焦点を絞り、杜撰な計画がなぜ、どのようにして決定されたのかを解明することによって、作戦失敗の原因を探求してみよう。

作戦構想

東部インド進攻作戦構想

インド進攻作戦の構想は、ビルマ攻略作戦が予想以上に早く終了した直後から存在した。当時南方軍は、ビルマ攻略の成果とその余勢を駆って、インド国内情勢の動揺に乗じる東部インドへの進撃を企図した。そして、蔣介石政権の屈服と英国の脱落によって終戦の機をつかもうと考えていた大本営は、この南方軍の意見具申を容れて昭和一七年八月下旬、二一号作戦（東部インド進攻作戦）の準備を指示したのである。

しかし現地では、ビルマ防衛の任にあたる第一五軍、その隷下で二一号作戦の主力に予定された第一八師団（師団長牟田口廉也中将）がこの作戦に不同意を唱えた。事実、この作戦の実行には大きな困難が伴い、無謀な計画とすら考えられた。まず、五月末から九月末までに及ぶ雨季には降水量が八〇〇〇ないし九〇〇〇ミリに達し、その間の作戦行動は不可能であった。乾季に作戦を実行するとしても、作戦地域たるインド・ビルマ国境地帯は峻険な山系（ジビュー山系およびアラカン山系）が南北に走り、チンドウィン河などの大河も作戦行動にとっての一大障害であった。しかもジャングルが地域一帯をおおい、当然交通網も貧弱で、人口も稀薄なため食糧などの徴発もむずかしく、さらにそのうえ、そこは悪疫瘴癘の地であった（図1―7参照）。

こうして、このような作戦地域の悪条件を指摘して作戦困難を主張する現地軍の声と、その後憂慮すべき事態に陥ったガダルカナルの戦局とにより、同年一一月下旬大本営は二一号作戦の実施保留を南方軍に指示するに至った。ただし、これはあくまで保留であって、作戦取り消しを明確に命じたものではなかった。したがって第一五軍は、命令を額面どおりに受けとれば今後の作戦実施に備えて作戦道路の構築や作戦計画の細部研究を続行しなければならず、これがやがてインパール作戦計画へとつながっていくのである。また、二一号作戦では、敵の反撃戦力を一〇個師団程度と予想しながら、自軍の作戦主力を二個師団弱と構想していたが、ここには、マレー作戦およびビルマ攻略作戦での体験から芽生えた英軍ないし英印軍の戦力過小評価が見られ、これもほとんど修正されずに受け継がれていく。

しかしながら、二一号作戦とインパール作戦とは必ずしも全部が連続的に直結していたわけではない。つまり、二一号作戦がビルマ攻略の余勢を駆っての積極的攻撃作戦計画であったとするならば、後のインパール作戦は、日本にとっての戦局悪化とビルマをめぐる情勢の変化とによって構想された、ビルマ防衛のための攻勢防禦的作戦計画であった。二一号作戦計画が物理的諸条件の不利によって不可能とみなされていたにもかかわらず、ほとんど同様の作戦構想が再浮上した背後には、この戦局悪化およびビルマ情勢の変化があったわけである。

ビルマ情勢の変化

戦局の悪化についてくわしく触れる必要はあるまい。戦争全体の悪化にともない、ビルマをめぐる情勢も日本にとって憂慮すべき方向に変化した。すなわち、連合軍のビルマ奪回のための準備が徐々に本格化するきざしを示した。連合軍のビルマ奪回作戦構想は、三つの正面（雲南、フーコン、インパール）から事前に限定攻撃を行なった後、この三正面からの攻勢とビルマ南西海岸およびラングーンへの上陸作戦敢行とによって総反攻を実施しようとするものであったが、とくにフーコン方面では、在華米軍司令官スティルウェル中将の指揮下でビルマからインドに敗走した中国軍が米式訓練と米式装備をほどこされた新編第一軍として再建されるとともに、インドからビルマを経て中国にいたる輸送ルートの建設が進められ、これは昭和一八年雨季入りまでにビルマ国境に達し

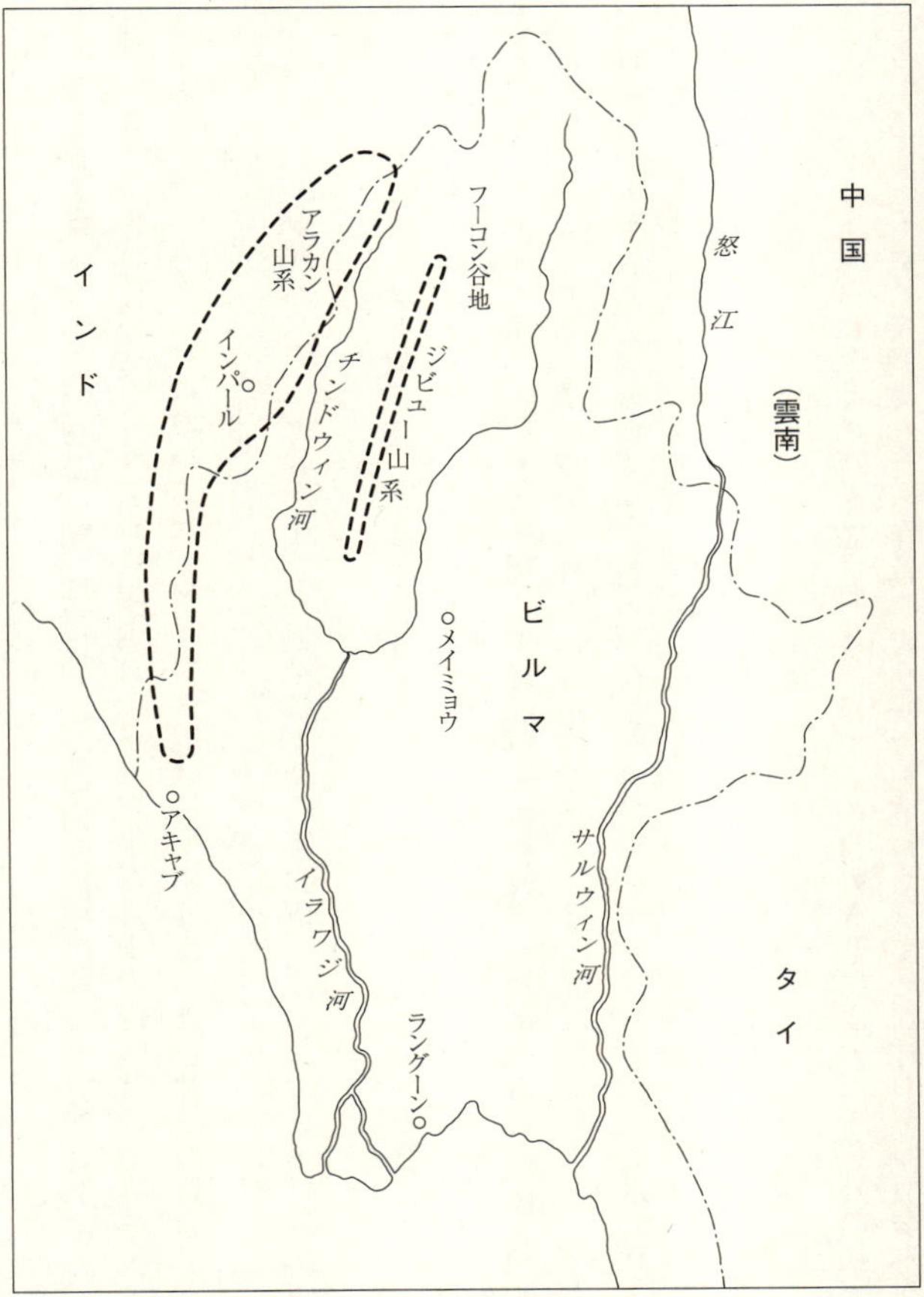
中国
(雲南)
怒江
フーコン谷地
アラカン山系
インド
インパール
ジビュー山系
チンドウィン河
ビルマ
メイミョウ
アキャブ
イラワジ河
サルウィン河
ラングーン
タイ

図1－7　ビルマ略地図

た。

一方、昭和一七年一〇月以降、英印軍はビルマの南西沿岸アキャブ方面に進出し、日本軍（第五五師団）はようやくこれを撃退したが、翌年五月まで続いたこの第一次アキャブ作戦（三一号作戦）においては、ビルマを地区ごとに分担した各師団の兵力がそれぞれの防衛正面に比べて不足していることと、航空戦力の南東方面（ソロモン、ニューギニア）への転用により、ビルマ上空の制空権も連合軍の側に握られていることが明瞭となった。

さらに、この制空権を利用して連合軍は、ビルマ北部に遠距離挺進作戦を敢行した。旅団長の名をとってウィンゲート旅団と呼ばれたこの挺進部隊は、空中補給を受けつつ無線誘導によって指揮され、日本軍の占領地域内で戦線後方を攪乱することを目的として編成されたものであった。昭和一八年二月から五月にかけて行なわれたウィンゲート旅団の北ビルマ侵入とこれに対する日本軍の掃蕩戦において、日本軍は当初敵の兵力も目的もつかめず、一年後の大規模な空挺兵団による攻撃は予想すらできなかった。これに対して英印軍は、この作戦によって、空挺挺進部隊の有効性を確信することができたのである。

ウィンゲート旅団に対する掃蕩戦で日本軍は、敵の自動火器によって予想外の損害をこうむるとともに、長期にわたる作戦により疲労を重ねた。また五月中旬の雨季入りに伴い、その凄まじさをも体験することとなった。そして、ジビュー山系からチンドウィン河畔に至る地域は、それまで大部隊の作戦行動至難と判断されていたのであったが、ウィンゲート旅団の行動によって必ずしもそうではないことが明らかとなった。したがって、この地域を敵の反攻にとっての一大障害と考えていた日本軍は、ビルマ防衛構想の再検討を余儀なくされるに至った。

以上のようなビルマをめぐる情勢の変化と政略的見地（ビルマの独立準備とチャンドラ・ボースを指導者とする反英インド独立運動の推進強化）から、日本軍は予想される連合軍の総反攻に対処すべくビルマ防衛機構の刷新強化の措置をとった。すなわち昭和一八年三月下旬、ビルマ方面軍が新設され方面軍司令官には河辺正三中将が就任し、その隷下に第一五軍が入って軍司令官には牟田口中将が昇格した。そして、北部および中部ビルマの防衛・作戦指導は第一五軍に任せ、方面軍はアキャブの第五五師団を直轄として、ビルマの独立準備や対インド工作など、政戦略全般にあたることとなったのである（図1―8参照）。

この防衛機構の再編成において注目されるのは、従来の第一五軍の幕僚陣の大部分が方面軍司令部要員に充当されたため、第一五軍司令部でビルマ情勢に通じる者は、一人の例外を除いて、牟田口軍司令官だけとなってしまったことであった。しかも第一五軍は、司令部編成完了と同時にウィンゲート旅団掃蕩戦の渦中にまき込まれ、新任の幕僚

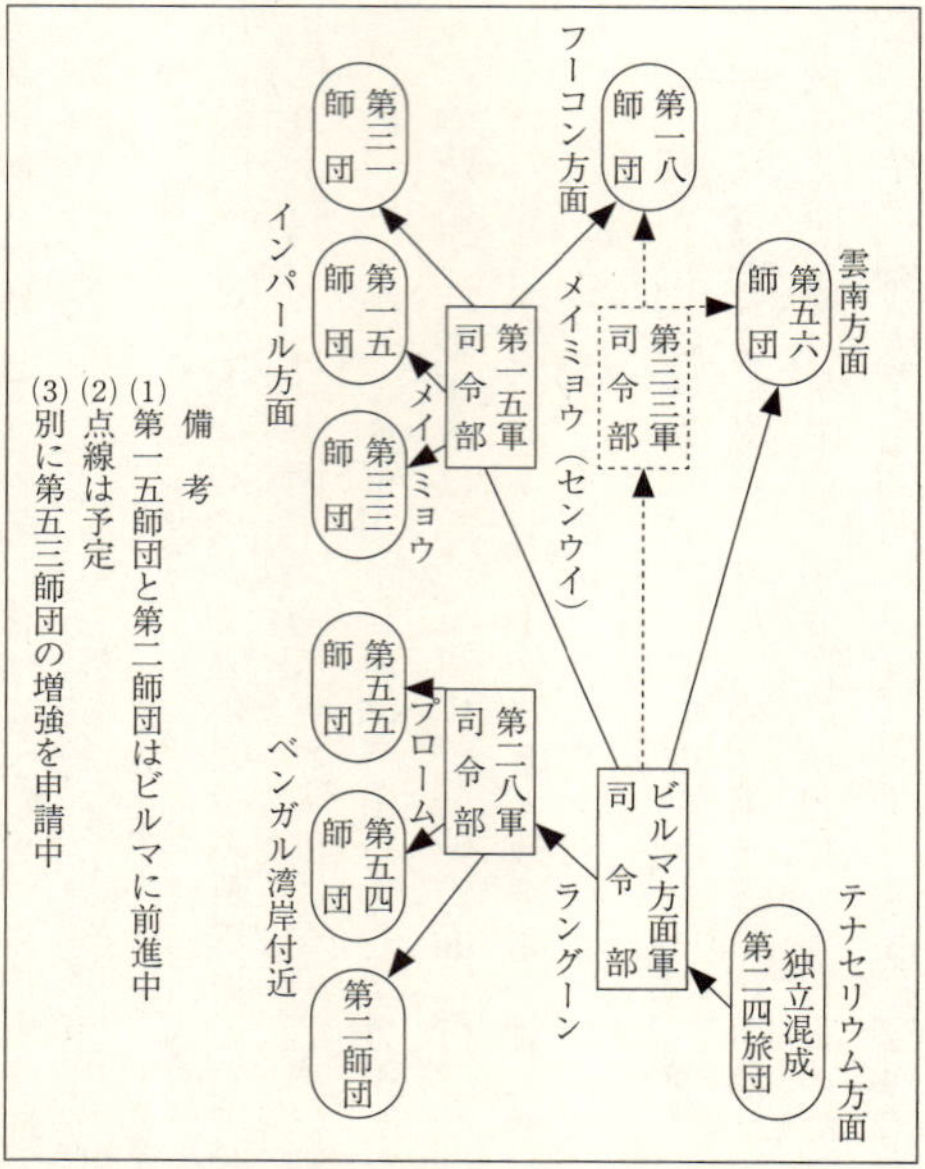

図１－８　方面軍指揮組織（昭和19年１月）
服部卓四郎『大東亜戦争全史』より

陣には戦況全般を研究する余裕が与えられなかった。したがって、その後の作戦構想は、幕僚補佐を受けることなく、牟田口軍司令官一人のイニシアチブによって切り回されていく。つまり、インパール作戦の決定に至る過程は、牟田口を軸として展開されていくのである。

牟田口のインド進攻構想

前述したように牟田口は、第一八師団長当時、作戦地域の困難を指摘して二一号作戦に反対した。しかし彼が第一五軍司令官に就任したとき、彼の判断は一八〇度の転換をとげていた。すなわち、連合軍の三正面からの総反攻準備が進んでいるとの情報を得、ウィンゲート旅団の挺進作戦を見た彼は、従来の守勢的ビルマ防衛ではなく、攻勢防禦によるビルマ防衛論を唱えたのである。彼の判断によれば、ウィンゲート旅団の行動からしてジビュー山系に設定した現在の防衛第一線ではもはや安全ではないので、これをチンドウィン河の線まで推進する必要があるが、チンドウィン河ですら乾季には敵の進攻に対する障害とはなりえず、かつ防衛正面も広くなるので、むしろこの際初めから攻勢に出、連合軍反攻の策源地インパールを攻略すべし、というのであった。

しかし、彼の構想は攻勢防禦によるビルマ防衛という軍事的判断だけにとどまるものではなかった。彼の構想は単なるビルマ防衛を超え、インド進攻にまで飛躍した。彼は第一八師団長当時に二一号作戦に不同意を唱えたことを、「必勝の信念」に欠けた態度であり軍の威信を汚す結果となったと反省し、今後はけっして消極的な意見具申を行なわず積極的に上司の意図を体してその実現を図ろう、と決意していた。上述したように、二一号作戦は明確に中止されたのではなく単に実施を保留されていただけであったから、牟田口としては、その実施に備えることは当然、上司の意図を体するものとみなされたのである。

さらに、彼のインド進攻論には、個人的な心情もからんでいた。それは、蘆溝橋事件の当事者（連隊長）であった自責の念に基づき、次のような内容をもつものであった。

私は蘆溝橋事件のきっかけを作ったが、事件は拡大して支那事変となり、遂には今次大東亜戦争にまで進展してしまった。もし今後自分の力によってインドに進攻し、大東亜戦争遂行に決定的な影響を与えることができれば、今次大戦勃発の遠因を作った私としては、国家に対して申し訳が立つであろう。

牟田口がアラカン山系への防衛線推進構想からインド進攻論へと飛躍することを最も強く支えたものは、このような彼の個人的心情であったかもしれない。

牟田口は、自分の構想をまず、武号作戦構想なるものに具体化させた。これは、インド進攻の前段として防衛線をチンドウィン河西方のミンタミ山系に推進しようというものであり、雨季入り前後に不意急襲的に攻撃を開始し雨季の本格化とともに敵の奪回を困難ならしめるため、作戦発起を五月下旬と予定した。しかし、第一五軍幕僚陣の判断では、この作戦には多くの無理が伴っていた。たとえば、雨季に備えた作戦準備はなく、作戦発起までの時間的余裕もなかった。また、ビルマ方面軍編成に伴う防衛管区の移動やウィンゲート旅団掃蕩戦による疲労のため部隊には休養が必要であった。その他補給に関しても問題があり、悪疫瘴癘の地たるジビュー山系西方地区に部隊を常置することも困難とみなされた。

したがって、小畑信良参謀長以下の第一五軍幕僚は、軍司令官に武号作戦の不可を申告したが、これを聞いた牟田口は烈火のごとく怒った。彼は、攻勢防禦の軍事的合理性を強調するだけでなく、初めてアッサム進攻の意図を明言し、ビルマ戦局の打開によって戦争全般に活路を見出すとの所信をも披瀝した。アッサム進攻論を初めて聞かされた幕僚陣は一同驚愕したばかりでなく、軍司令官の積極的構想を翻意させる余地もないことを知らされた。このため小畑参謀長は、軍司令官の翻意を促すには外力に頼るほかなしと考え、隷下の第一八師団長田中新一中将に説得を依頼したが、その行為は統率を無視したものとして譴責の対象となり、小畑少将はついに参謀長を解任されてしまう。

四月下旬、第一五軍初の兵団長会同がもたれ、ここで牟田口は隷下の師団長たちに初めてインド進攻論を披瀝したが、一同は唖然とするばかりであった。しかし、会議の席上では直接の反論は出なかった。ただ、雑談で各師団長が軍司令官の構想に疑問を呈し不同意を表明しただけであった。正面からの反論がかりにあったとしても、牟田口は受けつけなかったであろう。田中第一八師団長は小畑の依頼に応じて武号作戦の無理を進言したが、牟田口は少しもそれに動かされなかった。

部下の反論に耳をかさない牟田口の積極論を現地で制止しうるのは、河辺方面軍司令官のみであった。しかも河辺は蘆溝橋事件当時、連隊長牟田口の直属の上司たる旅団長であり、それ以来両者はとくに親しい間柄であった。しかし牟田口がインパール攻略論を唱えたとき、河辺は「何とかして牟田口の意見を通してやりたい」と語り、方面軍高級参謀片倉衷少将の言葉を借りれば、軍司令官は私情に動かされて牟田口の行動を抑制しようとはしなかった。

武号作戦は、その構想がインパール進攻論と直結しておりビルマ領外に進出する作戦は第一五軍かぎりで決定できるものではなかったので、実現を見ぬうちに雨季入りを間近に控えて自然消滅の形となった。しかし、牟田口のインパール攻略、そしてアッサム進攻の熱意は少しも衰えなかった。彼は五月中旬、第一五軍司令部を訪れた稲田正純南方軍総参謀副長に、「アッサム州かベンガル州で死なせてくれ」と語り、彼の個人的心情がいかに強烈なものであるかを示していた。

作戦計画決定の経緯

作戦目的および計画をめぐる対立

昭和一八年五月上旬、シンガポールの南方軍司令部で軍司令官会同が開かれた。ここでも牟田口はインパール進攻論を力説するとともに、河辺もアラカン山系への防衛線推進を主張して彼の議論を助けた。ただし、河辺の牟田口構想に対する同調もアラカン山系への進出にとどまり、彼ですら、牟田口のアッサム進攻論には無謀な作戦として不同意であった。

一方、南方軍でも、ビルマ防衛のため局部的攻勢の必要性を認め、内線作戦の原則に従ってアラカン山系への進出を容認する姿勢が示された。つまり、敵の反攻態勢が進捗している状況で、ビルマ方面軍が守勢にのみ徹するのはかえって不利とみなされたのである。しかし、稲田の判断によれば、この攻勢防禦もあくまで局部的かつ限定的なものとされ、うまくいかぬときは適宜中止するという弾力性をもつと同時に、補給・地形等の面で無理のない確実性を有しなければならなかった。したがって彼の眼には、第一五軍の構想するインパール作戦計画が地形や補給を無視した強引なものに映り、牟田口のアッサム進攻論は限定的攻勢防禦の限度を超える危険なものと見えた。かくて南方軍は、攻勢防禦の必要性を認めながらも、インパール作戦の具体的計画に関しては兵棋演習による十分な検討を方面軍に要請することとなった。

方面軍主催の兵棋演習は六月下旬、ラングーンで実施された。検討の結果、ミンタミ山系内に防衛進出線を制限しても英印軍の反撃に遭遇して会戦を引き起こすことは必至と判断され、したがってむしろ当初から敵の策源地インパール攻略を作戦目的とすべし、との結論が出された。ここまでは、第一五軍の希望にほぼ合致するものであり、同席した南方軍および大本営の幕僚からも異論は出なかった。しかし、第一五軍の作戦計画に

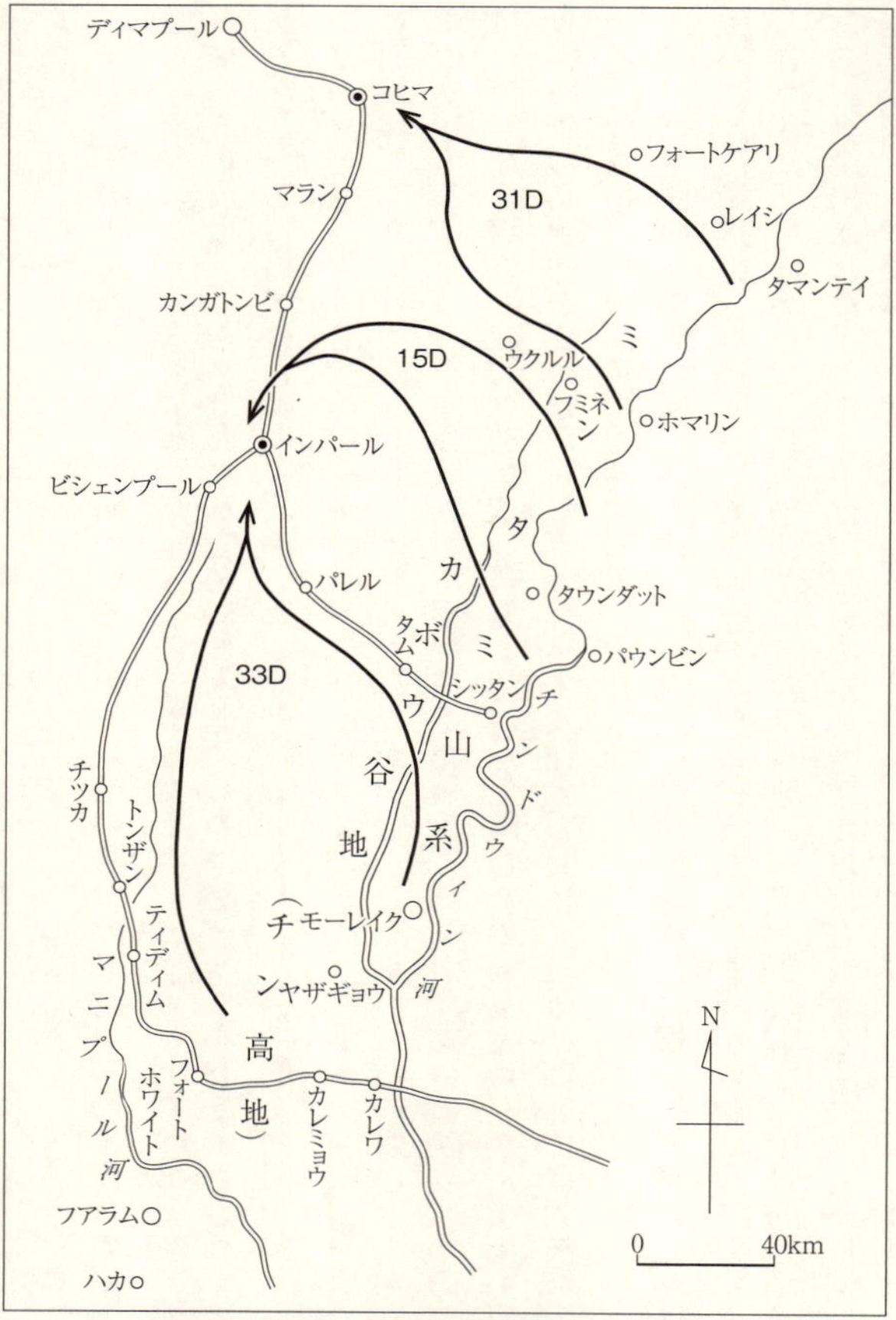

図1－9　第15軍インパール作戦構想図

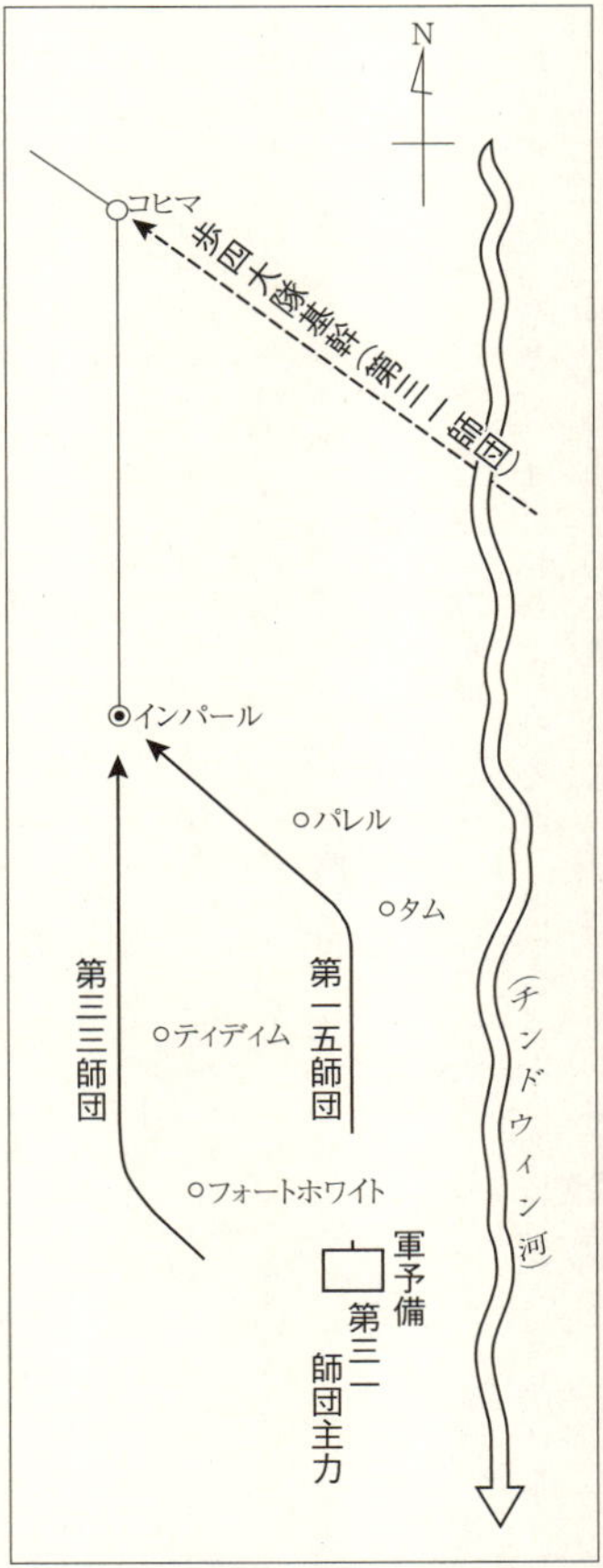

図1－10　ビルマ方面軍の作戦構想図

はまだ強引な点が見られ、その修正もしくは変更がその後の重要な論争点となるはずであった。

第一五軍の作戦計画は、アラカン山系内の敵を急襲撃破して一気にアッサム州に進出することを目標とし、そのため南方および東方から第一五師団および第三三師団をもってインパールを攻撃するとともに、第三一師団をもって北方のコヒマを攻略し、敵の退路を遮断するのみならずアッサム進出へと移行しようとするものであった（図1—9参照）。この計画には、第一にアッサム進出への移行という構想、第二にそのための北方

（コヒマ）への重点指向、第三に急襲撃破の強調に見られる補給、地形の軽視、という重大な問題点があった。したがって、稲田少将も、方面軍の中永太郎参謀長も、これらの問題点を指摘して、第一五軍の作戦計画に再考を求めたのである。

中の所見によれば、コヒマ攻略には第三一師団の一部のみを使用して重点を南方に指向すべきであり、同師団の主力を軍の予備として第二線に控置すれば、万一インパールを攻略できない場合でも要域に戦線を整理し柔軟かつ堅実に防衛線を構築することができるとされ（図1―10参照）、補給の重要性を強調した稲田も中の所見にまったく同意した。しかし、第一五軍の作戦計画は、たしかにアッサム進攻の力説はやめたものの、他の面では少しも修正の動きが見られなかった。そして中は、こうした第一五軍の態度に対する不満を河辺方面軍司令官に伝えたが、河辺はこれを押さえてしまう。

河辺は、最後の断は自分が下すので、それまでは方面軍の統帥を乱さないかぎり牟田口の熱意と積極的意欲を十分尊重せよ、と中に指示した。牟田口の心情をよく呑み込んでいると自負していた河辺は、彼に対して作戦目的を十分徹底させるだけの努力を払わなかった。

牟田口の、そして第一五軍の作戦構想は兵棋演習の結果によってなんら影響されなかった。本来の命令系統、すなわち上官たる方面軍司令官以外の意見や見解には服従しないとした彼は、河辺から明示的な指示がない以上、方面軍参謀長以下による重点指向についての注意に耳を傾けず、自己の所信に向かって突進した。彼にとっては、二一号作戦研究の指示はまだ生きており、上司の意図に積極的にそうものとすれば、万難を排してアッサム進攻の作戦を研究するのが当然の任務であり、それゆえ中や稲田の所見は消極退嬰としか映らなかった。その後、戦局全般の悪化に伴い、インド進攻に戦争の活路を見出すとの決意はいよいよ強固なものとなった。ただ、現状ではアッサム進攻計画を上級司令部に具申しても当面は承認を得られそうもないと考えた彼は、インパール作戦が実施に移され順調に進展したときこそ、機を見て意見具申を行ないアッサム進攻に転換せん、と心中ひそかに期したのである。そして、第一五軍幕僚の間に存在した慎重論は、もはや軍司令官に直接伝えられることはなかった。何をいっても無理だというムードが、第一五軍司令部をつつんでいた。

以上要するに、昭和一八年六月下旬の時点で、インパール作戦自体に関しては、第一五軍、方面軍、南方軍の間に攻勢防禦という点での合意が形成された。しかし、この作戦がアッサム進攻を含まない純然たるビルマ防衛のための限定作戦であること、補給を重視し南方に重点を指向して作戦の柔軟性と堅実性を図るべきこと、という南方軍および方面軍の趣旨は第一五軍には徹底されなかった。アッサム進攻の企図を秘め北方に重点を指向して敵を急襲撃破するという第一五軍のいわゆる「鵯越戦法」は、少しも堅実な作戦計画には改められなかったのである。そして、なお憂慮すべきことに、南方軍および方面軍では、兵棋演習での検討と注意により第一五軍の作戦計画が修正されるはずだと期待して、第一五軍が中や稲田の所見の趣旨を理解していないことになかなか気がつかなかったのである。

大本営の認可

大本営では、インパール作戦自体に関して否定的な見方が有力であった。兵棋演習に同席して帰国した竹田宮大本営参謀の報告によれば、「一五軍ノ考ハ徹底的ト云フヨリハ寧ロ無茶苦茶ナ積極案」であり、作戦準備の現状からして実施はとうてい無理と見られた。しかし、現地軍が攻勢防禦の必要性について合意を見ている以上、大本営としてはこれを無視するわけにはいかず、また、たとえインパールが取れなくてもインドの一角に日本の後援するインド独立義勇軍の立脚点をつくることができれば、東条政権の戦争指導に色をつけ、政治的効果を収めることも期待された。こうして、大本営は、作戦実施如何の決断は将来にゆだねて、一応八月初旬、インパール作戦実施準備の指示を南方軍に発した。

これを受けて南方軍は、ビルマ方面軍に対して「ウ号作戦」準備を命じたが、そこでは作戦目的をビルマの防衛強化、目標をインパールに限定し、作戦の柔軟性と堅実性を図るようあらためて指示した。南方軍の命令に基づき方面軍は「ウ号作戦」準備要綱を作成し、これを第一五軍に通達した。この要綱では、重点を南に指向せよとは指示していたが、その表現はことさらあいまいであり、これまでの連絡で趣旨は十分第一五軍に通じているはずだと考えた方面軍は、あえてあいまいな表現の字句を修正しなかった。そして実際には、方面軍の意図は第一五軍に通じておらず、第一五軍はむしろ、あいまいな表現を自案に有利な意味に解釈してしまったのである。

さらに、八月下旬に開かれた第一五軍の兵団長会同に列席した中方面軍参謀長は、第一五軍の作戦構想が少しも改められていないことを知ったにもかかわらず、あえて異論は唱えず、その鵯越作戦計画を黙認した。しかも九月中旬、南方軍の参謀長会同に出席したとき、彼は、「第一五軍が練りに練った作戦だから」とその作戦計画の採用を稲田に要請した。それは方面軍司令官（河辺）の意向の反映であるとともに、軍事的合理性よりも人間関係と組織内の融和を重んじる態度の反映でもあった。いずれにせよ、方面軍もこの時点で、第一五軍の鵯越作戦に同調したのである。

それでも稲田は、ラングーン兵棋演習での検討結果に基づいて作戦計画が修正されないかぎり認可はできない、と主張し続けた。しかし彼も、第一五軍の作戦計画を修正させるべく寺内寿一南方軍司令官に命令を出すよう要請するまでには至らなかった。そしてやがて一〇月中旬、稲田は転出してその後任に綾部橘樹中将が就任し、彼のもとで南方軍も第一五軍の作戦計画を黙認する方向に傾いていく。

綾部の決断を決定づけたのは、一二月下旬メイミョウで開かれた第一五軍の兵棋研究であった。綾部に同行した南方軍参謀の一人は、第一五軍の幕僚や作戦参加師団の多くが作戦計画に心から同意していない実情を知り、無理な補給の見地からも作戦中止を綾部に勧告した。しかし綾部は、第一線軍司令官の攻勢意欲をそぐことは好ましくないと考え、作戦中止の場合軍内に生じる混乱を懸念して作戦決行に傾きつつあった。そして、作戦中止を勧告した参謀もやがて綾部の意中を忖度してその反対意見を撤回し、綾部は河辺方面軍司令官の確信を確認したうえで、ついに第一五軍の鵯越作戦計画を容認したのである。ここでもやはり、軍事的合理性以上に、組織内の融和と調和が重視されていた。

一方、大本営はいぜんとして「ウ号作戦」決行に関して消極的であった。とくにイタリアが戦線から脱落した九月以降、インド洋におけるイギリス海軍力の増強が予想され、したがってビルマへの上陸反攻作戦の脅威が高まった。大本営の判断によれば、このような状態でインパール作戦を決行すると、方面軍の主力が北部および中部ビルマに釘付けとなり、南部ビルマの防衛は重大な危険に曝される可能性があった。これに対し南方軍以下は、それゆえにこそ敵の機先を制してインパール作戦を敢行し、敵の上陸企図を事前に牽制して作戦の主導権を確保すべし、と考えたのである。

大本営の中枢、参謀本部作戦部長真田穣一郎少将は、ビルマ防衛は戦略的持久作戦によるべきであり、危険なインパール作戦のような賭に出るべきではないとみなしていた。したがって昭和一九年一月初旬、綾部が上京して「ウ号作戦」決行の許可を求めたときにも、真田は、補給および制空権の不利と南部ビルマの憂慮すべき事態を指摘して作戦発動不可を唱えた。綾部は、この作戦は戦局全般の不利を打開するために光明を求めたものであり、寺内南方軍司令官自身の強い要望によるものである、と大本営の許可を懇請したが、真田はそれに答えて、戦局全般の指導は南方軍ではなく大本営の考慮すべき任務であると反論した。ちょうどそのとき、杉山元参謀総長は、寺内のたっての希望であるならば南方軍のできる範囲で作戦を決行させてもよいではないか、と真田の翻意を促し、ついに真田も杉山の「人情論」に屈してしまった。またしても軍事的合理性よりは、「人情論」、組織内融和の優先であった。

作戦発動を許可する大本営の意向を知らされた東条首相兼陸相は、次の五項目を質問したという。

(1)　インパール作戦実施中、ビルマ南部沿岸に英印軍が上陸した場合、その対応措置がとれるか。

(2)　インパール作戦によって、さらに兵力の増加を必要とする結果とはならないか。また防衛上不利とはならないか。

(3)　劣弱な航空戦力で地上作戦の遂行に支障はないか。

(4) 補給は作戦に追随できるか。
(5) 第一五軍の作戦構想は堅実か。

いずれも、これまでの経緯から見て問題とされてしかるべき当然の質問であった。しかし、すでに作戦決行を決めた大本営は、いずれの点についても問題なしと回答した。東条の指摘した五つの問題点すべてについて綿密な検討を加え確信を得たうえでの決断であったのではない。軍事的合理性以外のところから導き出された決断がまず最初になされ、あとはそれに辻褄を合わせたものでしかなかった、と極言してもよいであろう。こうして、昭和一九年一月七日、大本営は「ウ号作戦」の決行を承認した。

作戦の準備と実施

鵯越戦法

第一五軍の「ウ号作戦」計画は戦略的急襲を前提として成り立っていた。すなわち、急襲突進によって敵に指揮の混乱と士気の沮喪を生ぜしめ、それに乗じて一気に勝敗を決しようとするものであり、急襲の効果に作戦の成否がかかっていた。では、もし急襲の効果が生じなかった場合はどうなるのか。万一作戦が不成功となった場合を考えれば、作戦の転機を正確に把握し、完敗に至る前に確実な防衛線を構築して後退作戦に転換するための計画が必要であるはずであった。つまり、いわゆるコンティンジェンシー・プラン（不測の事態に備えた計画）が事前に検討されていなければならなかった。ところが実は、この必要性の認識こそ第一五軍の作戦計画にまったく欠如していたものであった。

牟田口によれば、作戦不成功の場合を考えるのは、作戦の成功について疑念を持つことと同じであるがゆえに必勝の信念と矛盾し、したがって部隊の士気に悪影響を及ぼすおそれがあった。第一五軍は作戦期間を三週間と予定していたが、それは作戦が不利となった場合に三週間で打ち切るという意味ではなく、三週間で作戦が必ず終了するという「必勝の信念」に基づくものであった。しかも、牟田口はいぜんとしてアッサム進攻に固執していた。つまり、彼は作戦の成功を楽観視していたのであり、彼にとってコンティンジェンシー・プランを検討する必要性はほとんど認められなかったのである。

しかし、客観的に見て、きびしい地形を克服し三週間でインパールを攻略するのは、きわめて困難であった。従来方面軍が第一五軍の鵯越作戦計画を危険視し、南方への重点指向を強調していたのは、そもそも作戦不成功の場合をも考慮したものであり、コンティンジェンシー・プラン的発想に基づくものであった。昭和一八年九月に方面軍が第一五軍の作戦構想に同調したあとも、たとえば中方面軍参謀長は翌年一月中旬、第一五軍に攻勢命令を出す際、主攻勢方面と兵力量を明記することによって方面軍の作戦構想を第一五軍に強要しようとした。ところが河辺は、「そこまで決めつけては牟田口の立つ瀬はあるまい。また大軍の統帥としてもあまり格好がよくない」と、中の命令案を押さえてしまった。ここでも、「体面」や「人情」が軍事的合理性を凌駕していた。

そして、第一五軍の鵯越戦法、急襲突進戦法の効果は、戦う以前にすでに失われていた。というのは、スリム中将指揮下のイギリス第一四軍が斥候や空中偵察によって日本軍の作戦準備状況をキャッチし、インパール作戦の概要をほぼ正確につかんでいたからである。これに基づいてスリムは、主力の戦場をチンドウィン河東岸に求めるという既定方針を放棄し、後退作戦に転換した。すなわち、後退に伴う士気への悪影響とインド国内の一時的動揺を甘受し、日本軍に困難なアラカン山系越えを強いて疲れさせ、その補給線が伸びきったインパール周辺地区で主力攻撃を加える、というのがスリムの新たな作戦構想であった。第一五軍が敵の企図を少しもつかめなかったのに対し、英印軍はまず、事前の情報戦において勝利を収めていた。戦略的急襲の効果は、生まれるはずもなかった。

作戦の準備

インパール作戦計画は、コンティンジェンシー・プランの欠如という面で、作戦の柔軟性と堅実性を欠いていた。そして、事前における英印軍側の情報戦勝利により、よほ

	15軍の要求	方面軍の要求	南方軍の内示	大本営による発令実施
自動車中隊	150	90	26	18
輜重兵中隊	60	40	14	12
輸送司令部	3〜4	2	2	1
兵站地区隊	4	3	1	0
兵站病院	3〜10	6	3	0
兵站衛生隊	4	3	1	0
野戦道路隊	4〜5	3	2	2
独立工兵連隊	5	3	2	0

表1－5　兵站部隊の計画と実施状況

どの僥倖がないかぎり、作戦の不成功は最初から保証されていた。しかも作戦の破綻は、その準備段階におけるいくつかの欠陥によって、さらに増幅されることになる。

その最大の欠陥は、補給の軽視・不備であり、端的には表1－5に示される兵站部隊の増強計画とその実施状況に見られよう。戦局の悪化により船舶事情は極度に逼迫し、陸上交通も敵の制空下でほとんど麻痺状態であったから、膨大な輸送部隊の増強は当初から成立しえなかった。補給が成り立たなければ、本来、作戦も成立しえないはずであった。

ところが牟田口は、初めから兵站を重視しなかった。突進戦法に作戦の成否をかける彼は、「もともと本作戦は普通一般の考え方では、初めから成立しない作戦である。糧は敵によることが本旨である」と語り、膨大な兵站部隊を必要とするのは、主としてインパール攻略後のことになろうと考えた。彼の判断によると、インパールを攻略しさえすれば、その後の補給は何とでも都合がつくし、しかも同地付近は敵の一大補給基地であるので、これを利用することができる、とされたのである。

問題は、参加部隊が後方補給に頼らず、どのようにして自力で三週間の突進を続けるか、であった。しかも戦略急襲に作戦の成否をかける以上、急襲の効果をそこなう可能性のある要素はできるだけ排除しなければならなかった。こうして各部隊は、重火器の携行をできるだけ切り詰めて進軍の速度を速める工夫をし、また山岳地での行軍に合うよう象や駄牛、駄馬による糧秣、弾薬、兵器の輸送を計画せざるをえなかった。しかし、結果的に見ると、重火器の不足は砲兵力の劣勢を促進し、堅固な敵陣地攻略をよりいっそう困難ならしめたし、駄馬や駄牛の利用はそれに振り向ける人員確保のため戦闘人員の不足をもたらした。また、渡河、山岳行軍で象や駄牛が予想以上に死亡したため、たとえば第三一師団の歩兵弾薬の半数は戦場に届かなかった。そのうえ、作戦発起前に集積した軍需品は、執拗な敵機の爆撃により大きな損失を受けてしまった。

補給・兵站の不備・軽視を生んだのは、急襲突破一辺倒の作戦構想と敵戦力の過小評価であった。それを最もよく示すのは次のような牟田口の言葉である。

英印軍は中国軍より弱い。果敢な包囲、迂回を行なえば必ず退却する。補給を重視し、とやかく心配するのは誤りである。マレー作戦の体験に照らしても、果敢な突進こそ戦勝の近道である。

第一五軍は、同じ理由により、航空協力についても楽観していた。航空支援が必要なのはチンドウィン渡河の際だけであって、その後は突進戦法に移るので、航空協力がなくても作戦遂行に支障はきたさぬ、とされたのである。

インパール作戦の破綻を運命づけたもう一つの大きな要因は、上級司令部間における意思の不統一であろう。作戦構想における食い違いはすでに詳しく見たので、ここでは、作戦準備段階での事例として第一五師団のタイ控置を取り上げてみよう。すなわち、インパール作戦に参加するため中国の戦場から輸送された第一五師団は、その途中で南方軍により意図的にビルマへの到着を遅らされたのである。稲田正純によれば、第一五師団のタイ控置には、不利な戦局に伴うタイの動揺を抑えるためと、タイ・ビルマ間の輸送路を整備するためという目的もあったが、その主たる理由は、第一五軍の鵯越作戦への懸念であった。つまり、第一五師団をタイに控置することによって、第一五軍の早まった作戦発起を牽制・防止しようとしたのである。稲田の転出以後、南方軍の態度は一変したが、ビルマ到着が大幅に遅れた第一五師団は、戦場に着くと準備期間もないまま半遭遇戦の形でアラカン山中に突入しなければならなかった。しかも師団全部が作戦発起に間に合ったわけではなく、師団長はインパール作戦中、師団の全兵力を掌握できなかった。そのうえ、作戦発起直前には、師団の中核たる作戦主任参謀と歩兵団長が交代するという理解しがたい定期人事異動までなされた。

牟田口は、ビルマ到着の遅れる第一五師団に対し、「戦さがいやだからいつまでもタイに滞留しているのだろう」と痛罵を加えたという。第一五師団とばかりでなく、各師団長と彼との間には意思の疎通が欠けていた。しかし、牟田口は隷下師団長との意思の疎通に格別の努力を払わず、むしろ彼らとの会合を嫌った。作戦決行直前の第一五軍の作戦会議には、師団長を呼ばずに各師団の参謀長を集合させただけであった。

作戦の発動

インパール作戦認可後における方面軍のビルマ防衛構想は、すべて同作戦を中軸として計画された。その概要は、まずアキャブ方面で牽制作戦を実施した後、第一五軍主力がインパール作戦を敢行し、その間フーコンおよび雲南方面では持久を図る、というものであった。ビルマ防衛の成否は一にインパール作戦の成功にかかっていた。すべてにおいて、インパール作戦が優先された。したがって、昭和一八年一〇月末、米華連合の新編第一軍がフーコン方面に進出してこれに対峙する第一八師団が苦境に陥ったとき、牟田口はその増援要請を、インパール作戦に支障ありとして退けた。

フーコン作戦において敵は、日本軍の慣用戦法を熟知してその裏をかき、しかも空中補給によって驚くべきほど自在な行動力を発揮した。日本軍はこの敵戦力の向上を重視せず、牟田口はむしろ、敵によって先制の機をつかまれているのではないか、と「ウ号作戦」の早期決行を焦るばかりであった。やがて、後述するウィンゲート空挺兵団の北ビルマ侵入により、第一八師団はその後方をも脅かされ、悲惨なインパール作戦に劣らぬ苦しい戦いを続けることになる。

一方、インパール作戦の牽制作戦として昭和一九年二月初旬に開始された第二次アキャブ作戦（ハ号作戦）でも、日本軍（第五五師団）は予期せざる苦戦に陥った。敵は包囲されても優勢な火力で円筒陣地を構築し、空中補給によって抵抗を続けるばかりでなく、その間に駆けつけた増援軍は日本軍部隊を逆包囲する形となった。このような新戦法は日本軍を大いに驚かせはしたが、第一五軍はその教訓を十分学ばず、インパール作戦においても到る所で円筒陣地に苦しめられることとなった。

さて、インパール作戦決行直前の三月初旬、北ビルマに敵の空挺挺進部隊が再び降下し始めた。第一五軍は当初その兵力も目的もつかめず、牟田口はこれを単なる後方攪乱作戦とのみ判断した。しかし実際には、この新たなウィンゲート兵団は三個旅団もの規模を有し、単なる後方攪乱のみならず、第一五軍のインパール作戦の虚を衝いて北部および中部ビルマ一帯から日本軍を一掃しようとしたものであった。

空中偵察により断片的ながら事態の深刻さを感じとった第五飛行師団長は、インパール作戦の延期と空挺部隊掃蕩の先決を進言したが、河辺も牟田口も、それに耳をかさなかった。彼らの判断によれば、空挺部隊の進出は敵の反攻が切迫している証拠であるから、すみやかにインパール作戦を決行すべきであり、しかもいま作戦を決行すれば敵が空挺作戦に専念している虚に乗ずることができ、さらに空挺部隊は各個撃破によって容易に処理可能、とみなされた。

こうしてインパール作戦は開始された。ウィンゲート空挺部隊の進出によってフーコン作戦はさらに苦境に陥ったが、インパール作戦さえ成功すれば、他方面の苦境も一挙に改善されるはずであった。ビルマ防衛の前途は、すべてインパール作戦の成否にかかっていた。

作戦の実施と中止

実施に移されたインパール作戦の細部を、ここで繰り返す必要はないであろう。その異常さと悲惨さは、今やあまりにもよく知られている。参加部隊の勇猛果敢さは称賛に値したが、作戦そのものは、完全な失敗に終わった。

スリムの後退作戦によって、第一五軍の戦略急襲の効果は生まれなかった。敵戦力の過小評価、突進優先による火力の劣勢、補給の軽視などにより、敵の堅固な円筒陣地攻略には限度があった。参加各師団は三週間の糧秣しか携行せず、弾薬の追送もほとんどないまま、四月末には戦力は四〇パーセント前後に低下し、限界に近づいた。しかも、雨季は例年より早くやってきた。

たしかに、作戦実施の過程で各部隊の指揮には、いくつかの錯誤や誤断が見られた。しかし、いかなる戦闘においても、ある程度の誤断や錯誤は不可避であろう。むしろ本来、作戦計画とは、実施後に生じるおそれのある誤断や錯誤をも見込んで立てられるべきであった。しかし、第一五軍の「ウ号作戦」計画には、そのような柔軟性はなく突進一点張りであった。そして、事態が計画どおりに進まないとき応急的に打ち出された作戦は、そもそもコンティンジェンシー・プランがなかったがゆえに、その場しのぎの中途半端なものに終始した。また、軍司令部が戦闘現場の実情を把握しなかったことは、応急措置を非現実的なものとし、戦闘部隊の反感を買った。加えて、軍司令官と各師団長との意思の疎通の欠如は、作戦指揮の円滑さをそこない、師団長の更迭や解任、有名な「抗命」事件すら引き起こしてしまうのである。

作戦の不成功が明白となった以上、被害を最小限にくい止めビルマ防衛の破綻を防止するためには、早期に防衛線を立て直して作戦を中止すべきであった。しかし、コンティンジェンシー・プランの欠如は、適時の態勢転換、作戦中止を困難ならしめた。しかも、「体面」や「保身」、組織内融和の重視や政治的考慮は、必要以上に作戦中止の決断を遅延させ、雨季の到来や補給の不備とあいまって、現地部隊に過酷な戦闘を強いたのであった。

当時南方軍は、太平洋の急迫する戦局に備えフィリピンおよび西部ニューギニアの防備強化に忙殺され、ビルマの戦況を顧みる余裕がなかった。しかも、南方軍はインパールの戦場に一人の参謀も派遣しておらず、同作戦の展望に関しては実情を知らぬまま楽観的な空気が支配的であった。四月下旬から五月中旬にかけて南方諸地域を視察した秦彦三郎参謀次長は、インパール作戦が思わしくないことに気づき、飯村穣南方軍総参謀長や河辺方面軍司令官に作戦中止を示唆したが、自ら作戦中止のイニシアチブをとろうとはしなかった。彼の回想によれば、二人とも彼の示唆した作戦中止に同意したように見えたので、いずれ現地から作戦中止の申請が来るであろうと考えたからであり、また、現地軍の発意によって作戦が開始された経緯に照らしても、現地軍が作戦中止を申請することこそ本筋であると思われたからであるという。

それでも秦の視察報告は、「インパール作戦の前途はきわめて困難である」と、婉曲ながらも作戦中止を示唆していた。しかし、今や参謀総長をも兼任していた東条首相兼陸相は、これを聞いてその「弱気」を叱責した。日本国内に華々しく伝えられた作戦初頭の進展——実はそれはスリムの後退作戦によるものであったのだが——は、他の戦場での戦局悪化によって政権維持がむずかしくなってきた東条にとって、唯一といってよいほどの光明であったろう。戦争指導の継続と政権維持をインパール作戦の成功に賭けつつあった東条からすれば、作戦成功を保証する南方軍からの報告もある以上、秦の示唆する作戦中止は受け容れがたいものであった。こうして、秦の報告は実質的に無視されて大本営内の作戦中止論者は沈黙を余儀なくされ、東条による積極論（作戦継続論）の表明は、かえって現地軍を督戦する結果となり、インパール作戦を窮地に追い込むこととなってしまった。

六月上旬、河辺は第一五軍の戦闘司令所に牟田口を訪れた。すでに作戦中止は不可避であった。にもかかわらず、両者とも「中止」を口には出さなかった。牟田口によれば、「私の顔色で察してもらいたかった」といい、河辺も牟田口が口に出さない以上、中止の命令を下さなかった。実情を知らぬ大本営や南方軍からは、督戦や激励の電報が相次ぐばかりであった。

六月下旬、牟田口はようやく作戦中止の決意を固め、その旨方面軍に上申した。しかし方面軍は、「かくの如き消極的意見具申に接するは意外とするところなり」と述べ、かえって第一五軍の攻勢継続を命じた。河辺は牟田口の自殺を恐れたので、あえて攻勢を命じて彼の気分を引き立てたのであるという。

けれども、戦況は作戦中止以外の選択を許さなかった。方面軍も、南方軍も、大本営も、もはや作戦継続不能を認め、作戦中止に傾きつつあった。方面軍は高級参謀をマニラの南方軍に派遣して作戦中止の意向を伝え、これは南方軍から大本営に報告されて、ついに大本営の認可を得た南方軍は、七月二日、インパール作戦中止を方面軍に命じたのである。河辺によれば、作戦中止を考え始めてから、二カ月を経過していた。

インパール作戦の失敗はビルマ防衛全体の破綻を招いた。フーコンでも雲南でも敵の反攻の前に、日本軍は敗走を重ねなければならなかった。そして日本は、インパール作戦中止と相前後してサイパンを失い、やがてその責任をとって東条内閣も総辞職した。ただし、インパールからの悲惨な撤退は、まだ続いていた。

アナリシス

インパール作戦はほんとうに必要かつ可能な作戦であったろうか。戦局が悪化する前の二一号作戦ですら、物理的諸条件の制約により実行が不可能視されたことを、もう一度想起してみよう。地形・気候などの条件の制約が変わらず、しかも戦局が悪化して物資・兵員の輸送が困難なとき、インパール作戦は二一号作戦当時よりいっそうむずかしいはずであった。しかし、このことが、少なくとも第一五軍、方面軍、南方軍のレベルで真剣に考慮された跡は見られない。

むしろ第一五軍、方面軍、南方軍の判断からすれば、戦局が悪化しビルマ情勢が風雲急を告げたからこそ、インパール作戦が必要であった。すなわち、攻勢防禦としての「ウ号作戦」である。ただし、たとえビルマ防衛のために攻勢防禦が妥当な措置であるとしても、当時の日本の衰えつつある国力から見て、それが戦局全体にとって必要かつ可能な作戦であったかどうかについては、大きな疑問の余地があろう。そして、このことも真剣な検討を加えられた形跡はない。戦局全体との関連では、インド独立工作の推進や東条政権維持へのテコ入れといった政略的目的が介在し、軍事的合理性を制約しただけにすぎない。また、ビルマ防衛の成否をインパール作戦に賭けてしまったことは、作戦の失敗に伴いビルマ防衛全体の破綻を招いたが、この可能性についても事前の検討は不十分であった。要するに、インパール作戦は軍事戦略的に見て、その必要性と可能性すら疑わしいものであった。

さて、では視点を変えて、ビルマ防衛のために攻勢防禦が必要かつ可能であったと仮定してみよう。この場合問題となるのは、攻勢防禦という原則が第一五軍の作戦計画に貫かれていなかったことである。作戦目的に関して第一五軍（インド進攻）と上級司令部（ビルマ防衛）との間には意思の不統一があった。鵯越作戦たる第一五軍の計画は、補給を軽視し、戦略的急襲にすべてを賭け、コンティンジェンシー・プランを欠いたものであった。したがって、英印軍が後退作戦に訴えたとき、鵯越作戦の失敗は始まる前から予定されていた。そしてコンティンジェンシー・プランの欠如のため適時の態勢転換を図れずに作戦中止が遅れ、補給の不備ないし欠如は、戦闘と撤退の悲惨さをもたらした。

要するに、第一五軍の作戦計画は杜撰であった。補給の不備とコンティンジェンシー・プランの欠如に特徴づけられるその計画は、堅実性と柔軟性を欠いた。そして、その杜撰さを生んだ主な要因には、敵の後退作戦やウィンゲート兵団の作戦目的を見抜けなかったことなどに示される情報の貧困、日中戦争およびマレー作戦からの惰性に由来した敵戦力の過小評価（とくに円筒陣地、空中補給の重要性を見落としたこと）などがあげられよう。ことに後者は、インパール作戦開始前に何度か修正されてしかるべき体験を味わわされたにもかかわらず少しも改められず、先入観の根強さを示すとともに、組織による学習の貧困ないし欠如をも物語った。また、「必勝の信念」という非合理的心情も、積極性と攻撃を同一視しこれを過度に強調することによって、杜撰な計画に対する疑念を抑圧した。そして、これは陸軍という組織に浸透したカルチュア（組織の文化）の一部でもあった。

では、なぜこのような杜撰な作戦計画がそのまま上級司令部の承認を得、実施に移されたのか。これには、特異な使命感に燃え、部下の異論を抑えつけ、上級司令部の幕僚の意見には従わないとする牟田口の個人的性格、またそのような彼の行動を許容した河辺のリーダーシップ・スタイルなどが関連していよう。しかし、それ以上に重要なのは、鵯越作戦計画が上級司令部の同意と許可を得ていくプロセスに示された、「人情」という名の人間関係重視、組織内融和の優先であろう。そしてこれは、作戦中止決定の場合にも顕著に現われた。

このような人間関係や組織内融和の重視は、本来、軍隊のような官僚制組織の硬直化を防ぎ、その逆機能の悪影響を緩和し組織の効率性を補完する役割を果たすはずであった。しかし、インパール作戦をめぐっては、組織の逆機能発生を抑制・緩和し、あるいは組織の潤滑油たるべきはずの要素が、むしろそれ自身の逆機能を発現させ、組織の合理性・効率性を歪める結果となってしまったのである。

5 レイテ海戦——自己認識の失敗

〝日本的〟精緻をこらしたきわめて独創的な作戦計画のもとに実施されたが、参加部隊（艦隊）が、その任務を十分把握しないまま作戦に突入し、統一指揮不在のもとに作戦は失敗に帰した。レイテの敗戦は、いわば自己認識の失敗であった。

プロローグ

ここに取り上げるレイテ海戦は、敗色濃厚な日本軍が昭和一九年一〇月にフィリピンのレイテ島に上陸しつつあった米軍を撃滅するために行なった起死回生の捨身の作戦であった。この海戦は、「捷一号作戦」と呼ばれる陸海空にわたる統合的な作戦の前半部分にあたるものである。しかし、この作戦全体の成否は海戦の帰趨によって大きく左右されるものであった。

レイテ海戦（日本側は「比島沖海戦」と呼んだ）は、世界の海戦史上でも特筆すべき最大級の規模のものであった。戦闘は、東西六〇〇カイリ、南北二〇〇カイリという日本全土の約一・四倍に相当する広大な海域において、一〇月二二日から二六日まで四昼夜にわたって繰り広げられた。さらに、日本側では四つの艦隊が別々の海域で時を同じくして戦闘に参加し、その艦隊総勢力は、戦艦九、空母四、重巡洋艦一三、軽巡洋艦六、駆逐艦三一の総計六三隻にのぼった。これは当時の連合艦隊艦艇の八割に相当するものであり、日本海軍が総力を結集して戦った事実上の最後の決戦となった。これに対して比島を奪回して戦争の雌雄を決しようとする米軍側の投入戦力は、軍艦だけで約一七〇隻、上陸用艦船を含めると九〇〇隻に近く、まさに「史上最大の海戦、そしておそらくは世界最後の大艦隊決戦であった」（ハンソン・ボールドウィン『海戦』）。

レイテ海戦に参加したのは、これらの水上部隊だけでなく、日本側だけでも、潜水艦一二隻、航空機七一六機（陸海軍機合計）が含まれる（米軍側一二八〇機）。この点でレイテ海戦は、陸海空の大規模な本格的統合作戦という性格を帯びていた。また、質量ともに劣勢な航空兵力を補うための作戦として、「特別攻撃」が組織的に採用されたのも、この海戦からである。

この作戦の目的は、本土と南方との間の資源供給路を確保するために、その連絡圏であるフィリピンへの米軍の進攻を阻止することであった。もし、フィリピンが米軍の手に落ちれば、南方からの石油その他の戦略資源は輸送不可能になる。また、台湾、沖縄への進攻も時間の問題となり、それに続いて本土上陸も短時間のうちに現実のものとなるであろう。そうなれば、とくに海軍はまったく動きがとれない張子の虎になってしまう。フィリピンに米軍を上陸させることは日本本土の生死を決定することになる。したがって米軍の企図を阻止するためには、連合艦隊をすり潰してもやむをえないというのが大本営の決意であった。

日本海軍は、結局この海戦によって壊滅的な損失をこうむり、以後、戦闘艦隊としての海軍はもはや存在しなくなった。また、日本本土と南方の資源地帯とをむすぶ補給線が断たれることになった。

この海戦を特徴づけているもう一つの点は、攻撃主力の栗田艦隊（第一遊撃部隊）が、最終目的地点であるレイテ湾突入を目前にして反転してしまったことにある。戦後これが栗田艦隊の「謎の反転」として、その是非について多くの議論がなされたことは周知のとおりである。この問題を考えるにあたっては、指揮官個人の資質や責任という点もさることながら、その作戦計画、統帥、戦闘経過に露わにされた日本海軍の持つ組織的な体質とその特性にこそ注目する必要があるものと思われる。

捷一号作戦計画の策定経過

サイパン島陥落後

昭和一九年七月九日サイパン島が、日米双方に多大な犠牲をもたらしたうえで、陥落した。これは「絶対国防圏」の崩壊を意味した。

日本軍は最後の決戦場をフィリピン、台湾および南西諸島（琉球）、北東方面（千島、樺太、北海道）のいずれかの地域に求めることを検討した。大本営は七月一八日から二〇日の三日間にわたり、陸海合同研究を実施し、乾坤一擲の決戦構想を決定した。これが七月二四日に裁可された「陸海軍爾後の作戦指導大綱」である。

それは「本年後期米軍主力の進攻に対し決戦を指導しその企図を破摧」するため、「決戦の時機を概ね八月以降と予期」し、「敵の決戦方面来攻にあたっては空海陸の戦力を極度に集中し敵空母および輸送船を所在に求めてこれを必殺すると共に敵上陸せばこれを地上に必滅す、此際機を失せず空海協力の下に予め待機せる反撃部隊を以て極力敵を反撃す」というものであった。これが「捷号」、「捷号決戦」と呼称される作戦計画の基本構想をなすものである。

この大綱に基づき軍令部総長嶋田繁太郎大将は「連合艦隊の準拠すべき当面の作戦方針」を指示した。その方針は「極力現戦略態勢を保持活用して敵兵力の漸減を策しつつ戦機を作為し又は好機を捕捉して敵艦隊および敵進攻兵力の撃滅を期す」とされ、基地航空部隊、機動部隊、その他の海上部隊、潜水部隊を含む連合艦隊の残存する総力をあげた作戦を展開しようとするものであった。

捷号作戦自体は、予想される決戦区域によって四つに区分された。そして大本営はこの区域のいずれに敵が来攻しても、陸海空戦力を総結集して起死回生の決戦を行なうよう計画した。この点で捷号作戦の実施上とくに陸海軍の航空戦力を統一運用することが必要であった。しかし、連合艦隊の航空部隊は「あ号」作戦（一九年六月一九、二〇日マリアナ沖海戦）で参加六〇〇機の約三分の二にあたる三九五機喪失という壊滅的打撃を受けており、空母、航空戦力の本格的な再建は、一九年後半と予想される米軍の本格進攻には時間的に間に合わなかった。

航空母艦からの発着には、かなりの技術能力を要求される。しかし日本海軍は、ミッドウェー以後の作戦で多くの優秀なパイロット（母艦搭乗員）を喪失してきた。とくにマリアナ海戦によっては、ほぼ壊滅状態にあった。そのため捷号作戦準備は基地航空部隊の再建に重点を置いた。決戦予想時までに整備しうる実働兵力は海軍一三〇〇機、陸軍一七〇〇機合計約三〇〇〇機と見込まれたが、それでも連合軍の対日正面兵力の三分の一であった。当然、陸海軍の航空戦力の統合発揮が求められたが、両者の主張はこの点で食い違っていた。海軍側は、敵進攻企図を破摧するためには、進攻兵力の根幹である機動部隊（高速空母）の撃滅を図るべきと考えていた。他方、陸軍側は、海軍のそれまでの実績に照らしてむしろ敵機動部隊の攻撃に対しては兵力を温存し、攻略部隊（艦

昭和19年7．24	「陸海軍爾後の作戦指導大綱」裁可
8．4	「連合艦隊捷号作戦要領」発令
8．10	マニラで，中央と実施部隊との作戦打合せ
9．10	ダバオ誤報事件
9，12	米機動部隊中比（セブ，バコロド地区）空襲
10．10	米機動部隊沖縄空襲
10．12 〜 14	台湾沖航空戦
10．17	米軍スルアン島上陸，「捷一号作戦警戒」発令
10．18	「今後の作戦指導の腹案」指示
10．20	「決戦要領」発令
10．22	栗田艦隊ブルネイ出撃
10．23	パラワン水道通過，旗艦「愛宕」沈没
10．24	シブヤン海戦，「武蔵」沈没
(1530)	反転
(1714)	再反転
10．25	
(0030)	栗田艦隊サンベルナルジノ海峡通過
(0350)	西村艦隊スリガオ海峡で壊滅
(0430)	志摩艦隊後退開始
(0659)	栗田艦隊サマール島沖で追撃戦に入る
(0830) 〜 (1740)	小沢艦隊エンガノ岬沖でハルゼー艦隊と交戦
(0911)	栗田艦隊追撃戦中止，北方集結を指示
(1120)	再びレイテ湾に向かう
(1226)	栗田長官最終的に反転を命令

レイテ海戦戦闘経過表

艇、輸送船）を主攻撃目標とすべきと主張した。

結局、陸海軍航空戦力の任務分担を定め、海軍は主に空母攻撃、陸軍は攻略部隊攻撃および陸戦協力を主として行なうこととなった。また敵の渡洋進攻部隊に対しては、「一部の奇襲兵力を以て敵空母の漸減を策するとともに敵をして為しうる限り我基地に近接せしめたる後陸海軍航空の全兵力を投入して……敵空母及び輸送船団を併せ撃滅するを本則とする」という折衷的な方針が決定された。

連合艦隊の捷号作戦要領

八月四日、連合艦隊司令長官豊田副武大将は、「連合艦隊捷号作戦要領」を発令した。日本海軍の主力作戦勢力は、いうまでもなく、連合艦隊である。この作戦要領の原文は残されていないが、戦後まとめられた資料によって、後に実際に発動されることになる捷一号作戦を見ると次のとおりである。

①作戦要領

基地航空部隊は当初、敵機動部隊の攻撃を回避し、第五、第六および第七基地航空部隊はその全力を集中、適宜進出する。水上部隊もまた適宜進出し、上陸地点に殺到する。基地航空部隊は右に策応する。敵がなお上陸に成功すれば、敵の増援部隊を撃滅して敵

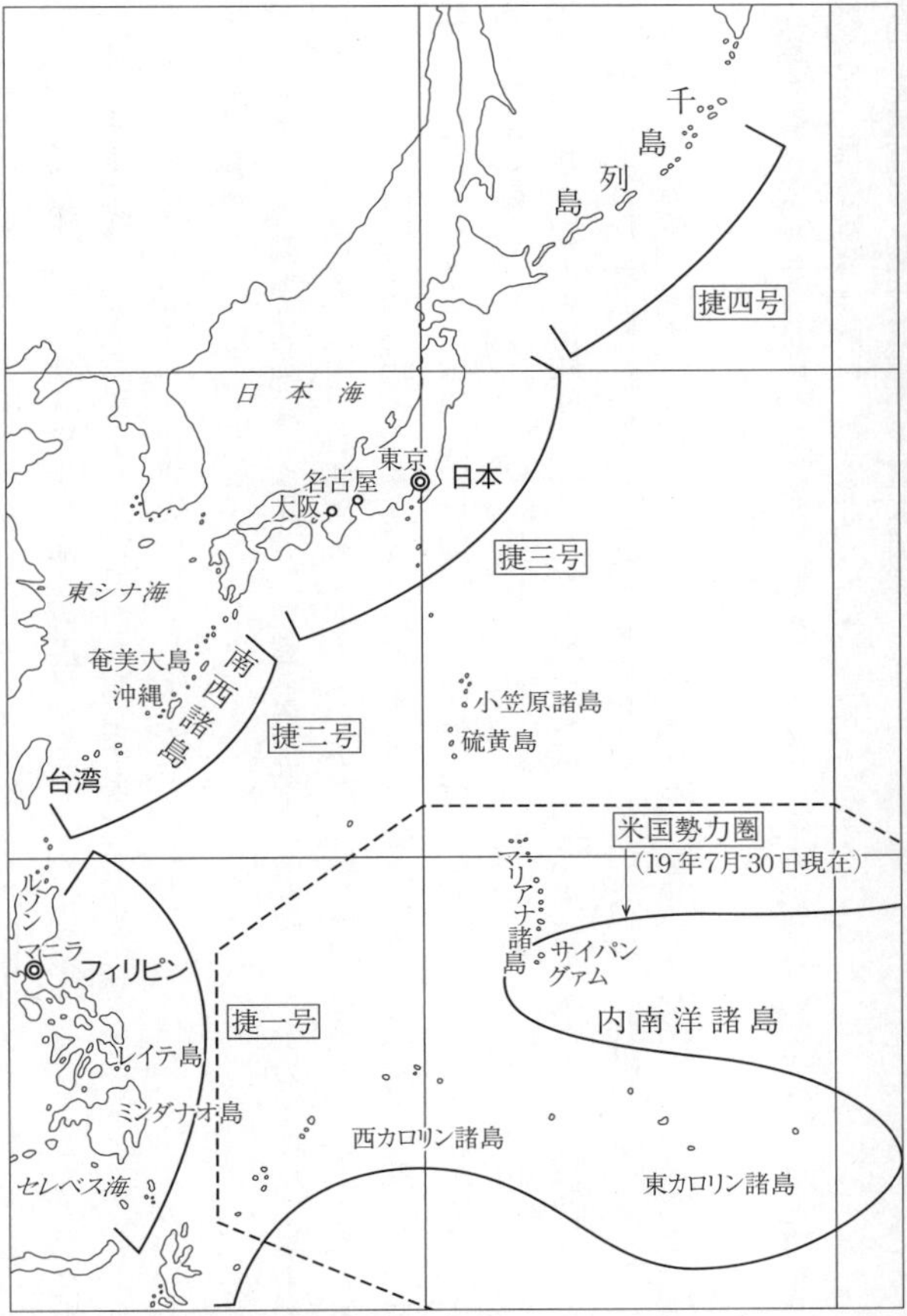

図1－11　捷号作戦展開図　福田幸弘『連合艦隊』より

の増援を阻止し、陸上兵力の反撃とあいまって、敵を水際に撃滅する。なお、敵の上陸点に対する海上部隊の突入時機は敵上陸開始後二日以内に実施することとし、航空撃滅戦は、水上部隊の突入時機より二日以前に開始する。

これに基づく各部隊の作戦要領の骨子を次に示そう。

イ．航空部隊

一航艦（第五基地航空部隊）および二航艦（第六基地航空部隊）の全力を比島に集中する。敵来攻前は、二航艦は本土西部にあってすみやかに比島に進出しうる態勢にあることとする。進出時機は連合艦隊司令長官が指示する。三航艦（第七基地航空部隊）と一二航艦（第二基地航空部隊）は第二線兵力として内線に待機し、特令によって比島に進出する。

ロ．水上部隊

第一遊撃部隊（栗田艦隊）はリンガ泊地、第二遊撃部隊（志摩艦隊）と機動部隊本隊（小沢艦隊）は内海西部に待機し、敵の来攻を予期したら、第一遊撃部隊はブルネイ方面に、第二遊撃部隊は内海西部または南西諸島方面に進出待機する。機動部隊本隊は内海西部において出撃準備を整え、特令によって出撃する。敵が上陸した場合には、第一遊撃部隊は基地航空部隊の航空撃滅戦に策応して、敵の上陸点に突入する。他方第二遊撃部隊と機動部隊本隊は、敵を北方に牽制誘致する。

ハ．先遣部隊（第六艦隊——潜水部隊）

敵の来攻を予期したら特令によって散開配備につき敵進攻部隊を捕捉撃滅し、第一遊撃部隊の突入作戦に策応し、決戦海面に突入して、敵艦艇を攻撃する。

この作戦の発動要領は、敵の来攻が予期されるに至ったら、連合艦隊司令長官は「捷○号作戦警戒」を発令し、大本営の決戦方面の決定の指示を得たのち、「捷○号作戦発動」を発令するというものであった。

②連合艦隊の編成

捷号作戦展開のための連合艦隊の編成は図1―12に示すように定められた。

マニラでの作戦打合せ

作戦実施にさきだって八月一〇日に、マニラで捷号作戦に関する打合せが行なわれた。主な参加者は、連合艦隊司令部から作戦参謀の神重徳大佐、軍令部作戦部の榎尾義男大佐、その他に現地の南西方面艦隊司令長官三川軍一中将以下、第一南遣艦隊の瀬戸参謀たちが集まった。栗田艦隊司令部からは、参謀長小柳富次少将、作戦参謀大谷藤之助中佐が出席した。

小柳参謀長は席上、連合艦隊、軍令部の作戦計画の説明に対して次のように述べた。

「この計画は、敵主力の撃滅を放擲して、敵輸送船団を作戦目標とするものである。われわれはあくまで敵主力の撃滅をもって第一目標となすべきものと考えている。敵の港

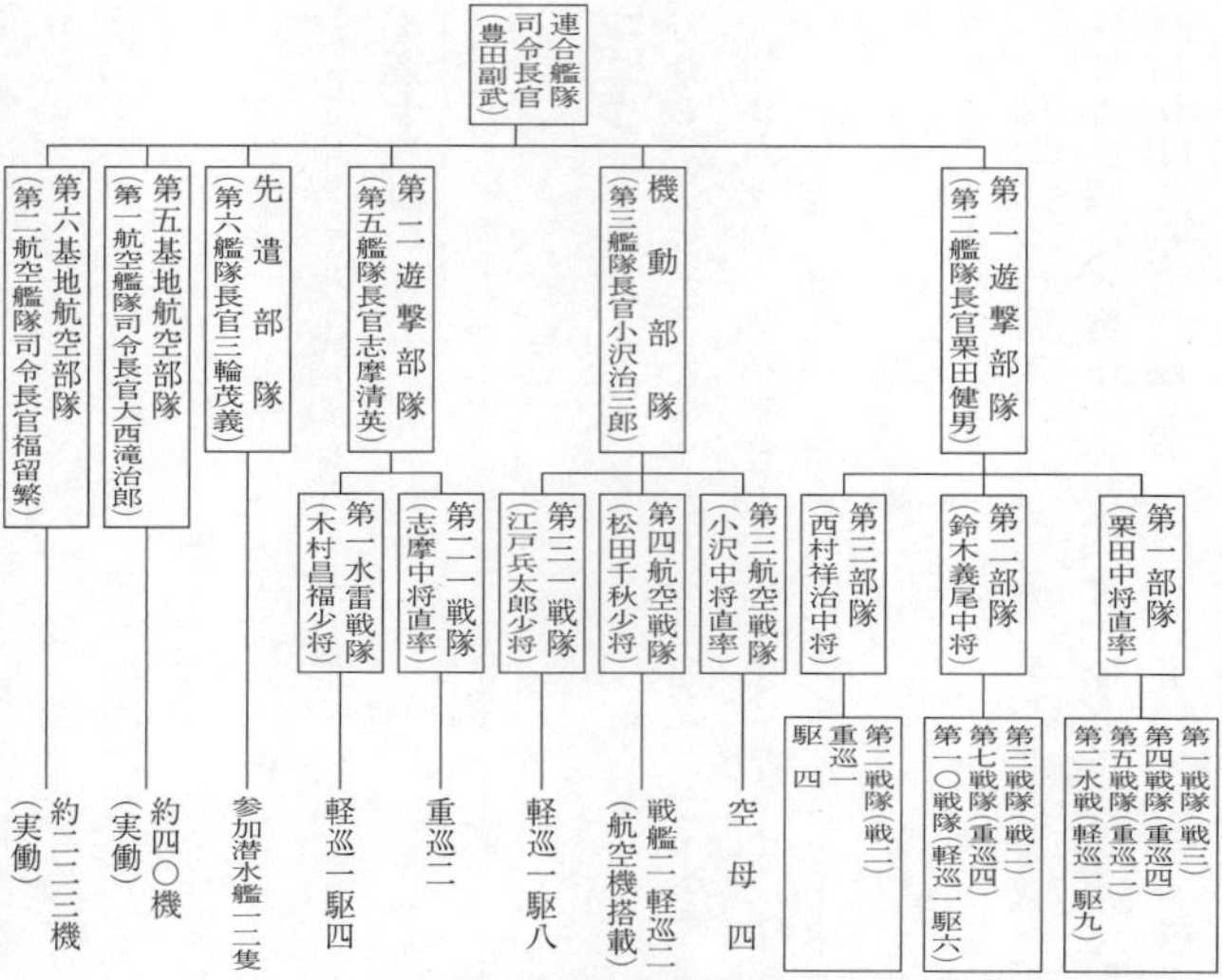

図1－12　捷号作戦展開のための連合艦隊編成図
外山三郎『日本海軍史』より

湾に突入してまで輸送船団を撃滅しろというのなら、それもやりましょう。いったい、連合艦隊司令部はこの突入作戦で水上部隊を潰してしまっても構わぬ決心か」

　これに対して、神参謀は、

「比島を取られてしまえば、南方は遮断され日本は干上がる。そうなっては艦隊を保存しておっても宝の持ち腐れである。どうあっても比島を手放すわけにはいかない。したがって、この一戦に連合艦隊をすり潰してもあえて悔いはない。これが長官のご決心です」と答えた。

そこで再び小柳参謀長は、「連合艦隊長官がそれだけの決心をしておられるならよくわかった。ただし突入作戦は簡単にできるものではない。敵艦隊は、その全力を挙げてこれを阻止するであろう。したがって、好むと好まざるとを問わず、敵主力との決戦なくして突入作戦を実現するなどということは不可能である。よって、栗田艦隊は御命令どおり輸送船団をめざして敵港湾に突進するが、途中敵主力部隊と対立し、二者いずれを選ぶべきやに惑う場合には、輸送船団を棄てて、敵主力の撃滅に専念するが差し支えないか」と問いただした。

神参謀は、「差し支えありません」と答え、これを了承したので、小柳参謀長は、「これは大事な点であるからよく長官に申し上げておいてくれ」と念を押した（小柳富次『栗田艦隊』）。この一連のやり取りが持つ意味の重大さは、後になって明らかとなる。

捷号作戦計画策定後の状況推移

八月四日発令の実施要領に基づいて、連合艦隊は第一遊撃部隊（栗田艦隊）をスマトラのリンガ泊地に、第二遊撃部隊（志摩艦隊）と機動部隊本隊（小沢艦隊）を内地に待機させた。また、一航艦（寺岡謹平中将）を比島に進出させるように処置をとった。各々の部隊は捷号作戦の効果的な遂行のために夜に日をついで鋭意準備態勢に入った。しかし、米軍の比島進攻は日本側の予想をはるかに上まわるスピードで準備が進められつつあった。それは日本にマリアナ海戦の敗北から航空兵力を立て直す時間を十分に与えないようにするためのものであった。そのうえ、日本軍は次に述べるようないくつかの戦闘でさらに大きな損害を受けることになったのである。

ダバオ誤報事件とその余波

九月九日にハルゼー大将麾下の機動部隊(第三八任務部隊)は、それまでのパラオ諸島から一転ダバオを中心にミンダナオを襲った。空襲は翌一〇日午前で打ち切られたが、早朝ダバオではサランガニ見張所が敵上陸用舟艇近接という誤報を出したのに引き続き、まったく実在しない敵軍に対し、現地司令部が後方に撤退した。連合艦隊司令部や南西方面艦隊司令部では、捷一号作戦に応ずる措置を講じ、「捷一号作戦警戒」を発令した。セブの零戦隊(零戦八九機、その他一二機)はいったんマニラ方面に避退したが、南西方面部隊指揮官からの攻撃命令により急遽セブに進出した。

九月一二日になって米機動部隊は再度中部フィリピンに来襲、セブおよびバコロド地区に対して航空基地を中心に空襲を加えた。これによってセブ所在の一航艦は約八〇機、他にバコロド地区の陸軍第四航空軍も約六五機が破壊された。またセブ湾内在泊の艦船二四隻が撃沈された。この結果、一航艦は九月一日の実働二五〇機から一挙に九九機に減少したうえ、多くのベテラン搭乗員を失った。これによって航空兵力の温存という捷号作戦の前提が相当程度揺らぎ、航空艦隊再建の一角が崩壊した。さらに、米機動部隊はこれに追い打ちをかけるように、九月二一、二二日に首都マニラを、また二四日には再び中部フィリピンを襲った。その結果、二三日現在の一航艦の実働兵力は、合計六三機に減少した。また、これと協同することになっていた陸軍の第四航空軍の約二〇〇機は、ほとんど全機を失った。

沖縄空襲

一〇月一〇日、米機動部隊は沖縄本島を中心とする南西諸島を艦上機のべ九〇〇機で空襲した。このときの米軍の攻撃部隊の編成は、重巡三、駆逐艦七という小部隊であるが、その任務は、「できるだけ、騒々しく動いて大艦隊接近の印象を与える」というレイテ上陸作戦のための陽動作戦であった。日本軍は、飛行機約四五機（うち海軍機約三〇機）、艦艇二二隻沈没等の大きな損害を受けた。

台湾沖航空戦

引き続き一〇月一二、一三、一四日の三日間にわたり、米機動部隊のべ二七〇〇機以上による大空襲が台湾を襲った。日本側は航空機だけで五五〇〜六〇〇機を一挙に喪失した。このとき日本軍は、電探装備の精鋭攻撃部隊をはじめとする航空総攻撃を行ない莫大な戦果を挙げたとみなした。

大本営は一〇月一九日に至り、次のような総合戦果の発表を行なった。

①我方の戦果
轟撃沈　航空母艦一一隻、戦艦二隻、巡洋艦三隻、巡洋艦または駆逐艦一隻。
撃　破　航空母艦八隻、戦艦二隻、巡洋艦四隻、巡洋艦または駆逐艦一隻、艦種不詳一三隻。
其の他火焔火柱を認めたるもの一二を下らず。
②我方の損害
飛行機未帰還三一二機。

これまでの日本軍の劣勢を一挙に覆すかくかくたる戦果であった。一〇月二〇日の「朝日新聞」は次のように報じた。

我部隊は……敵機動部隊を猛攻し、其の過半の兵力を壊滅して之を潰走せしめたり。

しかし、実際には米軍艦艇の損害は、撃沈されたものは一隻もなく、損害空母一、軽巡二、駆逐艦二隻の計五隻のみである。こうした大きな食い違いがどこから生じたかについては必ずしも明確ではないが、暗夜の戦闘での識別の困難さ、搭乗員の未熟さ、未帰還機に対する指揮官の温情等いくつかの要因が重なった結果と見られる。ここで重要なことは、この日本側の戦果の過大評価が、あとで見るようにその後のレイテ海戦に大きな影響を及ぼすことになるという事実である。とくに、海軍は一六日の偵察によって、敵空母、機動部隊がほとんど無傷で健在であるのを確認したが、この事実を大本営陸軍部には知らせなかったのである。

台湾沖航空戦の終わった一〇月一八日の時点まで、米軍は八九機を失ったのに対し、日本側の航空兵力のうち、第六基地航空部隊（二航艦）の台湾所在兵力は、一挙に三〇〇機以上（約六〇パーセント）を失い、実働機数は約二三〇機に大幅に減少していた。他方、比島の一航艦は三五〜四〇機、陸軍の第四航空軍も同じく約七〇機にすぎなかった。こうした一連の空襲による日本軍の航空兵力の損失は合計七〇〇機以上にのぼったのである（米軍側資料では、一二〇〇機以上という数字もある）。

このとき、日本軍の戦果誤認を東京放送で知った米攻撃軍の第三艦隊司令長官ハルゼー大将は、ニミッツ大将に対し、「沈没または損傷した第三艦隊の各艦は、今や浮上復旧し、敵に向って高速力にて退却中なり」と打電し、空母一群をルソン島空襲にさし向けた。

捷一号作戦の展開――レイテ海戦

捷一号作戦発動

リンガ泊地にいた栗田艦隊は、一〇月一六日午後台湾沖航空戦の「残敵」が台湾東方にあり、これを掃蕩するため出撃準備を下令された。

その翌一七日の〇八〇〇過ぎ（以下の時刻表示はミッドウェーのケースと同様すべて二四時間表示である）、栗田艦隊司令部は突然、レイテ湾入口にあるスルアン島海軍見張所から米軍上陸を報じる緊急電を受けた（図1―13）。

引き続いて〇八五五連合艦隊司令部より、「捷一号作戦警戒」、一〇〇〇に「第一遊撃部隊はすみやかに出撃ブルネイに進出すべし」との発令電を入電した。

ハルゼー大将の率いる米第三八高速空母機動部隊は、台湾沖航空戦では、すでに見たように日本軍の判断とまったく異なり、ほとんど無傷の状態であった。このとき米軍は、予定の計画に従い、このハルゼー麾下部隊の支援のもとに、マッカーサー麾下部隊によるレイテ方面への攻略を企図していた。一八日に入るとレイテ湾内タクロバン沖に、〇九〇〇米軍の掃海艦、一一三〇には艦艇一八隻が南下しているのが認められた。レイテ島の陸軍第一六師団長（牧野四郎中将）は、「敵艦艇多数レイテ湾内に進入せり。敵の進

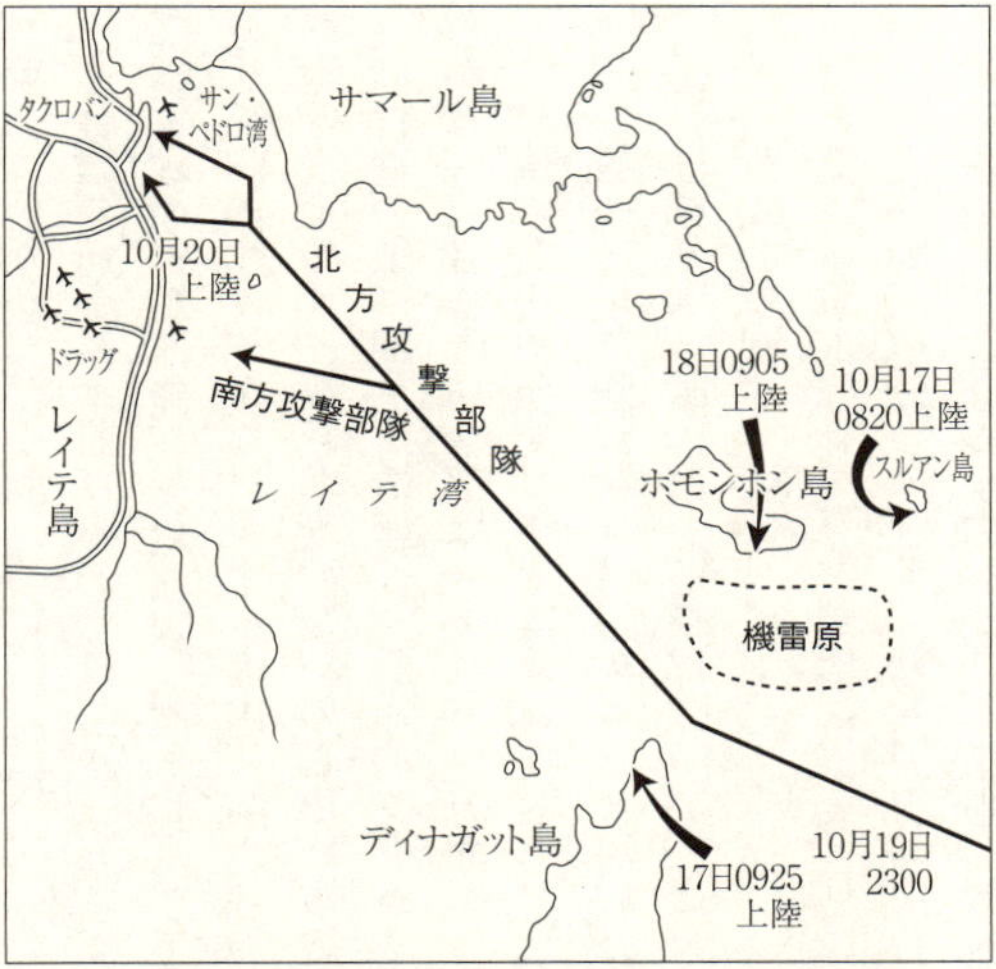

図1－13　レイテへの米軍進攻（10月17日～20日）
福田幸弘『連合艦隊』より

攻なりや或は暴風雨を避難せるものなりや又台湾沖航空戦の損傷艦艇の進入せるものなりや不明」と第三五軍司令部に打電した。

しかし、実際には、マッカーサー将軍指揮下の米軍は、戦闘艦艇一五七隻、輸送船四二〇隻、特務艦艇一五七隻、合計七三四隻という巨大な大部隊であった。もし陸軍が偵察機を出していれば、三日前には、この大部隊を捕捉できたであろう。しかし、陸軍は台湾沖航空戦での大勝利

を疑っていなかった。

連合艦隊司令部は前日の一七日〇八三五に「捷一号作戦警戒」を発令しており、機動部隊本隊の出撃準備、先遣部隊（潜水艦隊）全力の中南比方面への急速出撃準備、第一遊撃部隊のすみやかなブルネイ進出、第六基地航空部隊残存全力の台湾方面集結と比島転進等を命じ比島決戦準備のための必要な措置をとりつつあった。一八日午前中のレイテ湾付近の敵に関する情報は、断片的でありその企図の全貌をつかむのは困難であった。

しかし、連合艦隊司令部はタクロバン方面への上陸の公算が大きいものと判断し、一一一〇参謀長より「今後の作戦指導の腹案」として次のように指示した。

① 第一遊撃部隊はサンベルナルジノ海峡より進出、敵攻略部隊を全滅す
② 機動部隊本隊は第一遊撃部隊の突入に策応、敵を北方に牽制すると共に好機に投じ敗敵を撃滅す
③ 第二遊撃部隊（第二一戦隊、第一水雷戦隊）及第一六戦隊を南西方面部隊に編入、海上機動反撃作戦の骨幹となし逆上陸決行
④ 基地航空部隊の全力を比島に集中し敵航空部隊を徹底的に撃滅す
⑤ 先遣部隊（潜水部隊）の全力を以て敵損傷艦を処理すると共に敵上陸部隊を撃滅す
⑥ 第一遊撃部隊の上陸地点突入をX日となし機動部隊本隊はX―一日乃至X―二日

ルソン東方海面に進出す

⑦X日は特令するも只今の処二四日と概定す　機動部隊本隊の出撃は右に応ずる如く第一機動艦隊司令長官之を定む

一七〇一に捷号作戦実施の方面を比島方面とするという軍令部総長指示が発せられた。手続きに従って、捷一号作戦発動を下令するのは連合艦隊司令長官の権限であった。一七三二その発動が全艦隊に下令された。

一九日に至って、通信情報その他を総合して、敵主力はレイテ島タクロバン上陸をめざし、その期日は二二日ないし二三日になるとする判断が強くなった。そのため第一遊撃部隊のレイテ湾突入は是非とも二四日黎明時に決行したいと考えられ、その実施可能性を草鹿連合艦隊参謀長が各部隊に照会した（一九日一四一五）。しかし第一遊撃部隊は、リンガ泊地を出撃しブルネイへの途上にあり、ブルネイにおける燃料供給状況が不明のため回答できなかった。そこで連合艦隊司令部は、最終的にX日を二五日と決定し、基地航空部隊と機動部隊本隊はその前日（二四日、Y日）、敵機動部隊に対して航空総攻撃を実施することに決定した。その結果、豊田長官は二〇日〇八一三要旨次のような「決戦要領」を発令した。

①　連合艦隊は陸軍と協力、全力を挙げて中比に来攻する敵を殲滅せんとす

②　第一遊撃部隊は二五日（X日）黎明時タクロバン方面に突入、先ず所在海上兵力

を撃滅次で敵攻略部隊を殲滅すべし
③ 機動部隊本隊は第一遊撃部隊に策応ルソン海峡東方海面に機宜行動し、敵を北方に牽制するとともに好機敵を攻撃撃滅すべし
④ 南西方面艦隊長官は比島に集中する全海軍航空部隊を指揮、第一遊撃部隊に策応敵空母並に攻略部隊を併せ撃滅するとともに、陸軍と協同速に海上機動反撃作戦を敢行、敵上陸部隊を殲滅すべし
⑤ 第六基地航空部隊は主力を以て二四日（Y日）を期し敵機動部隊に対し総攻撃を決行し得る如く比島に転進、南西方面艦隊司令長官の作戦指揮下に入るべし
⑥ 先遣部隊は既令の作戦を続行すべし

これは一八日の「作戦指導の腹案」と基本的には同じ内容になっているが、いくつかの点で違いも生じている。まず、X日、Y日がそれぞれ一日ずつ繰り下げられている。これはすでに指摘したように、作戦の中心部隊たる第一遊撃部隊のブルネイにおける燃料供給の可能性が明らかでなく、出撃日時の確定が遅れていたためである。次に、「腹案」では第一遊撃部隊（栗田艦隊）の任務が「敵攻略部隊を全滅す」となっていたのが、「要領」では「先ず所在海上兵力を撃滅次で敵攻略部隊を殲滅すべし」と、敵攻略部隊攻撃の前に、手順として海上兵力の撃滅を明確にしている。また、比島の全海軍航空部隊の任務も「第一遊撃部隊に策応」し、かつ「陸軍と協同」するように命令された。

レイテ湾突入計画

二五日のX日とその前段としての二四日のY日をめざして、連合艦隊各部隊は作戦準備を強化し、その実行に移っていった。「作戦要領」からも明らかなように、レイテ海戦（海軍捷一号作戦）の最大の目的は、第一遊撃部隊によるレイテ湾突入とそれによる敵海上部隊ならびに上陸部隊の殲滅にあった。その他の各部隊の作戦上の任務は、この第一遊撃部隊突入を直接、間接に支援するという性格を帯びていた。そのため以下の作戦行動展開を記述するにあたっては、第一遊撃部隊、なかんずくその主隊である栗田艦隊の行動を中心に見ていくこととする。

第一遊撃部隊は、当初一六日に台湾東方の「残敵掃蕩」を命ぜられたが、翌一七日、「捷一号警戒」に伴い、ブルネイに進出するよう命ぜられたことはすでに述べた。出撃準備が一日早く始められたことによって、部隊は予定どおり一八日ブルネイに入泊した。

その途上、一八日夕刻「作戦指導の腹案」（前出）を、二〇日に「レイテ決戦要領」（同）を各々連合艦隊司令部より下令された。この決戦要領の発令にともない、二〇日夕刻には、第一遊撃部隊は、機動部隊指揮官の指揮下から除かれ、連合艦隊司令長官の直率となった。これによって組織上、作戦中枢とその実施のための主力部隊とが直結されることになった。二〇日現在の日米両軍の位置関係は図1—14に示すようなものであった。

ブルネイ在泊中に、第一遊撃部隊は、燃料補給に加えて、レイテ突入計画の策定を行なった。二一日に連合艦隊参謀長は、「作戦図演の結果、全艦隊を一方面から進出させるよりも、南北両方面から分進させるほうが有利」という通知をしてきた。この点については第一遊撃部隊司令部でも同様の考えをもっていた。とくに、船速の遅い旧式艦を主力とする第二戦隊（西村艦隊）は別働隊として航行距離が最短のスリガオ海峡から突入させることとした。ここに第一遊撃部隊は主力の栗田艦隊（第一、第二部隊）と支隊の西村艦隊に二分されることになった。

栗田長官は、「連合艦隊『決戦要領』に基づき、基地航空部隊、機動部隊本隊と協同、一〇月二五日黎明時にレイテ島タクロバン方面に突入、先ず所在海上兵力を撃滅次で敵攻略部隊を殲滅」することを自隊の任務とする命令を発していた。そして、作戦打合せにおける訓示で次のように述べた。「当艦隊は連合艦隊命令に基づき総力をあげてレイテ湾に突入するのであるが、いやしくも敵主力部隊撃滅の好機あれば、乾坤一擲の決戦を断行する所信である」。

事実、一〇月二一日所属各艦に発令された作戦命令では、その主要任務として、主力の栗田艦隊（第一、第二部隊）は、(1)敵水上部隊撃滅、(2)敵船団および上陸軍撃滅、と明確に示されており、さらにその作戦要領では、一〇月二二日〇八〇〇ブルネイ出撃、一

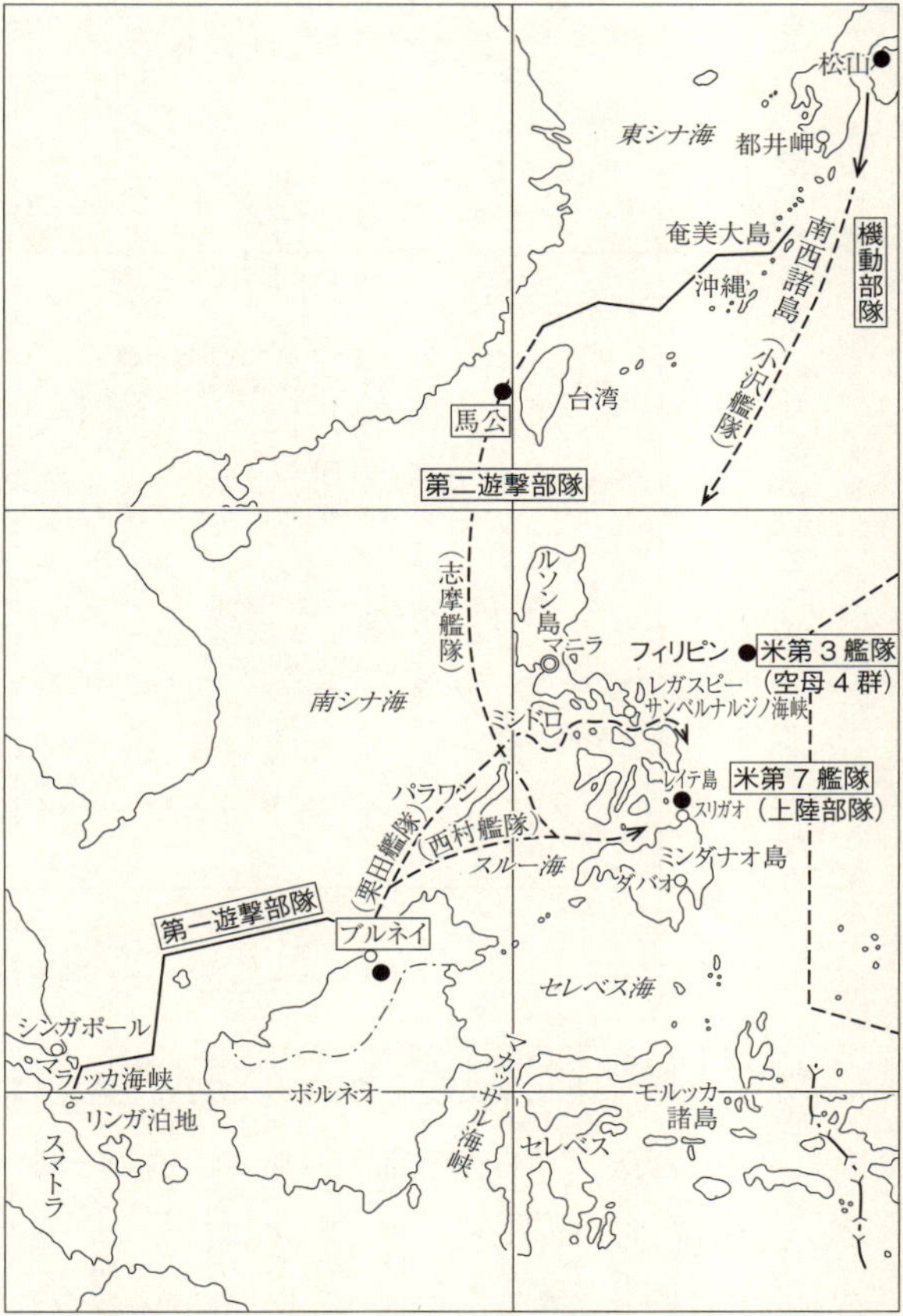

図１－14　10月20日の日米両軍の位置（●の点）
福田幸弘『連合艦隊』より

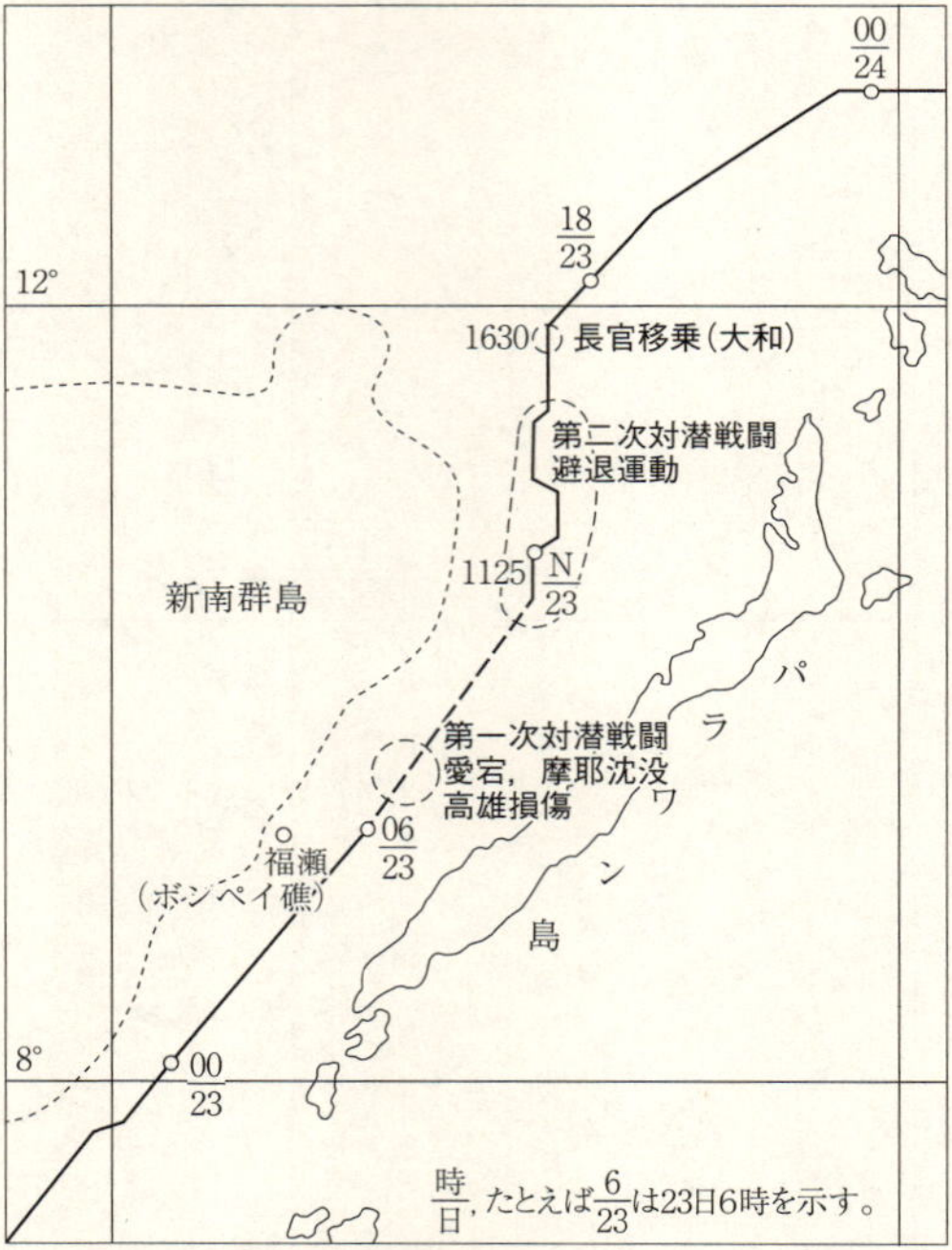

図1－15　栗田艦隊行動図（10月22日～23日）
福田幸弘『連合艦隊』および『戦史叢書』より

○月二四日日没時にサンベルナルジノ海峡を突破して、サマール島東方海面において夜戦によって所在敵水上部隊を捕捉撃滅後、一○月二五日黎明タクロバン方面に突入し、敵船団および上陸軍を覆滅することを命じている。ここで、各部隊の役割を要約すれば次のようになる（図1—14参照）。

①　栗田艦隊は、戦艦「大和」「武蔵」を主軸とした水上部隊によって、北方からレイテ湾に突入。

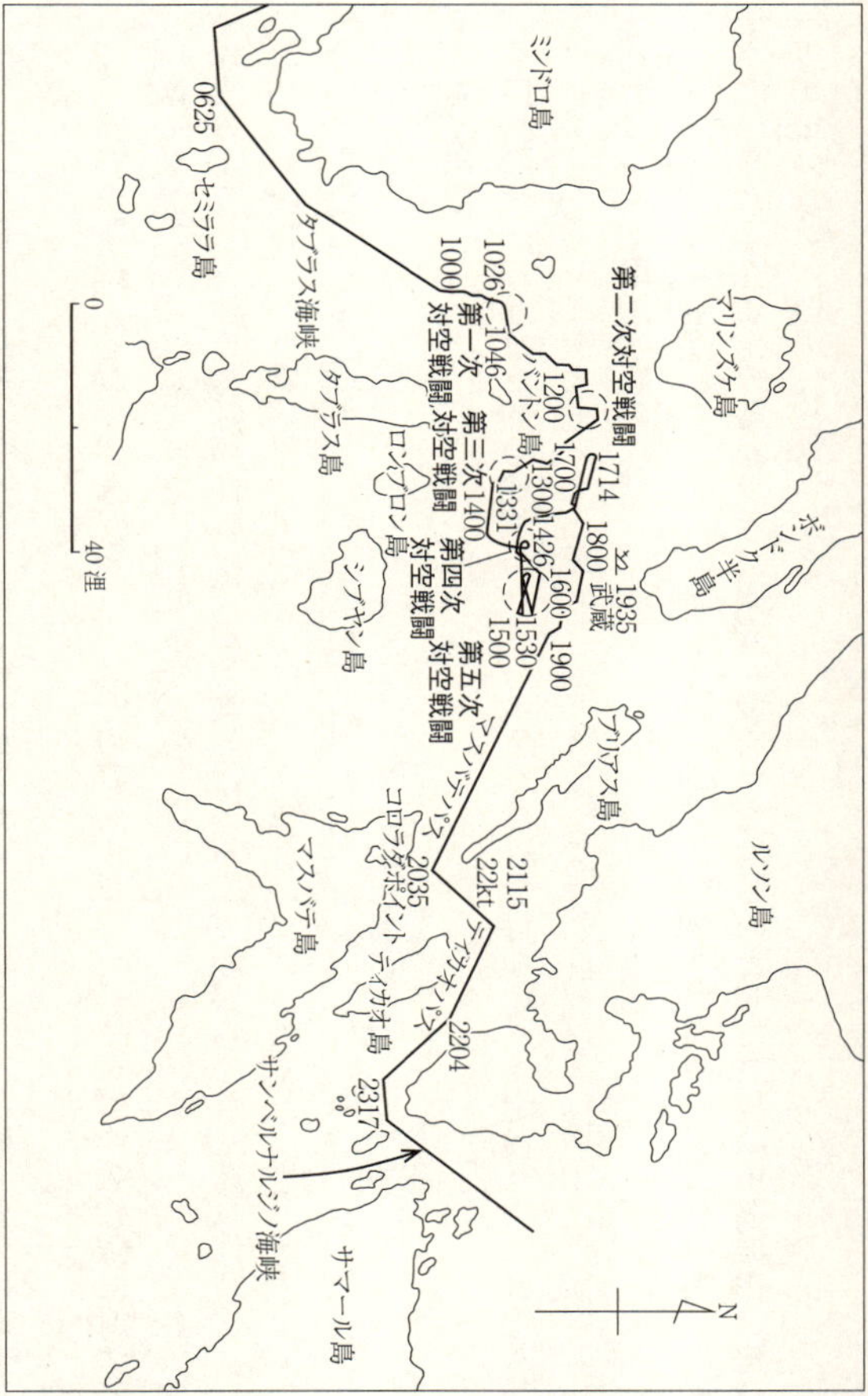

図1－16　栗田艦隊行動図（10月24日）　福田幸弘『連合艦隊』および『戦史叢書』より

②　西村艦隊と志摩艦隊は、各々南方から栗田艦隊と同時にレイテ湾突入。
③　小沢艦隊は、優勢な敵機動部隊を栗田艦隊からそらすために、囮となって北方へ誘い出す。
④　航空部隊は、それにさきだって、敵空母群を攻撃し、レイテ湾突入艦隊に対する敵の航空攻撃をできるかぎり阻止する。
以上のように、連合艦隊の作戦は、主力艦隊による二方面からの殴り込み作戦と、そのための一艦隊（小沢艦隊）の全滅をかけた囮作戦という、「日本的巧緻の傑作」（大岡昇平『レイテ戦記（上）』）というべきものであった。

ブルネイ出撃

栗田艦隊は一日遅れた補給部隊から燃料の急速補給を行ない、予定通り二二日〇八〇〇ブルネイからレイテに向けて出撃した（レイテ海戦全体の戦闘経過は図1―17参照）。

①パラワン水道敵潜水艦の攻撃

ブルネイ出港の翌朝（二三日）パラワン水道通過中の栗田艦隊は、待ち伏せていた敵潜水艦二隻により魚雷攻撃を受け、旗艦「愛宕」をはじめとして二隻の重巡洋艦が沈没、一隻が損傷した（図1―15参照）。

②シブヤン海戦

翌二四日に、シブヤン海に入った栗田艦隊は、敵艦載機の五次にわたる猛攻撃を受けた（図1―16）。ここでは、主力戦艦の「武蔵」を失ったほか、重巡一、駆逐艦二を退陣させられた。二四日は、航空総攻撃日（Y日）であるにもかかわらず、基地航空部隊からの攻撃はまったく効を奏していないようであった。栗田長官は、第二航空艦隊（福留長官）に対し、再三援助を要請したが、何の応答もなかった。福留長官は、敵機動部隊を直接攻撃することこそが、水上部隊の援護になると考えたためといわれる。しかし、肝心の航空攻撃は、二三、二四日両日とも悪天候と、機の性能、パイロットの練度の低さなどによって見るべき戦果を挙げることはできなかった。そればかりでなく、多数の虎の子の飛行機を失った。

栗田長官は、ついに一五三〇いったん反転して敵の空襲を一時避けることを決意した。この反転の報告は、三〇分後に豊田連合艦隊司令長官以下関係の各艦隊司令長官あてに発電された。その後、敵機はまったく姿をひそめてしまった。そこで一七一四再反転を行なったが、朝からの敵の空襲によって、その時点ですでに予定より六時間近くも遅れを生じてしまっていた。

この頃から連合艦隊司令部（横浜日吉台）と栗田艦隊の間、さらに関係各部隊間の通信が不調となっていた。豊田連合艦隊司令長官は、栗田長官からの最初の反転に関する報告電を受けとる（一八五五前後）よりも前に、栗田艦隊および他の全部隊に対し、その不退転の決意を示すために、「天佑を確信し全軍突撃せよ」という電報を打った（一八一三）。栗田司令部のほうは、一八五五に受信したがこれがさきの反転電に対する回答だと考えた。しかし、すでに見たように、それより前（一七一四）に再反転をしていたのである。

他方、豊田長官の側は、反転電が、「全軍突撃」電よりもあとに届いたうえに、栗田艦隊が再反転を報告していなかったために、あらためて一九五五再度栗田艦隊に対して突撃命令を発した。さらに念を押すかのように、参謀長名による作戦命令の説明電が発信された。こうした異例ともいうべき発信は、両者の間の電報が通信不調その他の理由により、時間的に入れ違いになってしまったことと、栗田長官からの再反転の報告が遅れたことによる。いずれにしろ、電信の不調およびその他の理由によって、連合艦隊司令部と栗田艦隊司令部の間に、ある種の不信感が生じつつあったことは事実であろう。また、いぜん栗田司令部が最も知りたかった敵機動部隊と友軍についての的確な情報はほとんど得られないままであった。

栗田艦隊「反転」

二五日、〇〇三〇過ぎ栗田艦隊は、サンベルナルジノ海峡を通過した。一方、前日の

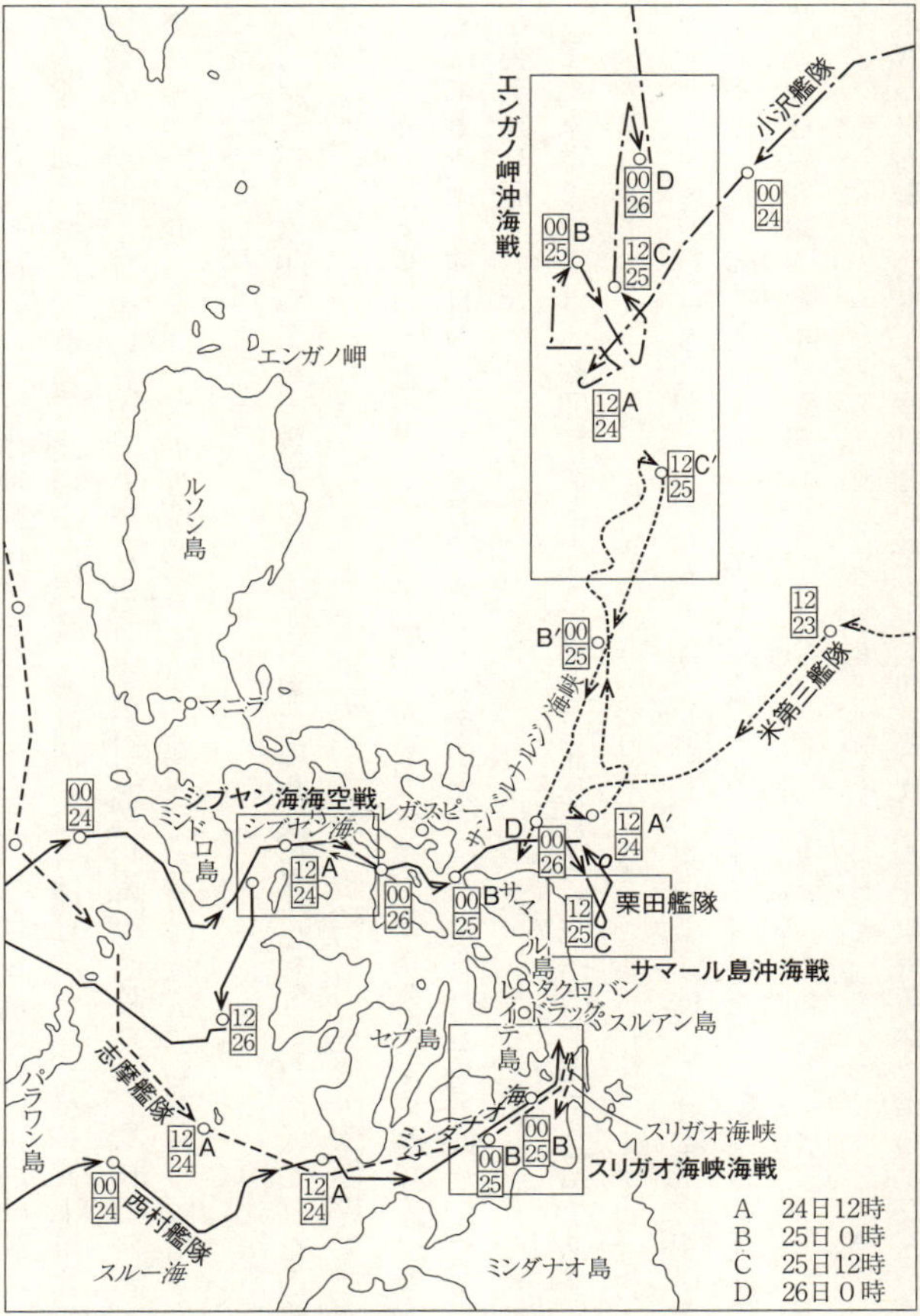

図１－17　レイテ海戦の全貌　福田幸弘『連合艦隊』より

シブヤン海反転によって、米機動部隊（ハルゼー大将率いる第三艦隊）は、海峡周辺とサマール島沖の警戒を解き、北の小沢艦隊（機動部隊）を捕えるべく、ハルゼー得意の勇猛果敢な突進「牡牛の暴走（bull's run）」を敢行していた。そのため、栗田艦隊は、予想とまったく違って、サマール島沖を〇六〇〇過ぎまで何の抵抗にも遭わずに南下することができた（図1―17参照）。

しかし、〇六四五突然、数本のマストと敵の艦攻機を発見し、ただちにこれを追撃、戦闘状態に入った。これはキンケード中将率いる第七艦隊所属の護衛空母群であった（C・スプレイグ少将の第三群）が、その戦力から見れば、栗田艦隊が優勢であった。とくに米軍側は、前日のシブヤン海の猛爆で、栗田艦隊は潰走したと見ていたため、不意を突かれた形であった。

この米軍の空母は、船団護衛と上陸援護を主任務とする商船改造の応急船であり、飛行機の積載能力最大三〇機（正規空母は八〇機以上）、速力一七・五ノット（同三〇ノット以上）という性能しか持っていなかった。しかし、栗田艦隊は、これを正規空母群と見誤っていた。改造空母を正規空母群と誤認したことは、その周辺の駆逐艦を巡洋艦に、護衛駆逐艦を駆逐艦にそれぞれ過大に見誤るという二重の誤判断を生んだ。また、折悪しく、一帯にはスコールが発生し、雲が低く、視界不良であった。スプレイグ部隊は、味方の駆逐艦の展張する煙幕とスコールに助けられて、攻撃を巧妙にかわすことができた。さらに、護衛空母群の第二群（スタンプ少将）、第一群（T・スプレイグ少将）からも艦載機が飛来したため、日本側にも逐次被害が出始めていた。

栗田長官は高速の戦艦、駆逐艦で追撃しても、追いつかなかったために、二時間後（〇九一一）レイテ湾まであと二四マイルの地点で、追撃を打ち切った。いよいよ敵の正規空母群であり、それが少なくとも三群以上から構成されていると確信した。「大和」艦上の長官は、隊型を整えるために一時全艦をレイテ湾の方向とは反対に北上集結させた。この間、集合地点に集結し終わるのに一時間半以上を要した。集結を終えた栗田艦隊は、一一二〇針路を再びレイテ湾に向けた。このとき、三日前にブルネイを出港した三二隻の艦艇は、一六隻に減少していた。

レイテ湾に向かって南下した艦隊は、一二時過ぎ頃から、激しい空襲を受け始めた。まもなく、一二二六栗田長官は、レイテ湾を目前にしながら反転を命じた。この反転こそが後に「謎の反転」といわれるものであり、それは「捷一号作戦」の第一目標であるレイテ湾突入を最終的に中止するというきわめて重大な作戦方針の変更であった。一〇分後の一二三六に長官は連合艦隊司令部に対し次のように打電した。

第一遊撃隊はレイテ泊地突入を止め、サマール東岸を北上し、敵機動部隊を求め決戦、爾後サンベルナルジノ水道を突破せんとすでは一体なぜ栗田長官はこの最終的な反転を決意したのであろうか。それは次のような判断によるものであった。

① 基地航空部隊の協力が得られず、また通信不達のため小沢艦隊の牽制効果も明らかでなく、自分たちだけが孤立して戦っている。

② レイテ湾口には米戦艦部隊が栗田艦隊のレイテ突入を予期して邀撃配備をしている。

③ レイテ湾に突入したとしても、米国の護衛艦隊や輸送船団は湾外に脱出してカラになっているかもしれない。

④ 北方の近距離にいると見られる敵機動部隊を攻撃して、敵の意表に出られれば有利な戦いができる。

栗田長官および艦隊司令部のレイテ湾突入中止とそれによる反転は主として右の状況判断に基づくものであった。

ここで注意しなければならないのは、こうした状況判断がほとんどすべて誤った情報や、不正確な情報に基づく栗田司令部の想像によっていたという点である。事実は、基地航空部隊の一部は特攻による体当り戦法で、ある程度の戦果を挙げていたし、小沢艦隊はハルゼー麾下の機動部隊を巧妙に北方につり上げていた。またレイテ湾には、オーデンドルフ中将の率いる特別邀撃部隊が編成されつつあったが、その戦力は栗田艦隊と比べるとけっして大きなものとはいえなかった（戦艦三、巡洋艦四、駆逐艦六）。陸上の仮設の司令部にいたマッカーサー大将は、「いまの段階では、私は自分の部隊を固め、戦線をひきしめて、きたるべき海戦の結果をじっと待つほかなかった……勝利はいまや栗田提督のふところに転げこもうとしていた」と回想録に記したような状況に置かれていた。

栗田艦隊の北方反転の最終的な決め手になった敵機動部隊は、実際には存在しなかった。これは南西方面艦隊からの発信と思われる敵機動部隊情報に基づくものとされているが、戦後になって、どの部隊からもそうした情報を発したものがないことが明らかとなった。一部に米軍による偽電だとする説もあるが、「考えられる最も公算の多い可能性は、栗田中将の部隊を発見したわが航空機が、これを米艦隊と見誤り、その旨が情報として作戦部隊に流れたことである。そうすると、栗田中将は『自隊』を攻撃しようとして反転北上する皮肉な結果となったわけである」（『大本営海軍部・連合艦隊（六）』）とする見方のほうが正しいように思われる。

いずれにしろ、各部隊およびそれらの間の不信、情報、索敵関係の低能力と混乱とが直接、間接に「謎の反転」とむすびついていることだけは確かであった。

また、この時点で海軍捷号作戦（レイテ海戦）は所期の目的を達成できないままに事実上終了した。

アナリシス

レイテ海戦全体の日米の主な艦船の被害状況は表1―6のとおりである（一〇月二二～二七日――沈没、避退戦含む）。

表からも明らかなように、レイテ海戦は日本海軍の惨敗であり、米国の圧倒的な勝利に終わっている。むろん、日本側の損害には小沢艦隊のように当初から全滅覚悟の「囮」も含まれている（事実、十分にその任務を果たしているが）ため、被害艦船の多寡のみで戦果を論ずることは適当でないかもしれない。しかし、レイテに上陸した米軍とその水上艦船を「撃滅」し、フィリピンを確保するという作戦目的の遂行に完全に失敗したことからすれば、やはりこの作戦展開も大きな「失敗」であったことは否定できない。

日本海軍はいったいなぜこのような連合艦隊の壊滅という決定的な失敗をおかすにいたったのであろうか。

作戦目的・任務の錯誤

そもそも、捷号作戦全体にどの程度の勝算があったかが、まず問われねばならない。大東亜戦争突入後すでに三年近くを経過するなかで、日米の生産力の差は、日本側の被害の累増に加えて、決定的に開いていた。海戦上最も重要な航空機生産について見ても、日米の間には大きな力の差があった。

米軍の当初の計画では、レイテ島進攻は一二月二〇日であった。それを二ヵ月以上も繰り上げて実行したのは、一つは、日本軍がマリアナ海戦で失った航空兵力を中心とする機動部隊を再建する前に、これを徹底的にたたこうとしたためである。別の見方からすれば、米国側は、そうした矢継ぎ早の進攻を可能にするような戦力と戦備を保持していたのであり、それが米国の豊かな生産力に支えられていたのである。

他方、日本側は、戦力・戦備とも十分な供給をすることができなかった。とくに、マリアナ海戦で壊滅した航空隊の再建には、航空機生産に加えて、その兵員の訓練・養成という短期間には対応ができない問題があった。飛行機は一日で生産できても、その優秀な操縦士の養成は速成できないのである。その点で物的資源だけでなく、人的資源で

日　本		米　国	
戦艦	3	小空母	1
空母	4	護衛空母	2
重巡	6	駆逐艦	2
軽巡	4	護衛駆逐艦	1
駆逐艦	11		
潜水艦	6		

表1－6　レイテ海戦の艦船損害
（沈没、避退戦含む）

も日本軍の劣勢は明白であった。

これらの事実は、もはや常道戦法ではとうてい勝ち目のないことを物語っていた。勝利を意味する名称とは裏腹に捷号作戦は戦術上きわめて勝算の少ない作戦であり、能否を超えた捨身の戦法を生みだす必要があった。連合艦隊司令部を中心とする作戦中枢は、こうした状況についてかなり正確に認識していた。

豊田連合艦隊司令長官は、当時の米内海軍大臣との間のやり取りを次のように述懐している。

（私が挨拶に行ったら）大臣が一番に私に聞いたことは、戦局の見とおしはどうだ、今年いっぱい保てるかという質問だった。それに対して私は、「極めて困難だろう」と極く簡単に答えたのだが、この質問から見ても米内君が、終戦を第一の任務として海軍大臣に出馬してきたことが判った。……私は、難しいだろうといったが、連合艦隊長官としては、いくさに勝目がない泥田の中にますます落ちこんでしまうばかりだから、速かに終戦に導いてくれと、直截に口を切ることは立場上ちょっとできなかった。（豊田副武『最後の帝国海軍』）

策定されたのは、「乾坤一擲」「起死回生」「九死に一生」の捷号作戦であった。しかし、そうしたきわめて勝算の低い作戦を展開し、これを勝利に導くためには（もしできるとすれば）、その前提として重要ないくつかの条件があることを忘れてはならない。すなわち、この作戦を展開するためには時間的にも、空間的にも、また機能的にもきわめて複雑で多様性に満ちた戦略的対応が要求される。そのうえ、個々の戦略的対応が、バラバラなものとしてではなく、有機的な連関をもって、整合性、一貫性を確保したものでなければ成功はおぼつかないであろう。

作戦成功のための第一条件（前提）は、まず何よりも、作戦目的の明確化であり、それが作戦参加の主要メンバーによって共通の認識のもとに共有されていること、さらに、目的遂行のための自己の任務の認識が正確になされていることが不可欠である。

この点で、とくに作戦遂行の主柱である栗田艦隊司令部の認識について検討しなければならないであろう。日本海軍が、一部の例外的な人々を別として、戦艦と巨砲による「艦隊決戦」を最も重視していたことは周知のとおりである。栗田艦隊旗艦の「大和」、「武蔵」はそうした思想のいわば精華であり結晶であった。このことは、八月一〇日マニラでの連合艦隊作戦参謀（神重徳大佐）、軍令部作戦参謀（榎尾義男大佐）と栗田艦隊（第二艦隊）参謀長（小柳富次少将）、作戦参謀との間における作戦打合せにおいてすでに表面化していた。

しかし、連合艦隊は、さきにあげた八月四日の「作戦要領」、一〇月一八日「作戦指導の腹案」、一〇月二〇日「決戦要領」のいずれにおいても、レイテ海戦の目的としてレイテ湾への突入を指摘し、それに伴うものとして敵水上部隊の撃滅と敵上陸部隊の殲滅を考えていた。その意味では連合艦隊司令部は、栗田艦隊の「レイテ突入」こそが、捷号作戦全体の要であると判断していたと見られる。

ここで問題にしているのは、両者のいずれの見解が軍事戦略上、適切であったかではない。より根本的問題として、作戦の立案者と遂行者の間に戦略目的について重大な認識の不一致があるという点である。とくにきわめて多様な戦略的対応を求められる統合作戦の場合には、この不一致のもたらす結果は決定的であるといわねばならない。

栗田長官による謎のレイテ反転の遠因あるいは真因はすでにここに存在していたのである。

戦略的不適応

捷号作戦策定後にいくつかの重大な状況変化があったことはすでに見たとおりである。すなわち、⑴ダバオ誤報事件、⑵沖縄空襲、⑶台湾沖航空戦の三つの出来事によって、捷号作戦遂行の要ともいうべき航空機の大量消耗を招いた（合計七〇〇機以上）。この被害は航空機だけにとどまらず、同時に練度の高い航空兵員の喪失をも意味した。

これだけの大幅な戦力低下があったにもかかわらず、捷号作戦は規定方針どおり実施に移されている。作戦の計画前提に一定限度以上の変化が生じた場合には、計画自体の部分的、あるいは全面的な見直しが必要であると思われる。しかし、「連合艦隊をすり潰す」という前提の作戦では、時間的に余裕のないことも手伝って、結局、この見直しは、計画によってではなく、実施部隊によって行なわれる破目になった。まず第一に小沢艦隊の艦載機が全体（空母四隻）でわずか一〇八機と、空母一隻分にも満たないものであり、結局、それも練度不足のためほとんどすべてを陸上の航空基地へ送らざるをえなかった。その結果対空防衛という点ではほとんど丸腰の状態でこの機動部隊は進むことになった。

また、航空支援を任務とする第一航空艦隊は劣弱な航空戦力を補うために、立案者自体（大西滝治郎中将）が「作戦の外道」と考えた特攻攻撃に踏みきることによって、計画と実際のズレを調整しようとした。

こうした状況変化への「戦略不適応」は、作戦展開中のいくつかの重大な局面においても見られる。栗田艦隊が、シブヤン海戦で計画時間に大幅な遅れを生じたにもかかわらず、西村艦隊は逆に予定よりむしろ早くレイテ湾に突入したことも、こうした例であろう。南北からの艦隊の策応による突入という作戦の基本の一つは、やすやすと放棄されてしまったのである。

志摩艦隊も、いかにそれが二流艦を中心とした小艦隊であるとはいえ、栗田、西村両艦隊とまったく「策応」しないままに、あるいはできないままに退いてしまっている。

わずかに、小沢艦隊が、敵の誘い出しのために先発隊を機敏に進出させるという巧妙な戦略的適応を行なったことをあげうるのみである。しかし、小沢艦隊は、栗田艦隊からのシブヤン海での反転電を受けとったが、まもなく、再反転して再びレイテ湾をめざしたという電報を受けていない。この戦いが終わったあとで小沢長官は栗田部隊が再反転してレイテ湾に向かって突撃していることを知らなかった、と述べたといわれる（佐藤和正『艦長たちの太平洋戦争』）。

さらに、主力の栗田艦隊が、実際は存在しなかった敵機動部隊を求めて、レイテ湾ではなく、北方に反転したことも、状況変化に対する戦略的適応と考えられなくもないが、むろんこれは、適当な例とはいいがたいであろう。

情報・通信システムの不備

レイテ海戦のような広汎な地域での同時多発的な戦闘の展開にあたっては的確な情報・通信システムが不可欠であることはいうまでもない。ニミッツ提督は「このひどく複雑な大作戦の成否は、かかって整然たる協同動作と完全なタイミングに依存していた」と指摘している。この点で当時の日本海軍はいくつかの重大な欠陥を持っていた。

まず第一に、栗田艦隊旗艦が艦隊側の主張にもかかわらず「大和」ではなく、「愛宕」にされていた。これは日本海軍の指揮艦先頭の伝統と、夜戦を得意とし、レイテ湾突入も夜明け前に計画されていたことから、それには大型戦艦の「大和」よりも、足回りのよい重巡のほうが適切であると連合艦隊司令部が判断したためである。しかし栗田司令部の乗った「愛宕」は、パラワン水道で早々と米潜水艦によって被雷し、司令部は「大和」に旗艦を変更し移乗することになった。その際、司令部の通信部員の相当数が他の駆逐艦（「岸波」）に収容され、そのまま被雷した重巡の護衛艦としてブルネイに回航されてしまった。その結果、通信要員の欠員は「大和」の通信員によって補充されたが、彼らは艦隊旗艦としての通信に慣れておらず、また通信員相互間の連絡が不十分となり、これが艦隊司令部の通信能力の低下につながったと見られている。

また、この栗田艦隊を含め出撃した四つの日本艦隊の間の通信連絡（無線）がきわめて悪く、不正確な情報や誤報にしばしば振り回された。栗田艦隊のレイテ湾からの反転も、こうした通信状況を抜きにしては考えることができない。現代戦は、広汎な時空間において展開される文字どおりの総力戦であり、そのためには神経系ともいうべき情報・通信システムが整備され有効に機能していなければならない。しかし、レイテ海戦に参加した重巡「羽黒」の戦闘詳報が戦訓として「本海戦に於て基地航空部隊、第一遊撃部隊、機動艦隊間の協同連係は充分とは認め難し」と記しているように、通信機能の障害が作戦の展開に致命的な影響を及ぼす結果になった。

高度の平凡性の欠如

海軍捷号作戦は、作戦としては一種の変形的なものであった。それは一方で小沢艦隊を囮として敵機動部隊主力をつりあげながら、他方でその間隙を突いて栗田、西村、志摩の三艦隊が二手に別れて策応しつつレイテ湾に殺到するという巧妙きわまりない作戦でもあった。事実、米軍側は、小沢艦隊の役割については戦後に至るまで明確に理解することができなかった。

作戦の意図は、かなりの程度成功しつつあるように見えた。にもかかわらず最終的には日本海軍は壊滅的な打撃を受けたのに比べ、米軍側の損失はきわめて小さいものであった。もちろん、航空兵力やレーダーなどの軍備面で日本軍の劣勢は否定できない。しかし、結果的にであるにせよ、日本軍にもチャンスはあった。米軍もハルゼーのブルズ・ランによって、レイテ湾周辺の防禦が手薄になるという重大な失策をおかしている。

結論的にいえば、日本軍のおかした失策が米軍のそれより大きかったということである。日本軍人の勇敢さや個々の士官の優秀さは米軍側も認めるところであったが、こうした人々は巨大で複雑な、組織化された現代戦の作戦で成功を勝ちとるのに必要不可欠な「高度の平凡性」(フィールド『レイテ湾の日本艦隊』)が不足していたのである。

フィールドはその具体的な表われとして、次の点をあげている。

①　聡明な独創的イニシアチブが欠けていたこと。
②　命令または戦則に反した行動をたびたびとったこと。
③　虚構の成功の報告を再三報じたこと。

こうした一つ一つの小さな失策が積み重なって、作戦全体の帰趨が決定づけられたのである。各自が錯誤の余地を少なくするためには、日常的な思考・行動の延長の範囲で活動できることが必要である。しかし、栗田長官の場合、捷号作戦全体の戦略目的と自分に課せられた任務とを十分に理解していたとはいえなかった。作戦目的と自己の任務の理解は、きわめて平凡かつ基本的な作戦実行の前提であったが、これが実際には十分になされなかったのである。また、軍令部、連合艦隊も、あくまでもレイテ湾突入を目的とする以上、そのことを明確に指示すべきであったし、援護の航空兵力やその他の艦隊との策応についても徹底した措置をとるべきであった。が、この平凡な基本的前提も、実際にはなされなかった。

そして、囮として一艦隊を消滅させるとか、突入によって主力艦隊をすり潰すといった異常な行動で構成されていた捷号作戦それ自体が高度の平凡性（当時の日本海軍が持ちえた）をはるかに超えた変形な作戦であったことにも、失敗の原因が求められるであろう。

6 沖縄戦——終局段階での失敗

相変わらず作戦目的はあいまいで、米軍の本土上陸を引き延ばすための戦略持久か航空決戦かの間を揺れ動いた。とくに注目されるのは、大本営と沖縄の現地軍にみられた認識のズレや意思の不統一であった。

プロローグ

大東亜戦争において硫黄島とともにただ二つの国土戦となった沖縄作戦は、昭和二〇年四月一日から六月二六日の間、牛島満陸軍中将麾下の第三二軍将兵約八万六四〇〇名と、バックナー陸軍中将麾下の米第一〇軍将兵約二三万八七〇〇名とが沖縄の地において激突し、戦死者は日本軍約六万五〇〇〇名、日本側住民約一〇万名、米軍一万二二八一名に達する阿修羅の様相を呈した。

圧倒的な物量を誇り、絶対制空・制海権を確保して来攻する米軍に対し、第三二軍将兵は沖縄県民と一体となり、死力を尽くして八六日間に及ぶ長期持久戦を遂行し、米軍に多大の出血を強要してその心胆を寒からしめた。敗れたりとはいえ第三二軍は、米軍に対し日本本土への侵攻を慎重にさせ、本土決戦準備のための貴重な時間をかせぐという少なからぬ貢献を果たした。

しかし、第一線将兵の勇戦敢闘とは裏腹に大本営をはじめとする上級司令部と現地第三二軍との間には、根本的な作戦用兵思想の乖離が存在し、これは作戦準備段階において調整されることなく、米軍の沖縄上陸直後において作戦遂行上重大なそごを来たすという問題を引き起こした。これは沖縄作戦のねらいが、本土決戦準備のための戦略持久にあるのか、航空決戦に寄与する攻勢作戦にあるのか、という根本的な作戦目的にかかわる問題であった。

沖縄作戦は、日本の国力・戦力が枯渇の極にあり、一方アメリカは国力・戦力ともにきわめて充実した状況における日米最後の激突であっただけに、日本軍の種々の問題点は一挙に白日のもとに曝されることになった。とくに作戦成功の基本的な前提要件である作戦目的の統一という次元において、決戦か持久か、航空優先か地上優先かといった作戦の根本的性格をめぐる対立が存在し、大綱をこそ掌握すべき上級統帥は、その対立の存在を見過ごしたばかりではなく、本旨に反して米軍上陸後の作戦指導の細部に干渉せざるをえない事態に陥った。

ではまず、こうした問題点を生ずるに至った沖縄作戦の準備から実施に至る経緯を概観してみよう。

沖縄作戦の準備段階

第三二軍の創設

一八年九月三〇日設定された「絶対国防圏」は、翌一九年二月一七、一八日、連合艦隊の根拠地であったトラック島に対する米機動部隊の予想を超えた早期来襲により、重大な脅威を受けるに至った。これにより大きな衝撃を受けた大本営は、絶対国防圏の最前線である中部太平洋の島々の強化を図るとともに、その後方要域の防衛強化にもあらためて施策を講ずることになった。

この後方要域の防衛強化の一環として、南西諸島を担任地域とする第三二軍が創設され、一九年三月二二日、大本営の直轄として戦闘序列が下令された。当時の大本営の対米作戦構想の基本は航空決戦至上主義であり、したがって創設当初の第三二軍は、決戦兵力である航空部隊の基地設定軍的性格を持つにすぎなかった。このため地上戦力は、米軍による航空基地奇襲攻撃に備えることを主眼とし、はなはだ弱体なものであった。これは第三二軍首脳のきわめて不満とするところであった。

とくに第三二軍高級参謀の八原博通大佐は、航空戦力至上主義をとる大本営の作戦思想に対し、戦略理念としてはともかくも、わが航空戦力の実態と、それまでに至る日米の航空作戦の経緯などから軍事合理的に推論して、大きな疑念を抱くようになっていた。

大本営の作戦構想に基づき航空基地群の設定整備に邁進中の第三二軍は、同年五月五日、突然大本営直轄から西部軍の隷下に編入された。次いで同年七月上旬に絶対国防圏の要衝たるマリアナのサイパン島が陥落するに及び西部軍から台湾軍（後の第一〇方面軍）の隷下に編入された。元来、大本営直轄を強く望んでいた第三二軍は、数次にわたる指揮隷属関係の変更を不満とし、大本営の統帥に対する不信感を潜在させるようになったといわれている。

マリアナ失陥により絶対国防圏の作戦構想が崩壊した後大本営は、もはや能否を超越し国運を賭して断行すべきものとして「捷号作戦計画」を策定し、乾坤一擲の作戦態勢をとった。南西諸島方面は台湾とともに、捷二号作戦の決戦場と予定され、第三二軍にも大兵力が充当された。四個師団、混成五個旅団の大兵力を増強されて航空基地設定軍の地位を脱した第三二軍首脳は高い戦意に燃えて決戦準備に全努力を傾け、来攻する米軍の撃滅に必勝の自信を抱くに至った。

しかし、同年一〇月一〇日、レイテ決戦が展開され捷一号作戦が発動されるや、大本営は兵力運用の必要性を理由として、沖縄本島から精鋭の第九師団を抽出して台湾に転用するとの決定を打ち出すのである。

台北会議

捷一号作戦指導のため、フィリピンに出張中であった大本営陸軍部作戦課長の服部卓四郎大佐は、一一月四日比島から沖縄の第三二軍高級参謀八原大佐あてに、「第三二軍より一兵団を抽出し比島方面に転用する案に関し協議したく台北に参集せられたき」旨を電報し、同日比島から台北へ飛んできた。

この電報は、同日折から沖縄の中飛行場南方で実施されていた第二四師団の演習を牛島軍司令官とともに視察中の八原大佐のもとに急報された。当時第三二軍としては、作戦準備もようやく進展し、必勝の信念も醸成されつつあった矢先であり、作戦準備の根底を覆すこの電報は、まさに青天の霹靂であった。

八原大佐はその手記のなかで、「あまりにも唐突な電報なので、両将軍はもちろん私も異常な衝撃に打ちのめされて、暫し言葉もなかった。訓練、築城、日ごとに進み、希望に満ちた猛演習中だったから、その驚きは一段と激しかった」と、その仰天ぶりを述懐している。

八原大佐は、約一時間ほど黙考したのち、「軍司令官の意見書」を起案し、長軍参謀長が若干字句を修正したうえ、軍司令官の決裁を仰いだ。牛島中将は、いつものように静かな口調ではあったが、断固たる決意を示した。後に台北会議の席上、第一〇方面軍参謀長に手交されることとなる「軍司令官の意見書」は、次のとおりであった。

第三二軍ヨリ一兵団ヲ抽出シ台湾方面ニ転用スル案ニ対スル軍司令官ノ意見
一、沖縄本島及宮古島ヲ共ニ確実ニ保持セントスル方針ナラハ軍ヨリ一兵団ヲ抽出スルハ不可ナリ
二、軍ヨリ一兵団ヲ台湾方面ニ転用シ更ニ他ノ一兵団ヲ単ニ充当スル案ナラハ後者ヲ台湾方面ヘ充当スルヲ可トスヘシ
三、軍ヨリ若シ一兵団ヲ抽出スルトセハ宮古島若クハ沖縄本島ノ何レカヲ放棄スルヲ要ス
四、大局上ヨリ観察シ比島方面ノ戦況楽観ヲ許サストセハ将来ニ於ケル南西諸島ノ価値ニ鑑ミ第三二軍ノ主力ヲ真ニ重要ト判断セラルル方面ニ転用スルヲ可トスヘシ

牛島中将の決裁後、通例このような場合には熱狂する性格の長勇少将は不思議に冷静で、「台北会議においては、黙してこの意見書を提出し、多く論じては相成らぬ。軍司令官の決意はこの意見書の中に強力に示されておる。沈黙こそ、全般の空気を軍に有利に導く所以である」と、八原大佐を強く戒めた。長少将が八原大佐に沈黙を命じた理由

は、はっきりしないが、外交家肌の長少将が、八原大佐の交渉下手を懸念してのことだったのであろうか。

いずれにしても、台北参集の電報を受けとってから出発まで、わずか数時間の余裕しかなく、第三二軍としては十二分な対応策を練る暇もなく、台北会議に臨むことになった。

四日夕台北に到着した八原高級参謀は、第一〇方面軍司令部における会議にただちに参加した。参列者は、大本営作戦課長服部大佐、同課員晴気少佐のほか、方面軍参謀長諫山中将、同参謀副長北川少将、同高級参謀木佐木大佐、同作戦主任参謀市川大佐などであった。

会議の席上八原大佐は、まず「第三二軍司令官の意見書」を、一同の面前で朗読し、「以上は軍司令官の固い決意である」旨を付言した後、これを諫山参謀長に手渡した。その後、八原大佐は、長参謀長の訓示に従い発言することなく沈黙を守った。

この八原大佐の発言態度は、会議の空気を重苦しいものにしたといわれている。服部大佐は、八原大佐のそっけない態度に驚き、具体的に論議する気分をそがれ、腹案としていた「抽出兵団の後詰めは、後に考慮するから取敢えず兵団の転用を」という協議了解事項を発言する機会を失ってしまったと述べている。また諫山中将もなんら特別の発言はしなかった。

ただ市川参謀のみが、台湾防衛の重要性と兵力不足を訴えた。彼の主張は、第三二軍は第一〇方面軍の隷下にあるのであるから、方面軍司令官にはその兵力運用を自由に裁量できる権限がある、といわんばかりであった。

八原大佐は、自軍のためには熱心であるが大局的考察の足りない市川発言に一矢酬いたいと思った。比島決戦が失敗に終わった場合の台湾と沖縄との戦略的な価値に関する判断は、当然論議の焦点となる問題だった。しかし、彼は沖縄出発の際、長参謀長の「沈黙を守れ」という訓示を思い起こし、一切の発言を控えた。戦後、八原大佐は「軍の運命を決するこの重大な会議に、一言もいうべきことをいわなかった自分の態度に、なんとなく悔恨の情が残る」と述懐している。

会議は夜半に及んだが、八原大佐が第三二軍の所信を、市川大佐が第一〇方面軍の希望を各々開陳したにとどまり、積極的な論議はなんら相互に行なわれることなく、台北会議は要領を得ないうちに終わってしまった。

沖縄本島から一兵団を抽出することは、第三二軍に対し、重大な影響を与えるものであった。しかし、服部大佐はとりつくしまもない八原大佐の態度に憤懣を感じ、台北会議の積極的な運営に意を用いず、条理を尽くして意思の疎通を図る努力を尽くさなかったといわれている。

さらに第三二軍の親部隊である第一〇方面軍の諫山参謀長の会議における不明確な態

度と、市川作戦主任参謀の台湾防衛の必要性のみを強調する発言は、統帥上の不信感を残した。すなわち、第一〇方面軍は、自己の裁量で沖縄から一兵団を台湾に転用させることができないため、大本営の威を借りて兵力を増強しようとしているという印象を第三二軍に与えた。

結局、台北会議は、会議そのものが要領を得なかったに加え、大本営、第一〇方面軍の統帥に対する不信感を第三二軍に醸成させるモメントを与えることになってしまった。

第九師団の抽出と配備変更

台北会議を終わってからしばらく大本営、第一〇方面軍からは音沙汰なかったが、一一月一一日大本営は、中迫撃砲第五・六大隊の比島方面への転用を命じてきた。一五センチ中迫撃砲二四門を装備するこの二個大隊の抽出転用は、第三二軍が頼みとしていた軍砲兵隊の橋頭堡殲滅射撃の威力発揮を大きく減ずるものとして憂慮された。

次いで一一月一三日大本営は、第三二軍に対し「沖縄島ニ在ル兵団中最精鋭ノ一兵団ヲ抽出スルニ決セリ、ソノ兵団ノ選定ハ軍司令官ニ一任ス」と打電した。大本営の電報を受領した軍司令官や、参謀長は意外に冷静であった。八原高級参謀も、「万事休す！」ともはやあえて論争する気にはならなかった。ただ、台北会議で提出した理路整然とした「軍の意見書」がまったく無視されたことを無念に思った。せめて一兵団を抽出するなら、沖縄本島からではなく宮古島からにしてもらいたかった、と悔やんだ。それにもまして、後詰め兵団について一言も触れられていないことに、大本営の統帥に対する不信の念をつのらせたのであった。

在沖縄の精鋭師団といえば、第九師団か、第二四師団のいずれかであった。第九師団は伝統ある精鋭師団ではあったが、残念ながら山砲装備で砲兵火力が貧弱であった。第二四師団は新設師団で、教育訓練、指揮能力等の点で第九師団に比べてやや見劣りがした。しかし、野砲装備で一五センチ榴弾砲大隊まであった。

八原大佐は、もし歩兵戦力に大差がないとすれば、砲兵火力のすぐれた第二四師団を残したいと考えた。そこで彼は、第九師団は伝統ある最精鋭師団であるから抽出転用すべきであると具申し、決裁された。

これにより、七月以来、沖縄の土地に親しんできた第九師団は、一二月中旬から翌二〇年一月上旬にかけて台湾に移動した。第九師団の転用は、必勝の念に燃えていた第三二軍に対し、精神的・心理的に大きな衝撃を与えた。沖縄県民も、多数の県民が入隊した第九師団の転出に別れを惜しんだ。剛気の長勇少将も、さすがに落胆した様子であったという。

第九師団の転用により、第三二軍は新たな作戦構想を練り直す必要に迫られた。しかし、大本営あるいは第一〇方面軍からは、第九師団抽出後の沖縄本島の防衛についてなんら特別の命令、指示等はなかったので、第三二軍は保有する兵力と、国軍全般の作戦上の要求を勘案し、最善を尽くすという方針のもとに、自主的に新作戦計画を策定することになった。

新たな作戦計画の樹立にあたってまず問題となったのは、軍の基本的任務をどう解釈するかということであった。

捷一号作戦（比島作戦）が発動され、かつ沖縄本島から第九師団が抽出されるに至った現況にあっては、捷二号作戦計画の決戦準備任務は自然消滅の形となったと考えられた。

したがって第三二軍は、その創設当初の「海軍と共同し南西諸島を防衛すべし」というきわめて包括的な任務のみが生きているものと解釈した。この重大な軍の基本任務に関する解釈については、大本営あるいは第一〇方面軍との調整がまったく行なわれていなかったといわれる。

第三二軍は、第九師団抽出後の後詰め兵団の補充をあてにすることなく、約三分の二に減少した二・五個師団の基幹兵力をもって、最善の防衛努力を果たすことを前提条件として、新作戦計画の策定作業にあたることになった。

一一月二六日に決定された第三二軍の新たな作戦計画の方針は、次のとおりであった。

第三二軍は、一部をもって極力長く伊江島を保持するとともに、主力をもって沖縄本島南部島尻地区を占領し、島尻地区主陣地帯沿岸においては敵の上陸を破摧し、北方主陣地帯陸正面においては戦略持久を策する。

敵が北・中飛行場方面に上陸する場合は主力をもって同方面に出撃することがある。

この新方針に基づいて、これまで中頭地区にあった第二四師団は第九師団が担当していた島尻地区の防衛を担当し、中頭地区の防衛は独立混成第四四旅団主力が、国頭地区は同旅団の第二歩兵隊を基幹とする国頭支隊が担当することとなった。

この新配備の弱点は、北・中飛行場方面に米軍が上陸した場合は、すぐに両飛行場を占領されるおそれがあることであった。そのため一部による遅滞行動や、主陣地内からの長射程砲による妨害射撃を実施することにしていた。

この新作戦計画では、第九師団の抽出による兵力の減少に伴い、随時軍主力を機動集中させて決戦を求める、という捷二号作戦計画時の方針は回避された。新計画では、戦場を自主的に本島南部に限定し、その準備した陣地周辺に米軍が上陸した場合は極力これを撃退することとし、米軍の空海基地の設定を阻止はするが、配備の及ばない航空基地に対する使用妨害は、主として長射程砲に期待するとされた。すなわち現有兵力および地形を考慮して、中頭地区を放棄し軍主力を島尻地区に集約したのであった。

第八四師団派遣の内示と中止

第三二軍は、配備変更後の陣地組織の状況を詳細に検討した結果、島尻地区の主陣地の兵力密度が低く正面が広すぎると感じ、少なくとも歩兵一個大隊の陣地占領は正面を二〇〇〇メートル程度に縮小しなければならないという結論に達した。

これに基づき昭和二〇年一月下旬、再び陣地の配備変更を行なった。それは中頭地区に配備していた独立混成第四四旅団主力を南部の知念半島方面に、第六二師団の歩兵第六四旅団を師団主力の北正面に移動させて、全般的に縮小した配備をとるものであった。

この配備変更により、本島南部の島尻地区の防備は堅固となったが、北・中飛行場方面に上陸する敵に対する攻勢企図は放棄され、大本営等が重要視していた北・中飛行場の制扼はきわめて不十分になった。

地上作戦を重視する第三二軍の配備変更に対し、航空関係者および第一〇方面軍からなされた北・中飛行場方面の防備強化に関する要望と指導が沖縄作戦の全過程を通じて問題となるのであるが、第八四師団派遣の内示と中止の朝令暮改事件は、この微妙な時期に起こった。

前述したように、台北会議は、沖縄から一兵団抽出後の後詰め兵団についてはまったく触れることなく、要領を得ないままに終わってしまっていた。また第三二軍は、補充

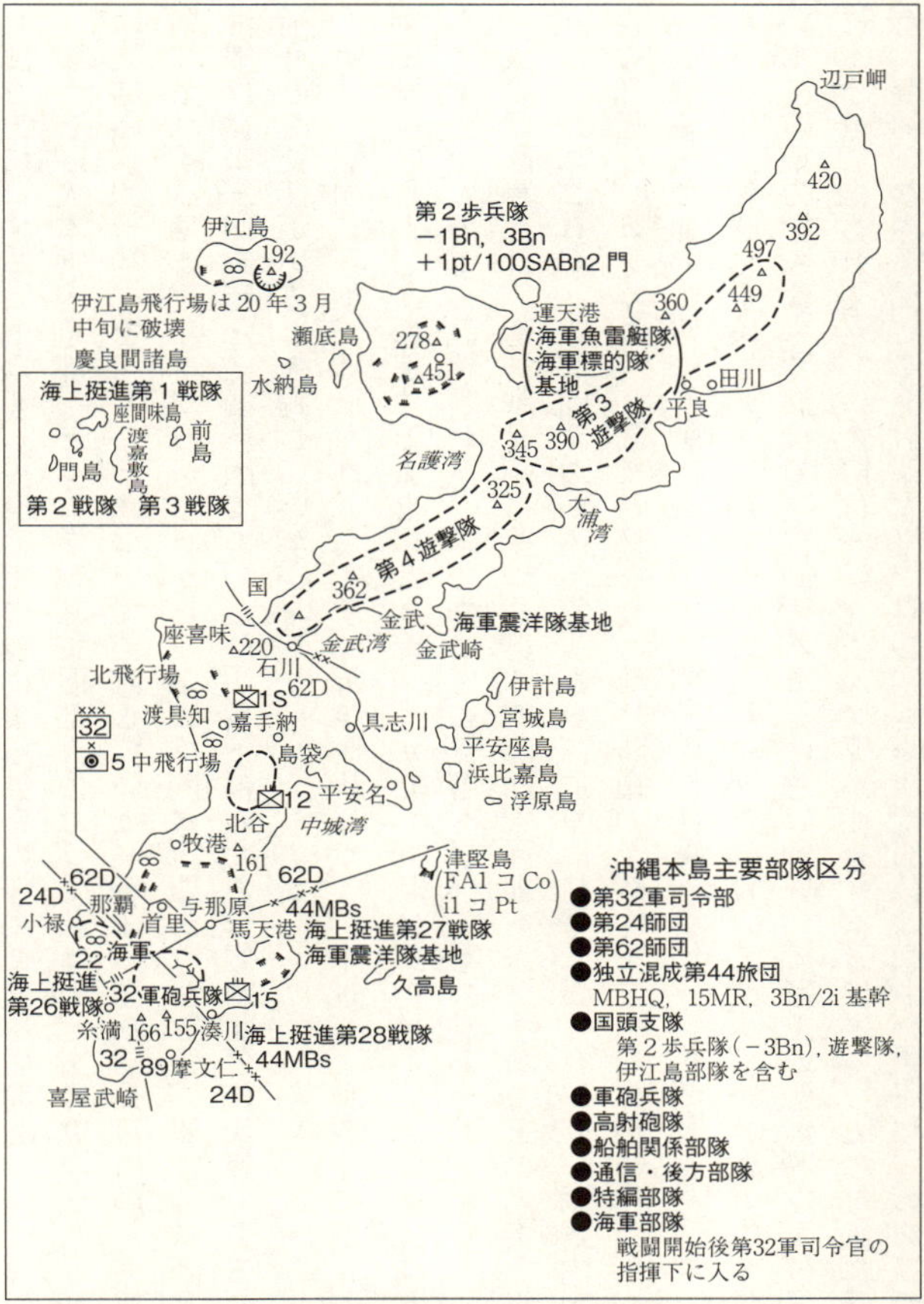

図１－18　昭和20年３月末日沖縄本島配備要図

兵団をあてにすることなく、現有兵力のみによる独自の作戦準備を展開していた。

しかし、大本営陸軍部、とくに作戦課長服部大佐は、主務者としての立場から、沖縄に後詰め兵団の補充をすることについて苦慮していた。新任の作戦部長宮崎周一中将に対する状況説明が同年一二月一一日から一三日の間に行なわれたとき、服部作戦課長は、沖縄は従来三個師団と一個旅団であったのが目下のところ一個師団欠の状態であるので、補充の必要性があると強調していた。

明けて昭和二〇年一月一六日、大本営の新作戦計画では、沖縄へは姫路所在の第八四師団を後詰めとして派遣することになった。しかし、同時に、内地にいる師団はすべからく本土決戦のため温存されるべきであるとの見解も根強いものがあった。

大本営陸軍部は、新作戦計画に基づき第八四師団を沖縄へ派遣することとの内奏を終わり、一月二二日第八四師団派遣の内示電報を第三二軍に打電した。しかし、派遣内示の電報発信後、ガダルカナル島で苦杯をなめ離島防衛の至難性を知悉し、かつ熱烈なる本土決戦論者であった宮崎作戦部長は、第八四師団の派遣問題について熟考したすえ、「沖縄への海上輸送の危険を知りながら、たとえ約束があったとしても、一兵たりとも惜しい本土防衛力をみすみす海没の犠牲にすることは忍びない。統率上の悪影響を及ぼすことも十分想像されるが、この際は一切を忍んで派遣中止すべきである」との結論に達した。翌朝、参謀総長梅津美治郎大将に対し、宮崎作戦部長は意中を開陳し、第八四師団の派遣中止の意見具申をした。梅津参謀総長は、「君の信ずるとおりにせよ」と意見具申を採用した。宮崎部長は、ただちに第三二軍に対し、第八四師団の派遣中止を打電した。第三二軍の喜びは一夜の夢でしかなかった。まさに朝令暮改の典型であった。宮崎部長の戦後の回想によれば「どんな批判でも甘受する覚悟で、この決意に到達した」という。たしかに宮崎中将は、自己の所信を貫徹することによって、参謀総長を補佐する大任を果たそうとした。しかし、作戦指導の連続性という観点からすれば、最高方針の唐突な変更が与えた影響も小さくはなかった。

このような唐突な意思決定の変更が行なわれえたのは、宮崎中将が新任の作戦部長であり、それまでは中国大陸の第六方面軍参謀長であったので、中央とは密接な関係がなく、従来からのいきさつやしがらみに拘束されない白紙の立場で臨むことができたからであろう。しかし、派遣中止に至る経緯がどうであれ、この問題は重大な後遺症を残した。すなわち、第九師団の転用に釈然としていなかった第三二軍首脳部の、大本営を含む上級司令部に対する不信感をますます助長したのであった。

この頃レイテ島を主戦場とする捷一号作戦挫折後の大本営の敵情判断によれば、比島攻略概成後の米軍が一挙に日本本土に上陸侵攻する公算はきわめて少なく、必ずや本土侵攻前に一段ないし二段の基地推進を行なうであろうし、その主侵攻正面は東シナ海周辺であり、とりわけ沖縄が次期侵攻目標となる公算が最も高いとみなされていた。そして米軍のこの基地推進こそ、乗ずべき重要な戦機であり、この機を捕捉して敵に大打撃を与えようとするのであった。かくして、本土の前縁付近で米軍に大出血を与え、その継戦意思を破摧することをねらって「天号作戦計画」が策定された。

この天号航空決戦の完遂のためには、沖縄本島の航空基地の確保が不可欠の要件であったが、日本の航空戦力に天号決戦を遂行しうる主体的力量はないと判断する第三二軍は、地上戦重視の出血持久作戦の方針を変更しようとはしなかった。このため戦術的には、大本営等が確保を強く望んでいた北・中飛行場を、主陣地外に放置することになった。

大本営、第一〇方面軍、連合艦隊および陸海軍航空部隊は、第三二軍に対し、北・中飛行場の確保を要求した。しかし、上級統帥に対する不信感を抱き、作戦目的を異にする第三二軍はこれに応ずる暇もなく米軍の侵攻を迎えた。

作戦の実施

沖縄作戦初動の航空作戦

昭和二〇年三月二三日の早朝から南西諸島は、米軍のべ三五〇機の攻撃を受けた。大本営海軍部は、三月一八日から二一日にわたって行なわれた九州沖航空戦の総合戦果を過大視していたので、ウルシーに帰投中の米機動部隊がちょっかいを出している程度と判断し軽く考えていたようである。さきに台湾沖航空戦の戦果を過大視して、米軍のレイテ島侵攻企図を誤判断したのと同様の過失であった。

三月二四日には、戦艦以下三〇余隻の米艦隊が沖縄本島の南方海域に出現し、本島の南部地域に対し艦砲射撃を開始した。二六日米軍は慶良間列島に上陸を開始した。ここにおいて米軍の沖縄侵攻の企図は明確となったので、連合艦隊司令長官は、同日「天一号作戦」の発動を下令した。天号作戦は、米機動部隊、とくに上陸部隊の輸送船団を上陸以前の段階において撃滅しようとするものであった。

しかし、海軍航空戦力は、さきの九州沖航空戦で大半を消耗し、三月二八〜三一日の間に九州地区に集結しえた航空戦力は、約二二〇機余りであった。一方、陸軍航空戦力の骨幹である第六航空軍の九州展開は大幅に遅れており、二六日時点における出動可能機数は、約二〇〇機程度であり、いずれにしても米侵攻部隊の船団を上陸前に大量に撃沈することなど思いも及ばないことであった。

事実、米軍の沖縄侵攻直前の三月二四〜三一日の間、沖縄周辺の米軍艦船を攻撃した陸海軍航空部隊は、出動機数が少なく、さみだれ式の攻撃に終始し、いずれも決定的な打撃を与えるには至らなかった。

米軍の侵攻部隊を輸送船もろとも撃沈することこそ、天号作戦の主眼とするところであったが、作戦初動の好機を惜しくも逸してしまい、このことが、沖縄作戦が敗戦に至る第一歩となってしまった。

天一号航空作戦の初動の逸機は、陸海軍の航空作戦準備の未完、九州沖航空戦における海軍航空戦力の喪失、そして約四八〇機を保有する台湾所在の第八飛行師団が初動に大戦力を投入しなかったことなどを原因とするものであろう。

かくして、侵攻米軍を洋上に撃滅すべき天号作戦初動の最も重要な戦機を逸したまま、沖縄の第三二軍は、四月一日の米軍上陸を迎えることとなった。これを米軍の側から見れば、上陸にさきだって実施した航空撃滅戦の慣用戦法が見事に成功し、上陸後六日に至るまで日本軍の有効な航空攻撃を受けることなく、作戦を遂行しえたことになる。

米軍上陸

四月一日、牛島満中将以下第三二軍首脳は、首里台上から数百の艦船が沖縄本島の西方海面を圧し、北・中飛行場正面は砲爆・塵煙・火光におおわれる壮絶な光景を望見し、ついに来るべきものが来たという感に打たれた。この米軍来攻の情景を、少し長くなるが、高級参謀八原博通大佐の『沖縄決戦』の序文から引用してみよう。沖縄防衛戦における戦略・戦術論争が一気に噴出してくる問題の場面である。

午前八時、敵上陸部隊は、千数百隻の上陸用舟艇に搭乗し、一斉に海岸に殺到し始めた。その壮大にして整然たる隊形、スピードと重量感に溢れた突進振りは、真に堂々、恰も大海嘯の押し寄せるが如き光景である。

敵将シモン・バックナー将軍の率いるアメリカ第一〇軍主力の四個師団は、かくして続々上陸中である。彼らは、アッツ以来、太平洋の島々の戦いで繰り返されてきた日本軍の万歳突撃を当然予期していたであろう。

だが、いま首里山上に立つ日本軍首脳部は、全然その気配を見せない。何故だろうか？　我々日本軍は、すでに数か月来、首里北方地帯に堅陣を布き、アメリカ軍をここに誘引し、一泡も二泡も吹かせる決意であり、その準備は整っているからなのだ。状況はまさに予想した通り進行している。我々は敵が嘉手納に上陸した後、南下して来るのを待っておればよいのだ。

牛島将軍や、参謀たちが自信満々、毫も動ずる様子がないのは当然である。彼らには、いささかの不安や疑念もなく、強大な敵と戦いを交えんとする壮快さに武者振いをしているのだ。

それにしても、ほとんど無防備に近い海岸に、必死真剣な上陸をしているアメリカ軍を見ていると、杖を失った盲人が手探りに溝を越える恰好に似てとてもおかしい。

しかも巨大な鉄量——アメリカ軍側の戦史によれば、彼らがこの上陸準備砲撃に使用した砲弾は、五インチ以上の砲弾約四万五〇〇〇、ロケット砲弾約三万三〇〇〇、臼砲弾約三万三〇〇〇、それに投下された爆弾は多量だ——を浪費している。防者として、こんな痛快至極な眺めがあろうか。

このとき、空を切ってあがいているアメリカ軍を揶揄半分に眺めている日本軍首脳部に、急に重大な不安が生じた。それは友軍機が一機もこの戦場に姿を見せないことだ。大本営の作戦方針によれば、沖縄に来攻する敵を撃滅する主役は、わが空軍である。わが第三二軍は端役に過ぎない。しかも敵撃滅のチャンスは、敵上陸部隊が未だ上陸せず、洋上に在るときだと、しばしば公言している。

なるほど、過去一週間、友軍機は薄暮、月明、黎明を利用して、沖縄島周辺の敵艦を攻撃している。だとすれば、今こそ嘉手納沖に蝟集する敵輸送船団を、万難を排し、総力を挙げて集中攻撃すべき千載一遇の好機ではないのか。昼間の特攻は敵機の攻撃を受け、実行不可能だ、など呑気なことをいうべき秋《とき》ではない。だが、ついにわが特攻は、姿を現わさなかった。

以上八原大佐の沖縄戦の序曲の場面に関するくだりを紹介した。ここに現地第三二軍の、最高統帥部の航空戦力至上主義に対する根深い不信感が表わされている。さらに、その不信感を八原大佐は、次のようにむすんでいる。

実に奇怪な沖縄戦開幕の序幕ではある。アメリカ軍は、ほとんど防備のない嘉手納海岸に莫大な鉄量を投入して上陸する。

敵を洋上に撃滅するのだと豪語したわが空軍は、この重大な時機に出現しない。日米両軍の間に、また味方においては空軍と地上部隊相互の間に、思考と力点があまりにも食い違ってしまっている。何故にかくの如き結果になったのか。そしてその後の戦闘に幾多の重大な影響を与えるに至ったか。これが解明こそ、実に沖縄戦の運命を形づくった要因を掌握するキー・ポイントなのである。

八原高級参謀のこの指摘こそ、最高統帥部が主張した航空戦至上主義と、現地第三二軍が主張した地上戦重視主義との、いわゆる「あるべき姿」論と、「生の姿」論との相剋を端的に象徴するものであった。

四月一日早朝から米軍は、戦艦一〇隻、巡洋艦九隻、駆逐艦二三隻、砲艦一一七隻を含む一三〇〇隻以上の各種艦船をもって、沖縄本島の嘉手納海岸に対する上陸作戦を展開した。米軍の予期に反して、日本軍の抵抗は微弱なものであり、米軍戦史は、「驚き、迷い、そして安心して、上陸波は実質的に抵抗のない所に上陸した」と描写している。

攻撃波は、順調に上陸し、一時間もたたないうちに、四個師団が並列して一万六〇〇〇名以上の将兵を上陸させた。引き続き戦車部隊も上陸した。米軍は、むしろ無気味さのために慎重な敵情偵察を重ねたが、やがて日本軍の奇計ではないことが判明するや、攻撃前進に拍車をかけた。

昼頃までに米軍は、嘉手納（中）飛行場と読谷（北）飛行場を占領し、日没までに正面約一三・五キロメートル、縦深約四・五キロメートルの地積に橋頭堡を確保した。米軍の第一日の上陸兵力は約六万名を超え、師団砲兵はすべてが揚陸を完了した。この日の米軍の損害は、戦死二八、戦傷一〇四、行方不明二七にすぎなかった。

では、この米軍の上陸に対して、日本軍はどのような対上陸戦闘をもって臨んだのであろうか。

米軍の上陸正面となった中頭地区（北・中飛行場を含む）の日本軍の配備は、台湾から増強される予定の独立混成第三二連隊が到着していなかったため、特設第一連隊と、独立歩兵第一二大隊を基幹とする賀谷支隊のみであった。

賀谷支隊は、訓練精到な部隊ではあったが、わずか一個大隊の戦力では、優勢な米軍の敵ではなかった。それに、与えられた任務も、中頭地区における米軍の攻撃前進を遅滞せよというものにすぎなかった。

したがって対上陸戦闘の専任部隊は、特設第一連隊のみであった。しかし特設第一連隊が編成されたのは、三月二三日頃からであり、部隊が陣地配備についたのは、最も早いもので三月二八日であり、主力部隊にあっては三月三〇日夜以降のことであった。しかもこの間、三月三〇日は第三二軍司令官の命による北・中飛行場の破壊作業に従事しなければならず、とても組織的な戦闘が展開できるような状態ではなかった。

さらに、特設第一連隊には、固有の砲兵戦力はまったくなく、軍砲兵の支援もなかった。圧倒的な物量を誇る米軍の前には、文字どおり鎧袖一触され、アッという間に潰滅してしまった。

一方、上陸後の米軍の攻撃前進を遅滞すべき任務を持つ賀谷支隊は、四月一日から六日の間にわたり、撃墜航空機二、撃破戦車一〇、死傷約六〇〇の損害を米軍に与え、善戦敢闘した。

しかし、圧倒的な米軍砲火のもとでは、その遅滞もわずか数日にすぎなかった。

北・中飛行場喪失に対する反響

米軍は、上陸第一日の夕刻頃までには、嘉手納飛行場（中）を不時着に支障のないよう整備してしまった。

第三二軍が、米軍の上陸第一日で早くも北・中飛行場を喪失したことは、大本営をはじめとする関係方面に大きな反響をまき起こした。第三二軍は、四月一日夕、大本営、第一〇方面軍および関係各方面に対し、「北・中飛行場は後退に当り爆破、破壊したが、米軍の機械力をもってすれば、短時日に修復可能と思われる。またその制圧は前方部隊の戦力上徹底できないので、米軍が陸上基地を使用しえないここ三日間に、米軍を徹底的に攻撃するよう配慮されたい」旨を報告通報した。

大本営、第一〇方面軍および陸海軍航空部隊関係者は、この報告に大きな衝撃を受けた。とくに陸海軍航空部隊の関係者は、米軍の上陸直前に実施された北・中飛行場の応急的な破壊ではきわめて不十分であり、米軍の機械化された修復能力をもってすれば、米軍の基地航空部隊の沖縄本島進出は、意外に早い時期に実現するであろうと判断し、焦りを深めていた。

四月二日の夜に至り、大本営陸軍部作戦課は、第三二軍はきわめて消極的であり、兵力温存主義に陥っているのではないかとの疑念を抱き、「敵に出血を強要し、北・中飛行場地域を再確保すべき」要望電を起案した。しかし作戦部長宮崎周一中将は、「作戦開始以降において甚だ干渉に過ぎる」として、この電報を抑えた。

これは、かつて第一七軍参謀長として宮崎中将がガダルカナル作戦の指導にあたった際に、大本営から現地の実情に合わない細部にわたる干渉を受け困惑した経験があることから、現地の作戦実行は、現地指揮官の責任に任すべきであるという信念に基づくものであった。

この日の大本営機密日誌は、「総理より琉球の戦況見透如何との質問あり、これに対し、第一（作戦）部長より結局敵に占領せられ本土来寇は必至と応答す」と記述している。

四月三日、戦況上奏から帰ってきた参謀総長は、宮崎作戦部長に対して、第三二軍に対し適宜の作戦指導を加える必要はないかとただした。また翌四日大本営海軍部は、連合艦隊の沖縄方面に対する航空総攻撃と残存艦艇をもってする海上特攻の企図を通報してきた。

ここにおいて大本営陸軍部は四日午後、次長名をもって、次のような要望電を第三二軍に打電した。

北・中飛行場の制圧は、第三二軍自体の作戦にも緊要なるは硫黄島最近の戦例に徴するも明らかなり、特に敵の空海基地の設定を破摧するは沖縄方面作戦の根本義なるのみならず、同方面航空作戦遂行の為にも重大な意義を有するをもって、これが制圧に関して万全を期せられたし

一方、第三二軍の直近上位の指揮官である第一〇方面軍司令官安藤利吉大将は、そもそも水際撃滅思想の主張者であり、第三二軍が北・中飛行場を米軍に占領されたまま奪

回のための攻勢に転ずる様子のないのを見て、飛行場奪回のための攻勢発動を督促することにした。大本営よりも一日早い四月三日、方面軍参謀長電をもって、「水際撃滅の好機に乗じて攻勢を採る」ことを強く要望したのである。

さらに航空作戦の見地から北・中飛行場の奪回再確保を熱願する台湾所在の第八飛行師団長山本健児中将は、第一〇方面軍司令官に対し、「敵は無血上陸に成功し、忽ち沖縄北・中飛行場は敵の占拠する所となりしが、第三二軍においては、未だ反撃の模様なし。茲において師団は、このまゝにして荏苒《じんぜん》時日を経過せんか、真に憂うべき事態に立至るべきは必至なり」と述べ、「全般作戦の見地より、第三二軍の即時反撃の必要なる所以」を強調した。

大本営海軍部および連合艦隊司令部は、かねてから沖縄作戦においては、米軍をその上陸前と上陸の時点において急襲打撃して、米軍撃滅の端緒を打開しようと構想していた。したがって、現地第三二軍が北・中飛行場を確保して、航空部隊の米艦船攻撃の好機をつくり出すことを希望し、北・中飛行場周辺の防衛強化等を強く要望してきた。

しかし、現実には北・中飛行場は米軍の上陸第一日にして奪取され、第三二軍に奪回のための積極的な態度が見られないため、海軍としては、米軍が飛行場を利用するようになれば、米機動部隊の捕捉撃滅は困難となり、航空決戦の遂行も不可能になると、非常に憂慮した。

かくして四月二日、連合艦隊は参謀長電をもって第三二軍参謀長あてに、次のような電報を打電した。

天一号作戦の成否は敵が北・中飛行場の使用を開始する迄に敵上陸船団に対し、徹底的打撃を与え得るや否やに懸る……一方、敵の機動部隊（正規空母群）の行動期間は従来の例に徴するも約一〇日間を越えざる見込にして此点我の乗ずべき唯一の弱点なり。……従って、貴軍に於ては既に準備中とは存ずるも、茲約一〇日間敵の北・中飛行場の使用を封する為有らゆる手段を尽し右目的を達成せられ度。之が為、主力を以て当面の敵主力に対し攻勢を採られんことを熱望する次第なり。

結局、米軍が沖縄に上陸を開始したとき、第三二軍はほとんど抵抗することなく、上陸第一日にして北・中両飛行場は米軍の手中に落ちたが、これは第三二軍にとっては予定の作戦展開であり、その後の組織的陣地による持久作戦に大きな期待を抱いていた。しかし、大本営等は、あまりにも早い北・中両飛行場の失陥に大きな衝撃を受け、第三二軍に対し両飛行場奪回のための「積極的な攻勢」という要求・指導を執拗に重ねるのであった。

大本営、第一〇方面軍、連合艦隊、あるいは陸軍航空部隊等と、現地第三二軍との作戦目的に関する根本的な思想の乖離は、米軍の沖縄本島への上陸と同時に問題点となって噴出した。これは具体的には、米軍の上陸と同時に占領された北・中両飛行場を奪回すべきかどうか、という沖縄作戦の基本方針を揺るがす大問題であった。そして、大本営等の「積極的な攻勢」要求という外圧は、一糸乱れることなく作戦準備に努力を傾注してきた第三二軍司令部の内部に、大きな亀裂を生むことになったのである。

第三二軍司令部の内部論争

第三二軍首脳は、嘉手納海岸に米軍の上陸を迎えた時点において、既定の作戦方針に基づき、首里北方の主陣地帯において強靭なる持久戦闘を展開する決意であった。しかし、各方面からの前述したような攻勢要望の電報が殺到するに及んで、軍司令部内の空気は次第に微妙に変化し始めた。

上級司令部からの北・中飛行場奪回の要望電報が来信するたびに、八原大佐は軍司令官・参謀長に対し、平素からの軍の戦略持久の方針こそが正しいことを強く具申した。長参謀長も当初の間においては、既定の作戦方針により作戦を指導してきたが、国軍全般の作戦上の要求を無視して、あくまで第三二軍独自の持久作戦を遂行することは、軍司令官牛島満中将の立場としては不可能であると感じるに至った。

そこで長参謀長は、四月三日夜、軍の攻勢転移についての幕僚研究会議を開催した。

参謀長は、各方面からの攻勢要望の電報を読み聞かせた後、次のような戦況判断と提案を示し、第三二軍としてとるべき策案について各幕僚の意見を求めた。

彼我の態勢上米軍は未だ陣地攻撃の態勢ではなく、前進中の浮動している状態である。我は依然として激烈な砲爆撃を受けてはいるが、四月二日付の参謀次長電によれば、我が特攻により米軍は、空母八、戦艦または巡洋艦四、巡洋艦一八、駆逐艦二二を含む九一隻の撃沈を受けている。この彼我の戦勢浮動の戦機を捕捉し、軍主力をもって攻勢に転ずる。攻勢は大規模な滲透前進によって、戦場を紛戦状態に導き、敵の優勢な砲爆撃の威力を封じながら、わが得意とする近接戦闘によって敵を撃滅する。

この参謀長の提案に対し、参謀の大多数は攻勢転移の方針に賛成した。それらの賛成意見を総合整理すると、次のようなものであった。

軍の作戦指導は大本営または方面軍の作戦構想に順応すべきである。上司の意図が、陸海航空主力で積極作戦を企図している現在、軍としては当然これに従うべきであって、兵力の多少は論ずべきではない。湊川正面と北・中飛行場の二正面に上陸の公算があった場合、湊川正面に決戦を企図したのは積極的に米軍を撃滅するためであったのだから、この際同様の趣旨で積極的作戦を敢行すべきである。

これに対して作戦主任の八原高級参謀から次のような強い反対意見があった。

第三二軍は、かねてから戦略持久の根本方針を確立し、日夜その作戦準備に没頭してきた。米軍はわが予想した地点に上陸し、予期したように南進している。したがって現在根本方針を変える必要はない。

米軍が上陸した直後で、まだ態勢が整わないうちに攻撃するのならばともかく、既におおよその戦闘準備を整えた米軍に対して攻勢をとったならば、比較を絶した優勢な米陸海空三軍によって、軍は島尻、中頭両郡境付近の狭隘部で壊滅的打撃を受ける公算がきわめて大である。まして過去数ヶ月間、心血を注いで構築した洞窟陣地を捨てて出撃するのは自殺行為にも等しい。

北・中飛行場の制扼は、これまでの方針どおり長射程砲によれば一兵も損することなく、主力攻撃の場合よりも長時間の制扼が可能である。上級司令部の要請電報は指導電であって命令ではない。

八原大佐は、腹の底では、「北・中飛行場をそのままに残しておいたのが愚の骨頂だ。軍が徹底的に破壊すべきであると意見具申したときに許可しておれば、こういう問題は起こらずにすんだのであって、それをせずにおいて、今頃攻勢とは、馬鹿馬鹿しい限りだ。つい先ほど玉砕した硫黄島の栗林中将も『……殊ニ使用飛行機モ無キニ拘ラス敵ノ上陸企図濃厚トナリシ時機ニ至リ中央海軍側ノ指令ニ依リ第一、第二飛行場拡張ノ為兵力ヲ此ノ作業ニ吸引セラレシノミナラス陣地ヲ益々弱化セシメタルハ遺憾ノ極ミナリ』と戦訓を打電してきているではないか」と思うのであった。

長参謀長も内心は反対であったが、軍司令官の意図を推察して、その立場上から、戦理を超越して攻勢に転ずる決心を下した、という見方もある。

このように意見は真っ向から対立したが、結局、会議の結論として、軍は北・中飛行場方面に対して攻勢をとることになり、牛島軍司令官は、攻勢発動の日時を四月七日夜と決定し、八原大佐に攻撃計画の策定を命じた。

攻撃計画の方針は、「第三二軍は、四月七日夜、全力をあげて攻勢に転じ、上陸した敵を撃滅して二二〇高地（読谷山）東西の線に進出する」というものであり、第一線に第六二師団、第二線に第二四師団、第三線に独立混成第四四旅団、第四線に海軍陸戦隊がこれに参加することになった。

攻撃計画は四日夜には各兵団長に示されたが、この出撃について某師団長は、計画の成功には確信が持てないと述べて、長少将に沈痛な心理的インパクトを与えるという一幕もあったという。

各兵団長が、攻撃計画の示達を受けて、各々の司令部に帰着したかと思われるころ

「約五〇隻の船団が南方海域に現われ、湊川正面に上陸する公算大」という情報が、軍司令部に伝えられた。この新たな情報により、第三二軍は四月七日からの攻勢を中止することに決定し関係各方面に打電した。

第一〇方面軍は、四月七日夜から攻勢を実施するという第三二軍の電報に接して満足したのもつかの間、翌五日には、もう攻勢中止の電報を受け取り愕然とした。

第一〇方面軍司令部は、他軍との協同関係に及ぼす影響を憂慮し、また国軍全般の作戦計画にも重大な影響を及ぼすものとして、この際方面軍から踏ん切りをつけてやる必要があるとした。第一〇方面軍は「地上作戦発起を四月八日夜と決定し、攻撃を実施されるよう」との電報を発し、第三二軍に対し攻勢を強く要求したのである。

第一〇方面軍から攻勢の督促を受けた第三二軍は、四月六日一四時に至り「四月八日夜を期して攻勢に転ずる」という総攻撃命令を再び下命した。

ところが、四月七日午後になると、浦添、那覇、湊川方面に艦砲射撃が加えられるとともに、第六二師団の左側海域に、約一〇〇隻の船団が現われ停止する状況が生じた。

さすが強気の第三二軍も、第六二師団の横腹に万一米軍が上陸した場合のことを考えると、攻撃の成功はとうていおぼつかなく、再び攻勢を中止することに決定した。

再度にわたる攻撃計画は、実現されることなく終わったが、この間、北方最前線の戦況は刻々と変化し、米軍は前進陣地を突破して、第六二師団の主陣地帯に突入しつつあった。第三二軍司令官は、第六二師団長に対し、八日夜に陣前出撃を実施するよう命じたが、第六二師団の夜間攻撃は、二度にわたる総攻撃中止の心理的後遺症が残り、結果的には失敗した。米軍の公刊戦史も、この陣前出撃についてなんら触れていないことからも、ほとんど見るべき戦果はなかったものと思われる。

長参謀長は、第六二師団の一部による夜間攻撃では満足できず、軍としては相当有力な部隊をもってする攻撃を実施しなければならないとの考えを持っていた。そして、八日午後に長参謀長は、四月一二日頃から第六二、第二四の両師団を並列して攻撃を実施する計画の策定を、八原大佐に命じた。

この攻撃計画は、中止された二回の総攻撃案のような北・中飛行場の奪回を企図するものではなく、陣前にある当面の米軍を撃破するための攻撃であった。つまり八日夜の陣前出撃の規模を拡大したものであった。

八原高級参謀は、この長参謀長の攻撃計画に対して、例によって戦略持久を堅持する立場から不同意を主張したが、二回の総攻撃の中止のためか、参謀長は成敗利鈍を超越して軍の名誉に賭けて、攻撃を強行しようとするかのようであったという。

四月一二日の夜間攻撃は、二度にわたる総攻撃の決定とその中止という統帥の混乱が招いたものであった。大本営、第一〇方面軍、そして陸海軍航空部隊との関係において、何としても一度は攻撃を敢行してみせなければならないという長参謀長の執念が、動因であったと思われる。

長参謀長は、この攻撃に自信をもって臨んだのではあるまい。長少将は、牛島軍司令官の立場を考え一度は攻勢をとらざるをえないと考えたのであろう。事実、計画は上級司令部に対する面目を保つ程度の兵力で攻勢を実施するにとどめ、軍主力の決戦は意図的に避けたようなふしが見られる。

この四月一二日の夜間攻撃は、結局のところ不成功に終わったが、上級司令部等に対する一応の面目は保たれた。しかし八日と一二日の夜間攻撃で、約二個大隊相当の兵力を喪失したことは、大きなダメージであった。

かくして、第三二軍は米軍上陸以来の攻勢問題に一応の結着をつけ、持久態勢に移行するのであった。

アナリシス

第三二軍は、創設間もない草創の頃からたび重なる隷属関係の変更等により、大本営との関係において何かしら、シックリしない面があったが、虎の子第九師団抽出の契機となった台北会議を境にして、大本営そして第一〇方面軍との間にはコミュニケーショ

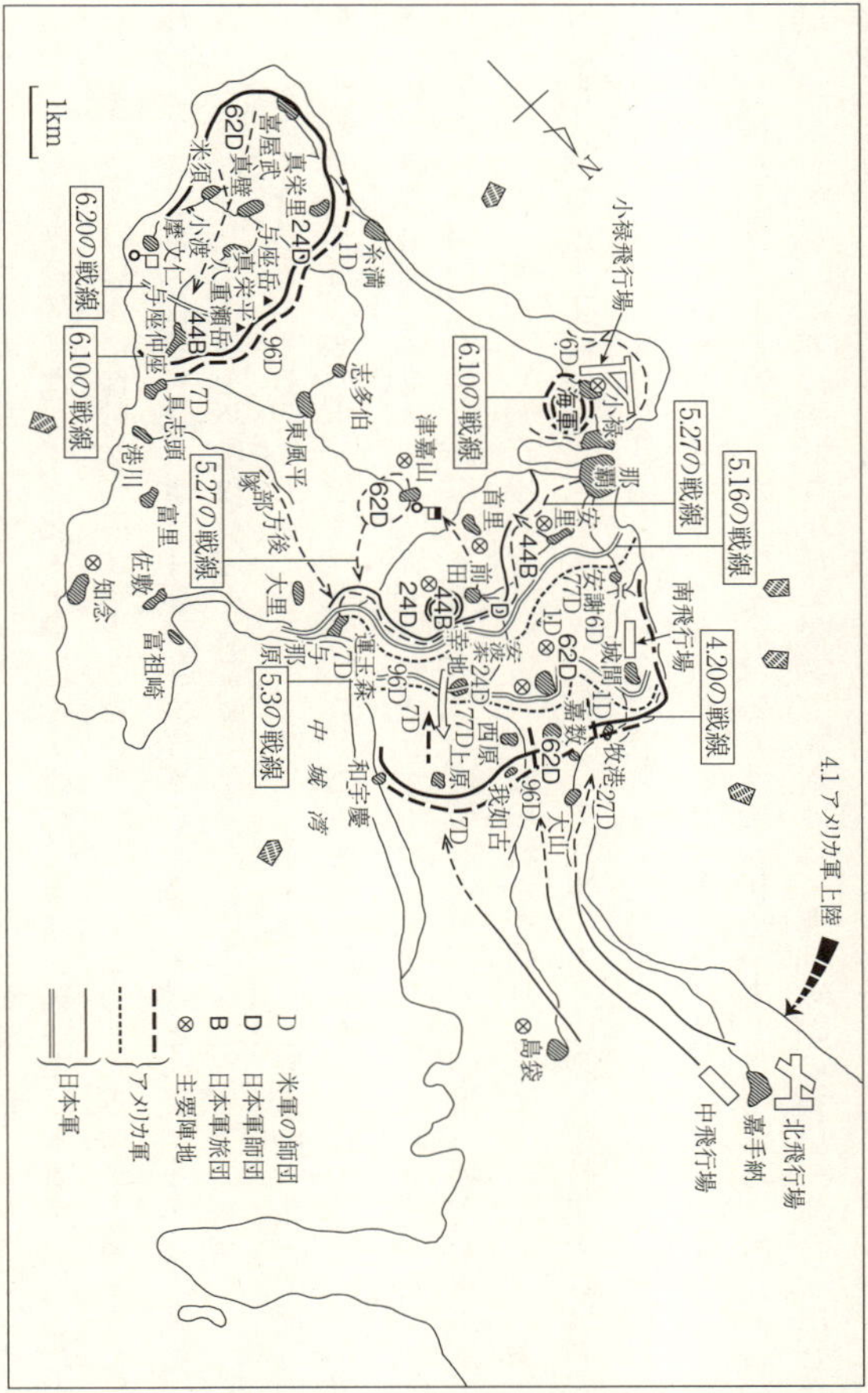

図1−19　作戦経過要図（持久態勢以降）　八原博通『沖縄決戦』より

ン・ギャップが生じ、引き続く第八四師団の派遣内示と中止、そして天号作戦の航空戦力の沖縄推進が空手形に帰したことなどから、次第に相互の断絶疎隔を深めていった。このような断絶疎隔のなかで、北・中飛行場が所在する嘉手納海岸に米軍が上陸した場合、第三二軍はいかに作戦を指導すべきかという問題、すなわち大本営が企図する天号作戦と密接不離の関係にある北・中飛行場問題が、上級司令部との間でまったく調整されることなく、米軍の上陸侵攻を迎えることになったのである。

大本営をはじめとする関係方面にとって、第三二軍がほとんど無抵抗で北・中飛行場地区を米軍の占領にまかせるとは、夢想だにしない大きな衝撃的事件であったという。もし米軍の基地航空兵力が北・中飛行場に進出すれば、天号作戦の完遂がきわめて困難になることは明白であったからである。事ここに至っては、北・中飛行場を米軍に使用させないこと、すなわち飛行場の奪回が天号作戦の成否を賭けるキイ・ポイントであり、沖縄地上作戦の天王山になる、と大本営、第一〇方面軍、とくに陸海軍航空部隊は考えた。航空決戦を本質とする天号作戦の遂行に支障をきたそうとしているとき、その障害を排除するため北・中飛行場の奪回攻撃を、大本営や第一〇方面軍が第三二軍に要望するのは理の当然であろう。しかし、それはあくまでも机上論としてである。もし、この時点における第三二軍の現状を的確に認識しておれば、奪回攻撃の要望や命令を出せたであろうか。

第三二軍が攻勢の要望を受けた四月三日という時点での戦況は、はたして上級司令部が要望するような攻勢が可能な状況にあったであろうか。北・中飛行場に配備された特設第一連隊は壊滅的打撃を受けてその戦力は霧消し、賀谷支隊はかろうじて遅滞行動をとりつつあったが、物量を誇る米軍の敵ではなかった。上陸した米軍は、すでに沖縄本島を南北に分断し、主力は南方に旋回し第六二師団の正面に対し南下攻撃を開始していた。上陸前後の態勢未完に乗じうる戦機は、すでに去っていた。上級司令部の航空決戦のかけ声にもかかわらずその戦力発揮の初動は著しく遅延し、米軍の輸送船団は海上においてほとんど損害をこうむることなく、無傷で上陸を果たしていたのである。

第三二軍は、上級司令部等の攻勢要望に押されて二度まで攻勢転移の命令を下令したが、米軍輸送船団近迫の報により攻撃はいずれも実施されなかった。しかし、もし上級司令部の要望のとおり、攻勢を敢行していたとすれば、事態はどう発展していたであろうか。第三二軍があえて総攻撃に出た場合、八原高級参謀が危惧したように、橋頭堡の設定を完成し攻勢態勢の整った米軍の強大なる火力の前に、攻撃部隊は大損害をこうむり、攻勢は断念せざるをえなくなったであろう。そして激減した残存戦力をもって当初の作戦方針であった戦略持久に転換せざるをえなかったであろうが、それではたして当初期待したような持久日数を保持しえたかどうかは大きな疑問である。むしろ総攻撃は米軍の航空基地の設定を阻止せんと企図しながら戦力を過早に消尽し、結果的には沖縄そのものの失陥を早めてしまい、本土防衛のための時間の余裕も失うということになったであろう。当時かかる事態に立ち至るべき可能性をも考慮したうえで、大本営や第一〇方面軍は第三二軍に対し攻勢を要望したのであろうか。

大本営や第一〇方面軍は、米軍の上陸第一日にして北・中飛行場が占領されたことに大衝撃を受けたというが、これは先見洞察の至らなさを自ら暴露したものであるといわざるをえない。この問題は、米軍の侵攻以前の作戦準備の間において予見しえたことであり、かつ、解決しておくべき重大事だったのである。第三二軍の作戦構想や兵力配備の実態を正確に把握しておれば、北・中飛行場地区の抗堪力が、どの程度のものであるかは明白であったはずである。もし数日間の持久戦闘が可能であると期待したとすれば、それは単なる希望的観測でしかなかった。北・中飛行場問題は、大本営、第一〇方面軍が第三二軍の実態掌握に努力を尽くさず、かつ国軍全般の戦略デザインに占めるべき沖縄作戦の戦略的地位・役割を一点の疑義もなく明確に示す努力を怠った点に、第一の発生原因が求められる。

さらに、正式の統合計画として初めて策定された天号作戦計画も、その基本的性格について陸海軍の認識にズレがあり、これが第三二軍に対する指導に微妙な影響を与えたことも無視できない。

第二の原因は、第三二軍の上級司令部に対する真摯な態度の欠如に求められる。たとえ上級統帥が麻のごとく乱れる事態があったにせよ、国軍全般の戦略デザインとの吻合を顧慮することなく、自軍の作戦目的・方針を半ば独立的に決定することは、軍隊統帥の外道としてきびしく指弾されなければならない。

第九師団の抽出転用を契機とする新作戦方針の策定にあたり、第三二軍は、自軍の基本任務の解釈について、上級司令部に指導・調整をまったく仰ぐことなく、独自に処理した。したがって、航空決戦を本質とする大本営の天号作戦計画と、戦略持久を策する第三二軍の地上作戦計画とは、事前にまったく吻合されることはなかった。第三二軍に不信感を醸成させるような上級統帥があったとしても、錯誤の連続ともいわれる苛烈な戦場の実相からすればありえない出来事ではない。軍事合理主義に徹するとすれば、かかる状況においてこそ上下の吻合を図る努力が傾注さるべきであった。

いずれにしても、大本営、第一〇方面軍は、作戦準備の段階においてこそ、第三二軍に対し強力な指導を行なうのが最も重要な統帥行為であった。しかし、現実には、第三二軍司令官が自由闊達な戦場統帥を発揮すべき戦火の真最中に、本意ならずも統帥干渉とも思われるような作戦指導を加えざるをえなくなり、問題を後世に残したのであった。

二章

失敗の本質

――戦略・組織における日本軍の失敗の分析

六つの作戦に共通する性格

昭和一四年の日ソ間に起きたノモンハン事件から始まり、第二次大戦中のミッドウェー、ガダルカナル、インパール、レイテ、沖縄で戦われた六つの作戦は、いずれも日本軍が敗退した。

それぞれの戦いは、戦闘の時間と空間を異にするばかりでなく、自軍の兵力、軍備、補給の状況も異なっている。当然、相手側のそれも一様ではなく、彼我の作戦展開能力の違いにも大きな変化があった。その意味では、それぞれの戦いは、それぞれの状況のもとで戦われたのであり、その失敗の原因もまた多く個々の状況に依存しているというべきかもしれない。

しかし、同時に個々の作戦は、個別に独立して生起したわけではなく、日本軍という近代組織によって戦略が策定され、その組織を通じて実行されたものであることも否定できない事実である。また、一つ一つの作戦が、大東亜戦争における敗戦、無条件降伏という決定的な結果へとつながる重大なポイントであった。そのうえ一つの失敗が次の失敗に、また次の失敗にという形で直接あるいは間接に関連し合っているのである。そこにわれわれは、一連の失敗をおかしていく日本軍という巨大な組織の姿を見ることができる。

いったい、なぜ日本軍はこうした失敗をおかしたのであろうか。各々の作戦に現われた戦略と組織のどこに問題があったのか、それにはどのような共通の特性が存するのであろうか。本章では、こうした問題意識に基づいて、六つの敗け戦のなかに表出した日本軍の組織的特性を明らかにしていくことを課題としている。別のいい方をすれば、組織としての日本軍の失敗を組織論の観点から論じようとするのである。

そこでまず、六つのケースに共通して見られる作戦の性格を明らかにしてみよう。

(1) 複数の師団あるいは艦隊が参加した大規模作戦であった。したがって、陸軍の参謀本部、海軍の軍令部という日本軍の作戦中枢が作戦計画の策定に関与している。

(2) このことは、作戦中枢と実施部隊との間に、時間的、空間的に大きな距離があることを意味していた。さらに、実施部隊間にも程度の差はあれ、同様の状況が存在した。

(3) 直接戦闘部隊が高度に機械化されていたが、それに加えて補給、情報通信、後方支援などが組み合わされた統合的近代戦であった。

(4) 相手側の奇襲に対応するような突発的な作戦という性格のものはほとんどなく、

日本軍の作戦計画があらかじめ策定され、それに基づいて戦われたという意味で組織戦であった。

以上のような作戦の共通性は、個々の戦闘状況における指揮官の誤判断や、個別の作戦上の誤りを超えて、むしろそうした状況を生むに至った日本軍の組織上の特性、すなわち、戦略発想上の特性や組織的な欠陥により大きな注意を払うべきことを示唆している。

日本軍は、各々の作戦において組織として戦略を策定し、組織としてこれを実施し、結果的に組織として敗れたのである。

大東亜戦争全体をふりかえってみると、日本軍の主要な、そして最も強力な相手は米軍であった。事実、ノモンハンとインパールを除く、四つの作戦（ミッドウェー、ガダルカナル、レイテ、沖縄）はいずれも米軍を相手とする戦闘である。組織としての日本軍は、米軍という組織に決定的に敗れたといってよい。以下の記述で、われわれは日本軍の失敗の要因を検討するが、各作戦に表出した米軍の組織特性をも、その反射鏡として明らかにしていけば、日本軍の組織特性はより鮮明に映し出されるであろう。

戦略上の失敗要因分析

あいまいな戦略目的

いかなる軍事上の作戦においても、そこには明確な戦略ないし作戦目的が存在しなければならない。目的のあいまいな作戦は、必ず失敗する。それは軍隊という大規模組織を明確な方向性を欠いたまま指揮し、行動させることになるからである。本来、明確な統一的目的なくして作戦はないはずである。ところが、日本軍では、こうしたありうべからざることがしばしば起こった。

ノモンハン事件においても、日本軍の作戦目的は明確ではなかった。ソ連との国境線をめぐる師団レベルの戦闘であったにもかかわらず、最高統帥部たる大本営は明確な判断を示さず、結果として関東軍の独断専行を許容する形になった。他方、関東軍は出先機関として、彼らの視野と判断の枠組のなかで作戦をたてることに終始した。関東軍の「満ソ国境紛争処理要項」は、発令と同時に参謀総長に報告されたが、大本営からの具体的な意思表示は行なわれなかった。また、その後大本営自らが作成した「ノモンハン国境事件処理要綱」も、あくまでも腹案であって、関東軍に正式には示達されないままであった。大本営のこうした態度は、関東軍の地位を尊重し、使用兵力の制限などの微妙な表現によって、中央部の意図を伝えようとしたためである。正規軍同士の大規模な作戦展開に対しても、「察し」を基盤とした意思疎通がまかり通ったことの背景には、大本営自体のこの事件に対する戦略目的が不明確であったという事実がある。関東軍から見ても、中央部の意図、命令、指示はあいまいであり、成り行き主義が多かったという受け止め方がされているのである。

目的のあいまい性は、ミッドウェー、レイテという二つの海戦でも露呈している。とくに海洋上で、艦艇、潜水艦、航空機の間で展開される近代海戦の場合には、作戦目的が明確でないことは、一瞬の間に重大な判断ミスを誘う。もともと、目的の単一化とそれに対する兵力の集中は作戦の基本であり、反対に目的が複数あり、そのため兵力が分散されるような状況はそれ自体で敗戦の条件になる。目的と手段とは正しく適合していなければならない。「目的はパリ、目標はフランス軍」といわれるのは、この関係を表わすものである。

ミッドウェー作戦の場合、当初軍令部は米軍の反攻基地覆滅を考え、その最大の基地となるオーストラリアと米国の連絡を遮断するために、フィジー、サモアを攻略する計画をたてた。しかし、山本長官の率いる連合艦隊は、ミッドウェー、アリューシャンを攻撃し、米艦隊をハワイから誘い出してこれを撃滅することを主張した。山本長官としては、緒戦の勝利を拡大し続けることによって早期決戦に持ち込もうという考えがあった。結果的に山本長官が押し切る形でミッドウェー作戦が策定されたが、その作戦目的は次のようにあいまいな内容のものであった。

ミッドウェー島を攻略し、ハワイ方面よりする我が本土に対する敵の機動作戦を封止するとともに、攻略時出現することあるべき敵艦隊を撃滅するにあり

前段は、ミッドウェー島攻略を志向し、後段では米艦隊撃滅を目的としている。ニミッツ提督が「二重の目的」(dual purpose)と表現したように、目的の二重性すなわちあいまいさがここにも見られるのである。南雲長官が、偵察機からの敵空母発見の報に対してただちに艦載攻撃機を発艦させず、第一次攻撃隊の収容をさきにし、攻撃機の兵装転換作業を行なわせたのは、機動部隊の航空決戦の原則からはずれたものであった。ここに、作戦目的の二重性が投影されていると見ることができるであろう。そもそも、機動部隊空母の甲板上の第二次攻撃隊は敵艦隊攻撃用の雷装で待機していたが、ミッドウェー島の攻略のための第二次攻撃を行なうため、陸用爆弾に転換作業中に敵発見の報が入ったのである。また、この敵発見が遅れたのも、索敵の不徹底さによるものであったが、こうした状況はいずれも、作戦目的に関する山本連合艦隊司令長官と機動部隊の間の意図のズレと、それによる作戦目的のあいまいさが遠因をなしているとも考えられる

のである。

これに対して、米軍側が劣勢な戦力にもかかわらず勝利を収めたのは、暗号解読によって日本軍の作戦をきわめて詳細に知りえていたことに加えて、ハワイで指揮をとるニミッツが、目的を日本の空母群の撃滅に集中し、「空母以外には手を出すな」と厳命していたことにあり、これが戦力集中という点で有利な状況を生んだことも見逃してはならない。

後日、「史上最大の海戦」といわれたレイテ海戦でも、日本軍は作戦目的のあいまいさを克服できなかった。伝統的に艦隊決戦とそのための大艦巨砲主義に固執する連合艦隊主力の栗田艦隊は、連合艦隊司令部のレイテ湾攻略作戦をついに理解しなかった。連合艦隊をすり潰してでも、米上陸軍を背後から攻撃し、その補給を断つために輸送船団をたたくというレイテ作戦の主目的は、連合艦隊司令部の「作戦要領」その他の命令によってもレイテ湾突入にあったはずであった。

はずであったというのは、少なくとも連合艦隊司令部は、米軍のフィリピン進攻を阻止し、南方の資源地帯との輸送ルートを死守することが至上命令であると考えていたであろうということである。レイテ作戦では、上陸した米軍に対しては、陸軍精鋭の第一師団をはじめとする大地上部隊によってこれを迎え撃つことになっていた。まさに、陸海空の大規模統合作戦であった。

他方、実戦の主力部隊の栗田艦隊の認識はこれとはかなり異なるものがあった。小柳参謀長の次の言葉は端的にこれを物語っている。

たとえ不幸にしてわれわれは全滅するも、敵にもまた容易ならざる損害を与えて日米両海軍の最終決戦を飾ることになるであろう。これこそ死に花を咲かせるものであり、男子の本懐これにすぐるものはない。

ここにあるのは、主力戦艦同士が相対して砲戦によって勝敗を決めるという、艦隊決戦思想である。このために、日本海軍は長年の間、軍備を整え、兵員を訓練してきたのである。マニラでの大本営と連合艦隊司令部と栗田艦隊司令部の間にもたれた作戦打合せにおいて、肝心の作戦目的についての統一が図られなかったという点では、海軍の中央部の企図の徹底が不十分であったことも指摘できる。

日本軍の作戦計画は、一般的にかなり大まかで、その細部については、中央部の参謀と実施部隊の参謀との間の打合せによって詰められることが通例であったといわれる。しかし、レイテ海戦の場合には、ことは作戦目的とそれに基づく栗田艦隊の目標と任務に関する作戦の根幹にかかわる事柄である。ノモンハン事件の際にも、陸軍中央部は関東軍の自主性を尊重するという形で結局作戦目的についての明確な意思表示を遅らせてしまった。レイテ海戦の場合も、実施部隊の自由裁量性を許容する前提として、まず作戦目的に関する価値観の統一をこそはかるべきであったと思われる。

インパール作戦では、第一五軍がインド進攻を作戦目的としたのに対し、その上級司令部であるビルマ方面軍、南方軍はビルマ防衛を意図するという形で意思の不統一があった。上級司令部は、自らの判断を第一五軍に積極的に示すことなく、第一五軍が兵棋演習での検討と注意により、作戦計画を修正するはずであると期待したにとどまったのである。大本営も作戦の実施を不可能と見たにもかかわらず、現地軍の合意を無視しえないとして、作戦準備を南方軍に指示している。南方軍はこれを受けて作戦目的をビルマの防衛強化、目標をインパールに限定して、ビルマ方面軍に指示したにもかかわらず、第一五軍の直近の上部機構である方面軍からの指示はあいまいな表現のままであった。

このような作戦目的とその準備、実施にかかわる関係諸階層間の意思疎通の不徹底さは、ミッドウェー海戦で勇猛ぶりをうたわれたスプルーアンス少将が、空母「エンタープライズ」の甲板上で、いつも参謀と散歩をしながら、長時間にわたって議論を重ね、相互の信頼関係を高め、作戦計画についての検討を進めると同時に、価値観の統一を図ったというエピソードと比べるといっそうきわだったものに見える。

作戦目的の不統一は、日米の最後の決戦となった沖縄作戦においても繰り返された。上級司令部が航空決戦を主張し、現地の第三二軍は地上戦闘を中軸とする長期持久作戦を望んだ。台北会議における沈黙の応酬に典型的に見られるように、上級司令部と現地軍との間には、戦略思想の統一のための積極的な努力はほとんど払われなかった。上級司令部は現地の状況変化に対して鈍感であったが、現地軍も、これに対する意見具申に意を払うことなく、独自に作戦の基本方針を変更するという形で対応した。

結局、日本軍は六つの作戦のすべてにおいて、作戦目的に関する全軍的一致を確立することに失敗している。このなかには、いくつかの陸海協同作戦も含まれていたが、往々にして両者の妥協による両論併記的折衷案が採用されることが多かったのである。

作戦目的の多義性、不明確性を生む最大の要因は、個々の作戦を有機的に結合し、戦争全体をできるだけ有利なうちに終結させるグランド・デザインが欠如していたことにあることはいうまでもないであろう。その結果、日本軍の戦略目的は相対的に見てあいまいになった。この点で、日本軍の失敗の過程は、主観と独善から希望的観測に依存する戦略目的が戦争の現実と合理的論理によって漸次破壊されてきたプロセスであったということができる。

このプロセスは、戦争の開始と終結の目標があいまいであるという事実によって、実に戦争全体をおおっていたのである。そもそも米国の対日戦略の基本戦略は、日本本土の直撃、直接上陸作戦による戦争終結にあった。米国の対日戦略の基本を定めた「オレンジ計画改訂案（一九三五年四月）」では次のように述べている。

日本は長期にわたる犠牲の多い戦争によってのみ撃破できるだろう。フィリピンは早期に失われ、米国の攻勢作戦はマーシャルおよびカロリン諸島を起点として日本の委任統治領を逐次攻略し、西太平洋への連絡線の確保という漸進作戦の型式をとるであろう。

その後、一九四一年一月にルーズベルト大統領は戦略方針を指示するなかで、米海軍による日本の都市に対する爆撃実施の可能性を明らかにしている。さらに、同年九月の「世界戦争に対する統合基本戦略見積り」における太平洋戦略では、対日参戦後の戦略方式として、「シベリアおよびマライ諸島の強力な防衛、封鎖による経済攻勢、空襲による日本軍事力の低下」などがあげられている。

これらを総合すると、米国は中部太平洋諸島の制圧なくしては、海軍の効率的対日進攻はありえないし、陸軍の前進基地の確保も困難であること、最終的には日本本土の空襲による軍事抵抗力の破壊が必要であることを予測していたといえよう。これが米軍の対日戦争におけるグランド・ストラテジー（大戦略）であった。

本来、グランド・ストラテジーとは、「一国（または一連の国家群）のあらゆる資源を、ある戦争のための政治目的――基本的政策の規定するゴール――の達成に向かって調整し、かつ指向すること」である（リデルハート『戦略論』）。米国が真珠湾攻撃を受けてただちに総動員、総力戦態勢に入ったのは、このグランド・ストラテジーが早期に確立していた結果であるといってよい。

これに対して、日本軍の戦略には当初から米本土を攻撃し、日本兵を上陸させて決着をつけるという本土直撃作戦の構想はたてられなかった。そのため、日米開戦直前の一九四一年一一月一五日（真珠湾攻撃は同年一二月八日）に至っても、その戦争終結の論理は次のようなものであった。

すみやかに極東における米英蘭の根拠を覆滅して自存自衛を確立するとともに、さらに積極的措置により蔣政権の屈伏を促進し、独伊と提携してまず英の屈伏をはかり、米の継戦意思を喪失せしむるに勉む（「対米英蘭戦争終末促進に関する腹案」）

ここで強調されている論理は、ある程度の人的、物的損害を与え南方資源地帯を確保して長期戦に持ち込めば、米国の戦意喪失、その結果としての講和がなされようという漠然たるものであり、きわめてあいまいな戦争終末観である。したがって、そこから導き出される個々の作戦目的にもつねにあいまい性が存在していた。ガダルカナル戦は、こうした戦争観の相違が最も顕在化した例で、米軍はガダルカナルを自らのグランド・

デザインに基づく日本本土直撃のための論理的一ステップとして作戦展開したのに対して、日本軍は同島を米豪ルートに脅威を与えるための一前進基地と見たにすぎず、このような戦略構想の相違が戦力の逐次投入という作戦に帰結したのである。

また、米国が欧州および太平洋における複数国との戦争に対して、連合国と協同作戦を展開しえたのに対して、日本は枢軸同盟国の独伊との連携はほとんどできないままに終わった。

短期決戦の戦略志向

日本軍の戦略志向は短期的性格が強かった。日米戦自体、緒戦において勝利し、南方の資源地帯を確保して長期戦に持ち込めば、米国は戦意を喪失し、その結果として講和が獲得できるというような路線を漠然と考えていたのである。連合艦隊の訓練でもその最終目標は、太平洋を渡洋してくる敵の艦隊に対して、決戦を挑み一挙に勝敗を決するというのが唯一のシナリオであった。しかし、決戦に勝利したとしてそれで戦争が終結するのか、また万一にも負けた場合にはどうなるのかは真面目に検討されたわけではなかった。

日本は日米開戦後の確たる長期的展望のないままに、戦争に突入したのである。近衛首相から日米開戦となった場合の海軍の見通しについて問われたときに、山本五十六は、

「それは是非やれと言われれば、初め半年や一年は、ずいぶん暴れて御覧に入れます。しかし二年三年となっては、まったく確信は持てません」と答えている。山本は日本には米国という大国を相手に長期戦を戦い抜く力はない、なんとしても戦争は短期戦で終わらせなければならないと考えていた。

戦争に勝つ見通しが持てなかったという点では、当時の最高責任者の多くが同じような状況にあった。陸軍の杉山元参謀総長は、期限付き対米開戦を定めた「帝国国策遂行要領」が決定された昭和一六年九月六日の御前会議の前日、永野修身海軍軍令部総長とともに天皇から作戦計画について「絶対に勝てるか」と下問され、「絶対とは申し兼ねます。而し勝てる算のあることだけは申し上げられます。必ず勝つとは申し上げ兼ねます」と見通しを述べている。

また永野も南方地域の攻略に関する第一段作戦は、「勝利の算我に多いけれども」その後については、「開戦二カ年の間必勝の確信を有するも……将来の長期にわたる戦局につきては予見し得ず」と語っている。さらに開戦時の最高指導者である東条英機首相兼陸相も「戦争の短期終結は希望する所にして種々考慮する所あるも名案なし。敵の死命を制する手段なきを遺憾とす」と述べていた。

日本軍の戦略志向が短期志向だというのは、以上の発言でも明らかなように、長期の見通しを欠いたなかで、日米開戦に踏み切ったというその近視眼的な考え方をさしているのである。

ところが、この戦略の短期志向性は個々の作戦計画とその実施のなかにも明らかに反映している。開戦冒頭のハワイ奇襲攻撃にしても、陸上のタンクや工場などの諸施設には手をつけずに、第一撃の攻撃だけで引き揚げている。単なる後知恵にすぎないとも思われるが、第二撃の攻撃が行なわれなかったことへの批判もある。こうした一過性の攻撃戦法は、その後日本海軍が多くの海戦のなかでしばしば見せたものであった。ガダルカナル島に揚陸中の米軍輸送船団を沈め、その攻略作戦を挫折させるために展開された第一次ソロモン海戦（昭和一七年八月）のとき、三川艦隊は夜襲によって敵の重巡洋艦四隻撃沈、他に重巡一、駆逐艦二大破という敵主力を撃破する大戦果を挙げたが、作戦の主目的である輸送船団には一撃も加えないで引き揚げた。

レイテ海戦でも短期志向の一過性戦法が随所に見られた。作戦自体が後詰めの戦略を欠く短期決戦の性格を持つものであったが、レイテ湾突入による敵攻略部隊撃滅という第一目的の実現に向わず、その直前まで来ながら反転して敵機動部隊との決戦をめざしたのも、連合艦隊に根強かった艦隊同士の短期決戦思想の表われと考えることができる。

長期的な展望を欠いた短期志向の戦略展開という点では陸軍も例外ではなかった。それは、随所で見られた兵力の逐次投入に如実に表われている。ノモンハンでは初動における投入兵力が過小であり、その後も兵力の逐次投入が行なわれたが、圧倒的に優勢なソ連軍を相手に多大な人的損害を累増するのみであった。太平洋のガダルカナル島でも一木支隊、川口支隊、青葉支隊、第二師団、第三八師団としだいに大規模な兵力の逐次投入が行なわれた。しかし、結局戦死者一万二五〇〇余人、戦病死者四二〇〇余人という大きな犠牲を出してガ島を放棄した。インパールの三週間撃破をねらった「ウ号」作戦も、急襲による短期決戦という一方的な楽観論によって展開されたものである。

短期決戦志向の戦略は、前で見たように一面で攻撃重視、決戦重視の考え方とむすびついているが、他方で防禦、情報、諜報に対する関心の低さ、兵力補充、補給・兵站の軽視となって表われるのである。まず防禦の不備を海軍に例をとれば、海上交通保護の軽視によって、輸送途中の貴重な兵員や物資をやすやすと敵潜水艦や航空機の攻撃にさらし、しばしば作戦遂行に甚大な支障をきたした。そればかりでなく、航空母艦、戦闘機、攻撃機などの実戦の中心となるべき兵器体系も防禦という点では技術的に見て著しく不備なものがあった。ミッドウェーで壊滅した南雲機動部隊の三隻の空母は、各艦とも攻撃隊発艦の準備を整えており、火災はただちに誘爆を引き起こしたが、被害を最小限度に止めるためのダメージ・コントロールが不備であったこともわざわいして少数の被弾（二五〇～五〇〇キロ爆弾を二～四発）によってあっけなく沈没、大破されてしまった。被弾後の防火、消火、そのほか被害を小さくくい止める手段や設備についての対応が十分ではなかったためである。

緒戦に赫々たる戦果を挙げた零戦も、防禦についてはまったく考慮されていなかったし、一式陸上攻撃機のごときは日本海軍の乗員からも「一式ライター」という名前で呼ばれていた。非常に簡単に火がついてしまうためである。

情報、諜報の活用という点では、米軍に比べ決定的に劣っていた。個々の戦闘では米海軍と同程度もしくはそれ以上の攻撃力を擁していた日本海軍が敗れた原因の一つがここにあった。軍令部第三部は情報担当部門であったが、主流を形成するには至らず、その意見、判断が積極的に採用されることは少なかった。事情は陸軍でも同様であり、参謀本部でも作戦担当の第一部作戦課は、エリート中のエリートが集まり、他の部課、とくに関係の深いはずの第二部（情報担当）を無視する傾向が強かったといわれる。ノモンハン事件の起こる以前から、一部の情報関係者は、ソ連軍の火力装備の優秀性を指摘していたが、作戦参謀はこれらの情報をまったく無視した。

ミッドウェー海戦では米軍が連合艦隊の作戦を事前に正確に察知していたが、これは彼らが日本軍の暗号解読に成功していたためである。他方、日本側はこの事実にその後も気づいていなかった。インパール作戦で、第一五軍の鵯越戦法が効果を発揮しえなかったのは、英印軍が斥候や空中偵察によって、作戦の概要と準備状況を事前にキャッチしていたからである。反対に、第一五軍は英印軍が作戦上後退したのを、退却ととらえ、急進突破戦法を強行したのである。ここでも、情報、諜報、索敵の軽視が日本軍の失敗の原因になっている。

短期決戦志向は、補給・兵站の軽視にもつながっている。これも大東亜戦争を一貫して流れる考え方であった。インパール作戦しかり、ガダルカナル島しかり。燃料、弾薬、食糧などの物的資源の補給がつねに滞りがちであったばかりでなく、パイロットや士官という人的資源も戦争中段以降は急速に不足していた。サマール湾で敵空母群を追撃した栗田艦隊があと一歩のところで追撃を中止したのも燃料不足を懸念したためといわれる。

日本軍の短期決戦志向は、戦争全体を通じて抜きがたく個々の戦略を支配していた。それが必要な場合でも、長期持久戦は極力避けられた。フィリピンのルソン島では、長期持久戦が採用されたが、それはもはや前途になんらかの見通しのある状況での持久戦ではなく、武器、弾薬、食糧を欠いたなかでの死に至るまでの間の待ち時間にすぎなかった。沖縄戦の際に、第三二軍長勇参謀長以下は総攻撃を主張してこれを敢行し、戦略的合理性を主張して持久戦の方針を堅持した高級参謀の八原大佐はしだいに孤立していったのである。

主観的で「帰納的」な戦略策定——空気の支配

戦略策定の方法論をやや単純化していえば、日本軍は帰納的、米軍は演繹的と特徴づけることができるだろう。演繹をある既知の一般的法則によって個別の問題を解くこと、帰納を経験した事実のなかからある一般的な法則性を見つけることと定義するならば、本来の戦略策定には両方法の絶えざる循環が必要であることはいうまでもない。しかしながら、両軍の戦略策定の方法論の相違をあえて特色づけるならば、上記のような対比が可能であろう。さらに厳密にいうならば、日本軍は事実から法則を析出するという本来の意味での帰納法も持たなかったとさえいうべきかもしれない。

日本軍の戦略策定は一定の原理や論理に基づくというよりは、多分に情緒や空気が支配する傾向がなきにしもあらずであった。これはおそらく科学的思考が、組織の思考のクセとして共有されるまでには至っていなかったことと関係があるだろう。たとえ一見科学的思考らしきものがあっても、それは「科学的」という名の「神話的思考」から脱しえていない（山本七平『一九九〇年の日本』）のである。沖縄作戦の策定にあたって最後まで科学的合理性を主張した八原高級参謀が、日本軍は精神力や駆け引き的運用の効果を過度に重視し、科学的検討に欠けるところが大であると嘆じたのはまさにこのことをさしているのである。第一五軍がビルマでインパール作戦を策定したときにも、牟田口中将の「必勝の信念」に対し、補佐すべき幕僚は、もはや何をいっても無理だというムード（空気）につつまれてしまった。この無謀な作戦を変更ないし中止させるべき上級司令部（ビルマ方面軍、南方軍）も次々に組織内の融和と調和を優先させ、軍事的合理性をこれに従属させた。さらに統帥の最高責任者である杉山参謀総長が、寺内南方軍総司令官のたっての希望ならという理由で、反対意見の真田作戦部長に翻意を迫り、真田も杉山の「人情論」に屈した。

沖縄戦の際に連合艦隊司令部は戦艦「大和」がその他の残存艦とともに海上特攻隊として沖縄西方海面に突入して、敵水上艦隊と輸送船団を攻撃するという作戦を立案した。軍令部でさえもこの作戦には容易に同意を与えなかった。「大和」以下の艦が直衛機を持たないで、敵の完全な制空権下で進撃しても、沖縄まで到達することは絶対に不可能であったからである。これは壮大な自滅作戦という以外にない。事実、連合艦隊司令部の会議でも参加者の誰もが成功する可能性があるとは考えなかった。これはもはや作戦というべきものではない、理性的判断が情緒的、精神的判断に途を譲ってしまった。軍令部次長の小沢治三郎中将は、このときのことを述懐して、「全般の空気よりして、当時も今日も（「大和」の）特攻出撃は当然と思う」と発言している。

この「空気」はノモンハンから沖縄までの主要な作戦の策定、準備、実施の各段階で随所に顔を出している。空気が支配する場所では、あらゆる議論は最後には空気によって決定される。もっとも、科学的な数字や情報、合理的な論理に基づく議論がまったくなされないというわけではない。そうではなくて、そうした議論を進めるなかである種の空気が発生するのである。同じく沖縄作戦の策定過程に開かれた台北会議で、八原高級参謀が戦略合理性の高い「第三二軍司令官の意見書」を朗読し、以後沈黙を守ったが、それによって「会議の空気を重苦しいものにした」といわれている。そのうえ、陸軍中央の実務責任者である大本営作戦課長服部大佐は、八原大佐の態度に驚き、具体的に議論する「気分」をそがれたという。ここでも、空気、気分が支配し、戦略的判断にかかわる議論が行なわれないままに終わった。

日本軍は、初めにグランド・デザインや原理があったというよりは、現実から出発し状況ごとにときには場当り的に対応し、それらの結果を積み上げていく思考方法が得意であった。このような思考方法は、客観的事実の尊重とその行為の結果のフィードバックと一般化が頻繁に行なわれるかぎりにおいて、とりわけ不確実な状況下において、きわめて有効なはずであった。しかしながら、すでに指摘したような参謀本部作戦部における情報軽視や兵站軽視の傾向を見るにつけても、日本軍の平均的スタッフは科学的方法とは無縁の、独特の主観的なインクリメンタリズム（積み上げ方式）に基づく戦略策定をやってきたといわざるをえない。

日米戦全体の大きなターニング・ポイントになったガダルカナル島攻防にあたって、最近明らかにされたきわめて重要な事実がある。それは、当時中立国のスペインを本拠地とする日本の諜報組織が、米軍のガダルカナル進攻は、日本本土攻撃をめざした本格的反攻の第一歩であり、大規模な艦隊が出撃したことを、米国―カリブ海上の船舶―マドリッド―在マドリッド日本大使館というルートを経由して東京に連絡してきたというものである。しかし、参謀本部はこの情報を無視してしまった。彼らは米軍の本格的な反攻は、昭和一八年中期以降だという開戦当初からの情勢判断に固執しており、米軍上陸の報を聞いても、「敵海軍の戦闘および空母の勢力等から見て、ガ島およびツラギ島に対する敵の来攻は、偵察上陸の程度と思われる」と考えた。したがって、その後の日本軍の攻撃は、兵力の逐次投入を繰り返すという消耗戦に陥ってしまった。ここにも明らかに、情報軽視という、主観的な戦略策定の特質が見られる。

　例外的な戦略的グランド・デザインの一つといわれる真珠湾攻撃は、航空機がそれまでの戦艦に代わって海上兵力の主力になるということを明確に示すものであった。この奇襲成功の時点で、海軍は従来の大型戦艦同士による艦隊決戦思想、そのための大艦巨砲主義から脱却すべきであったにもかかわらず、伝統的な作戦思想を抜け切れなかった。反対に、真珠湾とそれに続くマレー沖海戦において英海軍の誇る最新鋭戦艦「プリンス・オブ・ウェールズ」と「レパルス」の二隻が日本海軍の航空部隊によって撃沈されたという二つの事実から戦訓を学び、すばやく航空主兵への転換を行なったのは米軍のほうであった。ノモンハンでソ連軍の戦力を過小評価したのも、インパールで英印軍の後退意図を見誤ったのも客観的な現実を直視せず、また実行した結果を的確にフィードバックし、戦略の修正を迅速に行なわなかった結果であるといえよう。

日本軍が個人ならびに組織に共有されるべき戦闘に対する科学的方法論を欠いていたのに対し、米軍の戦闘展開プロセスは、まさに論理実証主義の展開にほかならなかった。太平洋の海戦において一貫して示されたアメリカの作戦の特徴の一つは、たえず質と量のうえで安全性を確保したうえで攻勢に出たことである。数が明らかに優勢になるまでは攻撃を極力避け、物量的に整って初めて攻勢に打って出ている。ガダルカナルでは、日本軍の持久戦力が大きいため、攻めやすい陣地をさきに攻め落とし、強固な陣地を素通りし、後に火力を集中し攻撃するという方法をとり、以後この方法をニューギニアその他でも適用した。これはある合理的な法則に基づいて作戦をたて、実行するという意味ですぐれて演繹的なアプローチであるといえる。

ガダルカナルでの実戦経験をもとに、タラワ上陸作戦、硫黄島上陸作戦、沖縄作戦と太平洋における合計一八の上陸作戦を通じて、米海兵隊が水陸両用作戦のコンセプトを展開するプロセスは、演繹・帰納の反覆による愚直なまでの科学的方法の追求であった。

他方、日本軍のエリートには、概念の創造とその操作化ができた者はほとんどいなかった。個々の戦闘における「戦機まさに熟せり」、「決死任務を遂行し、聖旨に添うべし」、「天佑神助」、「神明の加護」、「能否を超越し国運を賭して断行すべし」などの抽象的かつ空文虚字の作文には、それらの言葉を具体的方法にまで詰めるという方法論がまったく見られない。したがって、事実を正確かつ冷静に直視するしつけをもたないために、フィクションの世界に身を置いたり、本質にかかわりない細かな庶務的仕事に没頭するということが頻繁に起こった。インパール作戦の折、第一五軍司令部で開かれた兵団長会同で、第一五軍の薄井補給参謀が補給問題にとても責任が持てないと答えたのに対して、牟田口軍司令官が立ち上がって「なあに、心配はいらん、敵に遭遇したら銃口を空にむけて三発打つと、敵は降伏する約束になっとる」と自信ありげに述べたといわれる。これなぞは、冗談とも本気ともつかない話だが、結局食糧は敵に求めるという方針が押し通ってしまった。インパール作戦の実施とともに食糧と弾薬の補給がほとんどなかったことが、日本軍の敗北を決定づけ、さらにその損害を大きくしたのである。

さらに、近代戦に関する戦略論の概念も、ほとんど英・米・独からの輸入であった。もっとも、概念を外国から取り入れること自体に問題があるわけではない。問題は、そうした概念を十分に咀嚼し、自らのものとするように努めなかったことであり、さらにそのなかから新しい概念の創造へ向かう方向性が欠けていた点にある。したがって、日本軍エリートの学習は、現場体験による積み上げ以外になかったし、指揮官・参謀・兵ともに既存の戦略の枠組のなかでは力を発揮するが、その前提が崩れるとコンティンジェンシー・プランがないばかりか、まったく異なる戦略を策定する能力がなかったのである。

インパールで日本軍と戦ったスリム英第一四軍司令官は、「日本軍の欠陥は、作戦計画がかりに誤っていた場合に、これをただちに立て直す心構えがまったくなかったことである」と指摘したといわれる。

日本軍の戦略策定が状況変化に適応できなかったのは、組織のなかに論理的な議論ができる制度と風土がなかったことに大きな原因がある。日本軍の最大の特徴は「言葉を奪ったことである」(山本七平『一下級将校の見た帝国陸軍』)という指摘があるように、戦略策定を誤った場合でも、その修正行動は作戦中止・撤退が決定的局面を迎えるまではできなかった。ノモンハン、ガダルカナル、インパールの作戦はその典型的な例であった。

狭くて進化のない戦略オプション

日本軍の戦略オプションは米軍に比べて相対的に狭くなる傾向にあった。昔から緒戦の決戦で一気に勝利を収める奇襲戦法は、日本軍の好む戦闘パターンであった。

元来対ソ戦闘を志向し、対米戦闘の設計図を持たなかった陸軍に対して、海軍は明確な対米戦闘のデザインを描き、それに向かって多年にわたる研究準備をしてきた。それでも、戦略概念はきわめて狭義であり、むしろ先制と集中攻撃を具体化した小手先的戦術にすぐれていた。こうした戦術の例としては、夜陰を活用した駆逐艦の魚雷による漸減作戦や超人的ともいえる見張員の透視力（優秀な者は夜間八〇〇〇メートルの海上で軍艦の動いているのを識別できた）に頼る大艦隊の夜戦先制攻撃などがあげられる。しかし、猛訓練による兵員の練度の極限までの追求は、必勝の信念という精神主義とあいまって軍事技術の軽視につながった。レイテをめざしてスリガオ海峡を北上しようとした西村艦隊が全滅したのは、米艦隊の戦艦、巡洋艦戦列隊の優秀なレーダー技術によって正確に捕捉されていたためであった。

ときとして戦闘における小手先の器用さが、戦術、戦略上の失敗を表出させずにすましてしまうこともあった。ガダルカナルにおける第三次ソロモン海戦の後のルンガ沖夜戦がその好例であろう。ガ島への物資輸送の任務にあたっていた駆逐艦五隻とその警戒隊三隻は、敵側に事前にその企図を察知され、五隻の巡洋艦と六隻の駆逐艦によって待ち伏せされ、レーダーによって行動を監視されていた。日本軍は突然の敵の出現と、砲撃に遭遇したが、司令官の田中頼三少将は「揚陸作業取り止め、全軍突撃せよ」と命じた。このとき一年半にも及ぶ訓練の成果をみごとに発揮して、三つの駆逐艦が同時に三六本の魚雷を発射、米軍に重巡一沈没、三隻大破という大打撃を与えた。

こうした日本軍の戦闘上の巧緻さは、それを徹底することによって、それ自体が戦略的強みに転化することがあった。いわゆる、オペレーション（戦術・戦法）の戦略化である。しかし、近代戦においてはこれがつねに通用するわけではなかった。一定の枠組のなかで、敵の行動が可視的にとらえられ、自軍の行動に高度の統合性を要求されないような場合においてのみ有効であった。したがって、日米両海軍の戦力のバランスが崩れ始めると、もう小手先の戦闘技術の訓練だけでは対抗できなくなる。昭和一九年六月一九日のマリアナ沖海戦で、日本海軍最精鋭の第一機動艦隊（長官小沢治三郎中将）の二六五機におよぶ第一次攻撃隊がアウトレーンジ戦法という長距離攻撃を試みたにもかかわらず、壊滅的損失を余儀なくされたのも、米軍側がレーダーで一五〇マイル前方からこれを捕捉し、ほぼ倍の数の戦闘機（四五〇機）で迎え撃ったからであり、また米艦隊は高角砲に新開発のVT信管（飛行機に命中しなくても、目標物の至近で炸裂する）をとりつけた砲弾を使用したからである。技術体系に大きな革新があったために、もはや単純な戦法レベルでの対応では十分機能しえなかったといえる。そのうえ、アウトレーンジ戦法という高度な技能を必要とする戦法を適用するには、乗員の練度は訓練不足もあって相対的に低かったと考えられる。

本来、戦術の失敗は戦闘で補うことはできず、戦略の失敗は戦術で補うことはできない。とすれば、状況に合致した最適の戦略を戦略オプションのなかから選択することが最も重要な課題になるはずである。ところが、陸軍に比べて柔軟だといわれた海軍の戦略発想も意外に固定的なものであった。その原点の一つは日露戦争における日本海海戦にまでさかのぼる。この海戦で日本海軍が大勝したために、大艦巨砲、艦隊決戦主義が唯一至上の戦略オプションになった。この思想は東郷平八郎連合艦隊司令長官のもとで参謀を勤めた秋山真之少佐が起草した「海戦に関する綱領」をもとにして、明治三四年に制定された「海戦要務令」以来の日本海軍の伝統になった。

「海戦要務令」自体は、その後の状況変化に合わせるように五回にわたって改訂されたが、戦艦中心の思想は一貫して変えられることがなかった。


「戦闘の要旨は攻勢をとり速やかに敵を撃滅するにあり。戦闘の要訣は先制と集中にあり。戦艦戦隊は艦隊戦闘の主兵にて敵主隊の攻撃に任ず」

「潜水戦隊は他部隊と協同し単独敵主隊の攻撃に任ず」

「航空隊の戦闘は友隊に協力し、敵主隊を攻撃するを本旨とす」


この海戦要務令の条項からも明らかなように、日本海軍の短期決戦、奇襲の思想、艦隊決戦主義の思想は教条的にといってよいほど保持された。潜水艦や航空機は、渡洋する敵主隊を途中で待ち受けて漸減作戦をとる。日米の主力艦隊戦力が一〇対六と米軍側が優勢なため、できるかぎり、艦隊決戦までに敵戦力を減少させる必要があるためである。潜水艦は第一次大戦の戦訓によって外国では商船攻撃に用いるのが最も適切であるとされていた。事実、日本の輸送船は米潜水艦によって無防備に近い形で数えきれないほど撃沈されている。しかし、日本軍の潜水艦は旧来の用途にしか使用されず、しかも米軍の駆逐艦、航空機等によって攻撃を受けやすく、損害も大きかった。

こうした硬直的な戦略発想は、秋山真之をして、「海戦要務令が虎の巻として扱われている」と嘆かせたほどであるが、昭和九年の改訂以後結局一度も改訂されず、航空主兵の思想が海軍内部で正式に取り上げられるチャンスを逸してしまった。連合艦隊参謀として実戦の経験も豊富な千早正隆は、「海戦要務令で指示したことが実際の戦闘場面で起きたことは一度もなかったといってよい」と述べている。そもそもあらゆる状況に適合する戦略上の公理というものは存在しないはずである。日本海軍の海戦要務令も当初は秋山真之が綿密な状況判断と合理的思考によって練り上げた戦略であり、それが日本海海戦で実際に応用されて有効性が証明されたものである。したがって、その後の日本海軍をとりまく状況の変化に応じて、科学的に書き改めるべきであった。その意味で戦略は進化すべきものである。進化のためには、さまざまな変異（バリエーション）が意識的に発生され、そのなかから有効な変異のみが生き残る形で淘汰が行なわれて、それが保持されるという進化のサイクルが機能していなければならない。海戦要務令がある種の経典のような形で硬直化してくるにつれ、バリエーションの発生を殺すような逆機能現象が現われてくる。そうなると悪循環的にいよいよ海戦要務令の聖典視が進行する。

この点で米海軍は日米海戦を通じて彼らの戦略を着実に進化させることに成功した。ミッドウェーの一カ月たらず前に起こった珊瑚海海戦で米海軍は手痛い経験をした。「レキシントン」「ヨークタウン」の二空母を中心とした輪型陣が、日本軍の爆雷撃を避けている間に二隻の空母の距離が開いて、拡散してしまった。その拡散した警戒網のスキを日本機の雷撃、爆撃が襲いかかった。結果は、日本軍も改装空母一沈没、空母一大破の損害を受けたが、米軍は主力空母「レキシントン」および油槽船一、駆逐艦一を撃沈され、「ヨークタウン」大破と失ったものははるかに大きかった。ところが、この苦い経験を踏まえて、ミッドウェー海戦では、米海軍は三隻の空母を一隻ずつに分け、その各々を警戒艦群が囲む複数輪型陣を構築した。それぞれの輪型陣の間の距離は一〇〜二〇キロあり、日本の索敵機が正確にその全体像を把握するのを妨げることができた。米空母群の発見の遅れが、ミッドウェーの勝敗を分ける重大な要因となったことはよく知られている。また、水陸両用作戦というコンセプト（概念）を打ち立てた米海兵隊の歴史は、一七七五年の創設以来、今日に至るまで環境変化に対応した戦略コンセプトの転換と進化の歴史であった。そればかりでなく、新しい戦略を支持する技術体系、組織機構、管理システム、組織行動を統合的に開発した組織全体の環境適応と進化の実践の過程でもあるといえる。

日本軍の戦略オプションが進化論的発展をとげず、米軍に比べて狭かったという点では、戦争全体の戦略上のグランド・デザインの次元において、より顕著であり、決定的であった。山本五十六は「大勢に押されて立上らざるを得ずとすれば、艦隊担当者としては到底尋常一様の作戦にては見込み立たず。結局、桶狭間と鵯越と川中島とを併せ行うの已むを得ざる羽目に追込まれる次第に御座候」(嶋田繁太郎あての手紙)といっていた。したがって、明治四〇年以来(「帝国国防方針」)長年にわたって米国を仮想敵国として戦備を整え、戦力を蓄えてきた海軍においてでさえ、開戦時の連合艦隊の作戦計画は、伝統的艦隊決戦と山本長官の真珠湾奇襲攻撃の妥協案であり、南方要地の占領・確保(第一段作戦)後の第二段、第三段作戦は実質的にはなきに等しかった。

陸軍の戦略オプションの幅の狭さについては、多言を要しない。ノモンハンで夜襲戦法が通用しなかったのは、それにさきだつ張鼓峰事件で日本軍伝統の夜襲が功を奏したためである。皮肉なことに日本軍は夜襲の有効性に対する確信を強めたのに対して、ソ連軍はその夜襲戦法の手の内を読んだのである。ガダルカナル以来の迂回作戦がこれに加わり、夜襲、迂回作戦の反覆は、「鵯越」の発想の域を出ず、作戦パターンが時間の経過とともに進化することはほとんどなかったのである。

戦略オプションが狭いということは、一つの作戦計画の重要な前提が成り立たなかったり、変化した場合の対応計画(コンティンジェンシー・プラン)を軽視した点にも現われている。インパール作戦における第一五軍の「ウ号作戦計画」は戦略的急襲を前提として全体が構成されていたが、急襲の効果が発揮できなかった場合に備え、確実な防衛線を構築して後退作戦に転換するためのコンティンジェンシー・プランが事前に検討されていなければならなかった。しかし、敵の戦力を過小に評価し、自軍のそれを過大評価することによる楽観的な考え方はその必要性を認めさせるに至らなかった。牟田口司令官は、作戦不成功の場合を考えるのは、必勝の信念と矛盾すると主張した。そのため作戦の前提であった戦略的急襲が英印軍の後退作戦によって所期の効果を生まなかったとき、その都度応急的に打ち出された作戦はその場しのぎの中途半端なものにならざるをえなかった。コンティンジェンシー・プランの欠如は、本来の計画そのものから堅実性と柔軟性を奪う結果になったのである。

日本陸軍の「必勝の信念」は、精神主義・歩兵主兵主義・白兵主義の具体的表現と考えられるが、「歩兵操典」の綱領に「必勝の信念は主として軍の光輝ある歴史に根源し周到なる訓練を以て之を培養し卓越なる指揮統帥を以て之を充実す」と明記されている。また、師団以下の戦闘方針について定めた「作戦要務令」では「軍の主とするところは戦闘なり」とし、「而して戦闘一般の目的は敵を圧倒殲滅して迅速に戦捷を獲得するに在り」と戦闘重視、短期決戦志向を明確に打ち出している。さらに、方面軍、軍以上の高級統帥の方針は「統帥綱領」に定められているが、そこでも、「作戦指導の本旨は、攻勢を以て、すみやかに敵軍の戦力を撃滅するにあり」としたうえで、作戦方針や計画はいったん決定した以上、その貫徹を期するよう要求している。岡崎久彦によれば、「統帥綱領」のように高級指揮官の行動を細かく規制したものは、アングロ・サクソン戦略にも、ドイツ兵学にもなく、日本軍独特のもののようである。いずれにしろ、こうした一連の綱領類が存在し、それが聖典化する過程で、視野の狭小化、想像力の貧困化、思考の硬直化という病理現象が進行し、ひいては戦略の進化を阻害し、戦略オプションの幅と深みを著しく制約することにつながったといえよう。

アンバランスな戦闘技術体系

陸軍に「ふ」兵器と名づけられた秘密兵器があった。昭和一〇年頃から科学研究所で研究開発が着手され、いったんは立ち消えになったかと思われたが、戦局が悪化するなかで再び開発が進められた。一八年の一一月に実験第一号が完成し、翌年二、三月にテストが実施された。テストの結果は不明であったが、一九年一一月～二〇年四月までの間に、約九三〇〇個が実際に使用された。この秘密兵器の目的は大本営によって次のように命じられている。

米国内部擾乱の目的を以て、米国本土に対し特殊攻撃を実施せんとす（大陸指二二

五三号）

これが世にいう「風船爆弾」であった。風船（水素ガス注入、直径一〇メートル）の主な材料が和紙をコンニャク糊で貼り合わせたものであるためコンニャク爆弾などと呼ばれることもある。風船爆弾作戦のために参謀総長直属の気球連隊が新設され、太平洋に面した三カ所の放球陣地が設営された。気球一個につき二〇キログラムの焼夷弾が装備され、米国まで高度一万メートルの上空を平均六〇時間で飛ばす計画であった。実際の戦果は、米本土および周辺におよそ二八五個が到達し、爆発したもの二八、疑わしいもの八五、人的損害一件六人、物的損害小規模な山火事二件、配電線切断一件。到達率三パーセント、爆発を起こしたもの一パーセント未満。この間日本国内では食用コンニャクが食卓にのぼらなくなっていた。

陸軍の主兵とされた歩兵の装備は明治三八年（一九〇五年）に制定された三八式歩兵銃であった。この銃は命中率は高いものの威力の点では見劣りがした（口径六・五ミリ）。昭和一四年制定の九九式歩兵銃は口径七・七ミリで三八式よりも銃身長が短くなったが、結局全軍に装備されるところまでにはならなかった。

ノモンハンでソ連戦車群に大敗した戦車は日本陸軍の装備上の一大欠陥であった。ヨーロッパでは戦車を主体にした戦略単位による電撃戦が新たな陸戦のコンセプトとして登場していたが、日本軍は対戦車戦用の戦車砲の開発が遅れ、戦局の推移に追いつけなかった。

対空兵器もレーダーの研究開発に立ち遅れたため射撃精度は必ずしも高くなかった。また対空砲弾も米軍が開発したVT信管ではなく、在来型の信管のため効果が十分にあがらないことが多かった。

多数の砲弾を一点に集中するための測地技術は、当時すでに時代遅れになりつつあった方法によっていたうえ、対ソ戦を志向したものであり、太平洋の密林地帯には適合しないものであった。

以上、いくつかの例をあげたように日本陸軍の兵器・戦闘技術の水準は、日露戦争や第一次大戦の段階にとどまるものが相当程度あった。ところが、他方できわめて高性能、当時の技術水準では米軍をはるかに凌ぐような兵器が開発されているのである。その多くは海軍のものであるが、陸軍の技術陣の成果も見逃せないものがある。ノモンハン事件でソ連空軍を圧倒する性能を示したのは陸軍が開発した世界的水準の国産軍用機九七式戦闘機である。九七式戦闘機の後継機として一式戦闘機「隼」が生まれたが、これは海軍の誇る零式戦闘機と並んでその高性能をうたわれた名機である。

海軍の戦闘は組織の戦闘であると同時に、技術体系の戦闘である。戦艦、巡洋艦、駆逐艦、潜水艦などの艦艇に加えて、戦闘機、爆撃機、偵察機といった航空機が緊密な連絡のもとに戦闘を展開しなければならない。そのためには、無線、電話、レーダー等の通信・捜索システムが有効・的確に作動する必要がある。こうした総合的技術体系という観点から見ると日本軍の技術体系は、全体としてバランスがよくとれているとはいいがたい。ある部分は突出してすぐれているが他の部分は絶望的に立ち遅れているといった形で、一点豪華主義だが、平均的には旧式なものが多かったといえよう。その典型的な例を「大和」と「零戦」に見ることができる。

レイテ作戦で初めて海戦に加わり、その四六センチの超大主砲から砲弾を発射したものの十分その威力を発揮しないままにレイテ湾を目前に反転し、沖縄戦で戦艦特攻として出撃途上撃沈された「大和」は日本軍のアンバランスな技術体系の象徴でもあった。ワシントン条約、ロンドン条約によって戦艦の保有比率が米・英一〇に対して、日本は六という比率に押さえられたため、艦隊決戦によって米国に勝つには、大口径の大砲によって敵の射程距離に入らないうちに攻撃を加えて勢力の漸減を図り、勢力比が同等になったところで全戦艦が決戦を挑んで撃滅する。そのためには、世界最大の四六センチ（一八インチ）砲を装備した超大型戦艦を建造する必要がある。「大和」はこうした大艦巨砲思想の精華として誕生した。その完成時の要目を示せば次のとおりである。

①基準排水量六万四〇〇〇トン、②速力二七ノット、③航続力一六ノット――七二

〇〇カイリ、④兵装四六センチ砲九門、一五・五センチ砲一二門、一二・七センチ高角砲一二門、二五ミリ機銃二四挺、一三ミリ機銃四挺、水上偵察機六機、射出機（カタパルト）二基

主砲の最大射程は四万メートル。これは東京―大船間の直線距離に近い。まさに日本の建艦技術の粋を集めた海軍期待の巨艦である。当時、米軍の戦艦は大西洋岸のドックで建造されパナマ運河を運航してきたため、艦幅三三メートル、排水量三万五〇〇〇トンというのが最大限の規模であり、それには四〇センチ（一六インチ）砲までしか積むことができなかった。「大和」の建造費は、飛竜型空母三隻が優につくれるもので、大西滝治郎大佐（当時、横須賀航空隊副長、後に中将）などは、空母や戦闘機の予算に振り替えるべきだと力説したといわれる。昭和一二年一一月から一六年一二月まで四年を超える年月を費やして完成した「大和」は、敵戦艦からの砲撃に対しては、二万メートルの距離から命中した四六センチ九一式徹甲弾に耐えうる甲板を持ち、魚雷攻撃に対しても、一発の被雷で戦闘にまったく影響を受けず、二発を同一舷に受けた場合でも、応急措置により戦闘能力に低下をきたさない強度を備えていた。

しかし、航空攻撃に対する防禦、すなわち対空火器の点では弱点があった。そのため、数度にわたる拡充で機銃、レーダーなどが増設された。しかし、レイテ海戦でも見られ

たように「大和」の主砲の威力は十分発揮されるには至らないままで終わった。遠距離砲爆に必要なレーダーの性能が悪かったうえに、それと連結した射撃指揮体系が立ち遅れており、さらに日本海軍自慢の砲術が練度不足によって低下していたためである。結局、「大和」も同型の「武蔵」もその持てる力を出しきれずに海底に没してしまった。

ここに日本海軍の技術体系のアンバランスを見るのである。

「零戦」についてもすでに多くのことが語られている。その長大な航続力、スピード、戦闘能力は世界最高水準のものであった。もっとも「零戦」の開発は日本の技術陣の独創というよりは、それまでに開発された固有技術を極限まで追求することによって生まれたイノベーションであった。戦闘機としての攻撃力を増すために、防禦性能を犠牲にして、ぎりぎりまで軽量化した。また材料として軽量な超々ジュラルミンを使用したため、その入手と加工がきわめて困難であり、大量消耗に見合う大量生産が確立できなかった。「零戦」に対抗する戦闘機として米軍が開発したのがグラマンF6F「ヘルキャット」である。この機は、「零戦」の二倍の馬力を持ち、最大時速も六〇四キロ（零戦五四〇キロ）の新鋭機であり、徹底した標準化による大量生産が行なわれた。しかも戦法として、二機一組で「零戦」一機に対抗する方法（サッチ・ウィーブ戦法）が採用され、それを頑なに守った。さしもの「零戦」も急速に消耗し、その補充は困難になった。

次に、米軍の技術体系の特性を検討してみよう。米軍の主力戦車であったM4シャーマン戦車は第二次大戦中を通じて五万台以上生産された。これは最大装甲厚七五ミリ、七五ミリ砲搭載の対戦車戦用戦車であるが、対応する日本軍の一式中戦車は最大装甲厚五〇ミリ、四七ミリ砲搭載と性能的に劣勢であったにもかかわらず、全生産台数は五七〇台余りにすぎなかった。次に日米の駆逐艦、戦艦、潜水艦などの主要艦艇の建造隻数を比べると表2―1のようになる（昭和一五〜二〇年）。

わずかに海防艦のみが日本側は上まわっているが、これは基準排水量七四〇〜九四〇トン、最高速力二〇ノット未満という小型警備兼護衛艦であった。その多くは、昭和一九年後半から二〇年に建造され、本土防衛、海上護衛のために急速に配備されたものである。したがって、海防艦および護衛艦を除く主戦艦艇の建造数だけを見ると、一九〇隻対七九九隻で建造数の対米比率は二三・八パーセントとなる。つまり日本は主戦艦艇の建造実績において米国の四分の一の低い水準しか達成できなかったのである。

また日米戦における主兵となった航空機の生産機数は表2―2のようであった。

	駆逐艦	護衛艦	海防艦	潜水艦
日　本	31	32	171	134
米　国	397	505	96	223
	戦　艦	巡洋艦	本格空母	小型空母
日　本	2	5	9	9
米　国	10	49	31	89

表2―1　日米建造隻数比較（昭和15〜20年）
堀元美『連合艦隊の生涯』より

年/月	16/12	17/6	17/12	18/10	19/6	19/11	20/4
日本	550	650	1,040	1,620	2,800	2,100	1,800
米国	2,500	5,000	5,400	8,400	8,100	6,700	6,400
対米比率（%）	22.0	13.0	19.3	19.3	34.6	31.3	28.1

表2－2　日米航空機生産量比較（月産）
山本親雄『大本営海軍部』より

ここでも、生産量の対米比率は一三～三四パーセントであるが、米国が一九年六月以降生産機数が減少したのは、大型化が進んだからであり、重量比でみると生産能力は一〇パーセント程度にすぎなかった。

陸・海・空の主要兵備の生産量にこれだけの隔たりがあったのは、いうまでもなく米国が大西洋・太平洋の二正面で戦わなければならなかったという事情に加えて、資源、エネルギー調達・保有量の差と、生産設備の規模の差を反映したものである。「零戦」に対して「ヘルキャット」が二対一の戦闘を挑むことができたのも、それだけの供給能力の差を抜きにしては考えられない。

しかし、兵備生産量の差を物理的な面での国力の差のみに還元することは正しくない。そこには、生産システムの思想の違い、そこからつくりだされる兵備についての考え方の違いが作用した点も軽視できないのである。

米国の製品および生産技術の体系は、科学的管理法に基づく徹底した標準化が基本であった。潜水艦に例をとると、米国は艦型の種類を絞り同型艦をできるかぎり長期間設計変更しないで大量生産方式でつくることに力を注いだ。潜水艦が輸送船団の破壊を主目的とするという任務を明確に持っていたうえ、レーダーを備えることによって、艦自体の性能としては特別強力である必要はなかったからである。他方、日本海軍では、第二次大戦に参加した潜水艦だけでも、実に多種多様な潜水艦がつくられている。

①一等潜水艦（伊号）二七艦型計一一三隻
一艦型平均建造隻数四・二（最小一～最大二〇）
②二等潜水艦（呂号）七艦型計五七隻
一艦型平均建造隻数八・一（最小一～最大一二）
③三等潜水艦（波号）三艦型計二一隻
一艦型平均建造隻数七（最小一～最大一〇）

最も多くつくられた伊号は、二七の艦型が開発され、一艦型当りわずか四・二隻しかつくられていない。そのうち、一隻しかつくられなかった艦型が四、五隻未満の艦型は二〇にものぼる。まさに一品生産的なつくり方である。もちろん、この間には性能の向上による艦型転換があったから、そのこと自体は急速な技術進歩の結果と見ることができるかもしれない。とくに日本軍は潜水艦を先遣部隊として位置づけ、艦隊決戦のために敵艦隊漸減にあたるという任務を与えていたから、戦艦、駆逐艦攻撃が可能な能力

（たとえば水上速力二四ノット）を要求された。しかし、その結果、ほんのわずかの改良も艦型の転換につながり、結果として、標準化が遅れ、大量生産が困難になった。

こうした事情は航空機、航空母艦、輸送船などの生産についてもほぼ同様であった。航空機については、すでに「零戦」の生産技術について触れたように、一点豪華主義が追求され、米国と比べると量産という点では制約があった。米国の場合、航空母艦も標準化、大量生産の例外ではなかった。エセックス型（排水量二万五〇〇〇トン）を正規空母の標準艦（後シャングリラ型を追加）としたほか、商船を改造した護送空母を大量に建造した。米軍は、現在戦っている戦争が一大消耗戦であり、勝利を収めるためには、あらゆる兵器を大量に生産し続ける必要があることを的確に認識していた。そのため、開発にあたっては、徹底した標準化を追求し、量産すること、それによって建造期間の短縮と単位当りコストの切り下げが可能になる（エクスペリエンス・カーブ）ことを、自動車等の大量生産システムを通じて経験的に熟知していたのであろう。

日本も、標準化の効用をまったく無視していたわけではない。優勢な敵潜水艦、航空機攻撃によってとくに損耗の激しかった輸送船（貨物船、タンカー等）は、標準船型を採用し、一八年以降造船量の急拡大に成功しているし、さきにあげた海防艦も戦時標準型による大量建造方式を採用し、工程の大幅な短縮を実現した。しかし、これらの方式も主要艦艇の建造までには全面的にとり入れられずに終わってしまった。製品・技術に関する発想・コンセプトの差が制約になったといえるであろう。

米軍は高度な技術を開発してもそれをインダストリアル・エンジニアリングの発想から平均的軍人の操作が容易な武器体系に操作化していた。一点豪華で、その操作に名人芸を要求した日本軍の志向とは本質的に異なるものであった。また、日本軍の技術体系では、ハードウェアに対してソフトウェアの開発が弱体であった。その結果の現われの一つが情報システムの軽視であった。レイテ海戦が結局日本の四つの艦隊の緊密な策応に失敗し、各個撃破されて大敗を喫したのは、通信機能の低下によって各艦隊と連合艦隊司令部が的確な状況判断を誤ったことが原因の一つになっている。ミッドウェーで先制攻撃を受けて一瞬にして空母と艦載機を喪失したのは、暗号が解読され、事前に行動が察知されていたことと大いに関連がある。海軍が夜戦を得意としたのは、レーダーの未装備につながっているし、航空機のレーダーの装備の立ち遅れはさらに大きかった。米軍機がかなり早くからレーダーを装備していたのに対し、日本海軍の場合には昭和一九年の段階で実戦に従事したレーダー装備実働機数は、わずか数十機程度だといわれる。対潜水艦用ソナーを装備した米艦艇によって日本軍の潜水艦は容易に行動をキャッチされてしまった。

ロジスティック・システムの遅れも個々の作戦の勝敗を大きく左右した。そもそも補給というコンセプトが十分に確立されていたとはいいがたい。先制・奇襲による短期決戦思想は、その必要性をあまり感じさせないように作用したと考えられる。兵器があっても弾丸がなかったり、艦艇があっても石油が確保されていないということがたびたび見られた。「現地調達」という言葉が多用されたが、結局ロジスティックス軽視の日本的表現であることが多かったのである。

組織上の失敗要因分析

人的ネットワーク偏重の組織構造

日本軍とくに陸軍は幕僚統帥的な動きがしだいに顕著になり、これが組織の失敗を招く原因になることも多かった。ノモンハン事件の経過はそれを最も典型的に示している。

ノモンハン事件を流れる一本の糸は、出先機関である関東軍が随所で中央部の統帥を無視あるいは著しく軽視したという事実であり、さらに、関東軍内部では、第一課（作戦）作戦班長服部卓四郎中佐、同ノモンハン事件主担任辻政信少佐を中心とする作戦参謀が主導権を握っていたという組織構造上の特異性である。これは、現地軍やその参謀の誤った専断、あるいは下剋上としてとらえることもできるが、別の見方をすれば最高統帥部（参謀本部）と関東軍の指揮官がなぜそれを阻止、矯正できなかったのかという問題になる。ここでノモンハン事件における中央の統帥部、関東軍司令官および同作戦課の相互の動きをもう一度検討してみよう。

中央部は第一次ノモンハン事件の段階では、現地の関東軍に対して正式な意思表示をしないか、あるいはその適切な処置に期待するという形で、実質的にほとんど指示を出していなかった。そこに第二次事件以降の中央部と関東軍との対立の芽が生じたといえるであろう。

五月末には大本営作戦課が事件不拡大を骨子とする基本構想「ノモンハン国境事件処理要綱」を作成するが、これも大本営の腹案として結局関東軍には示していない。関東軍では積極派の辻参謀が中心となり新たな作戦要領を作成し、手続き上は作戦実施にあたって大本営の事前了解が必要であったが、そうすれば中央部は必ず拒否するとの見方から、結局、軍参謀長は了解を求めないままに準備を進め、実施直前に中央部に報告した。

参謀本部第二課長（作戦）および陸軍大臣は「一個師団位（の作戦）は現地に任せたらよい」という判断を示し、現地の専断を追認する形になった。

関東軍は六月二三日に航空攻撃を下達するが、これについても中央部の反対が明らかであったため、一切を秘匿して準備を強行した。ところが、関東軍の一参謀がこの計画を大本営に伝えたため大本営は参謀次長から自発的中止を求めたが、明確な命令指示の形はとらなかった。そこで関東軍は作戦強行を決定し、二七日に作戦を実施した。「大命により中止を求めなかったのは、関東軍の地位を尊重し、自発的に中止を求めようとしたためであるのに対して、関東軍は中央部の意中を無視して強行し、中央部の信頼を裏切った」と参謀本部作戦課長は感じたという。中央と現地が地理的に隔たっており、かつ両者の間の意思疎通が必ずしも円滑にいっていないという状況であったにもかかわらず、現に作戦を実施しようとしている関東軍に対して、明確な指示を下さないままに、意のあるところをくみとらなかったとするのは統帥の実務責任者として適切な判断といえるであろうか。

七月二〇日になって初めて、大本営は関東軍参謀長に対し、中央部の方針「事件処理要綱」を説明するが、この際も関東軍の感情を刺激することを恐れて、正式の示達手続きをとっていない。八月のソ連大攻勢によって敗北が明らかになったため、三〇日に大本営は作戦終結に関する大命を発する。しかし、その表現が明確でなかったため、関東軍は中止要求と受けとらない。大本営は参謀次長を派遣して、直接大命の伝達を図るが、結局そこでも中央部の意図は伝えられないままに終わる。関東軍は、攻撃準備をさらに促進する。あわてた大本営は再び、九月三日に今度は明確に攻撃中止を命ずる大命を伝え、これによりようやく作戦が中止されたのである。

八月三〇日の第一回目の攻撃中止命令が実効力を持たなかったのは、大本営が作戦終結の意思を持っていたにもかかわらず、統帥の原則として実際の作戦運用はできるだけ関東軍に任せるべきと考え、使用兵力を制限するなどの微妙な表現によって中央部の意図を伝えようとしたためであった。作戦終結という重大局面に至ってもなお微妙な表現によって意図をそれとなく伝えるという方法がとられたのである。

　これと同様の状況をインパール作戦中止の際にも見ることができる。第一五軍がインパール作戦開始後一ヵ月以上を経過し、作戦の失敗が誰の目にも明らかになりつつあった四月下旬から五月中旬にかけて現地を視察した秦彦三郎参謀次長は、南方軍総参謀長やビルマ方面軍司令官に作戦中止を示唆したが、自らそのイニシアチブをとろうとはしなかった。それは、二人とも彼の示唆した作戦中止に同意したように見えたので、いずれ現地から作戦中止の上申があるであろうと考えたからであるという。

　六月上旬に河辺方面軍司令官は第一五軍の牟田口司令官を訪れた。両者とも作戦中止を不可避と考えたにもかかわらず、「中止」を口に出さなかった。牟田口は「私の顔色で察してもらいたかった」といい、河辺も牟田口が口に出さない以上、中止の命令を下さなかった。

　以上のような事実は、日本軍が戦前において高度の官僚制を採用した最も合理的な組織であったはずであるにもかかわらず、その実体は、官僚制のなかに情緒性を混在させ、インフォーマルな人的ネットワークが強力に機能するという特異な組織であることを示している。

人的ネットワークという点では、ノモンハン事件の際の服部と辻という関東軍参謀コンビは、昭和一六年七月に服部が参謀本部作戦課長に、辻が一七年三月にその下で作戦班長になって復活した。その後、ガダルカナルをはじめとするいくつかの重要な作戦をこの二人の作戦主務幕僚が指導することとなった。

陸軍では、陸軍士官学校出身の正規将校のなかからとくに優秀な者が選抜されて高等教育機関である陸軍大学校に入学した。陸大の教育方針は「将校をして高等用兵に関する学術を修得し、併せて軍事研究に須要なる学識を増進せしめ、且高等用兵に関する学術の研究を行う所とす」とあるように、陸大はもっぱら高級幕僚を養成する機関として存在した。陸大は参謀総長が統轄しており、学生およびその出身者の人事は陸軍大臣ではなく、参謀総長が掌握した。卒業生は陸軍内の超エリートとして、大部分が参謀に任命され、さらにそのほとんどが将官まで昇進した。事実、明治三五年卒業の第一六期までで見ると、将官に進級できなかったものは、わずか七パーセント強しかいない。

陸大出身者を中心とする超エリート集団は、参謀という職務を通じて指揮権に強力に介入し、きわめて強固で濃密な人的ネットワークを形成した。そのため、組織内部におけるリーダーシップは、往々にしてラインの長やトップから発揮されずに幕僚によって下から発揮された。いわゆる幕僚統帥である。陸軍大学校では、議論達者であり、意志強固なことが推奨されるような教育が重視されたため、陸大出身の参謀は、辻に象徴されるように、指揮官を補佐するよりもむしろ指揮官をリードし、ときには第一線の指揮官を指揮するような行動をとるものも少なくなかった。

軍事組織としてのきわめて明確な官僚制的組織階層が存在しながら、強い情緒的結合と個人の下剋上的突出を許容するシステムを共存させたのが日本軍の組織構造上の特異性である。本来、官僚制は垂直的階層分化を通じた公式権限を行使するところに大きな特徴が見られる。その意味で、官僚制の機能が期待される強い時間的制約のもとでさえ、階層による意思決定システムは効率的に機能せず、根回しと腹のすり合せによる意思決定が行なわれていた。インパールでは作戦中止の必要性を上級指揮官や中央の参謀が認めてから一カ月以上を経過しているし、ガダルカナルでも、大本営の作戦担当者が撤退を考えてから天皇の裁可を得て発動されるまで、二カ月半かかっているのである。

海軍の場合には、若干状況が異なるように見える。海軍の参謀は、指揮官を補佐するものであって、その指揮権に干渉したり、介入することは戒められていた。ハワイ奇襲攻撃の際も、当初軍令部（中央スタッフ）は強く反対したにもかかわらず、山本連合艦隊長官（ラインの長）がこれを積極的に主張したため、結局認めるところとなったのであり、ミッドウェー作戦のときも、軍令部はフィジー、サモア進攻を適切としたが、山本長官は米空母誘い出しのためにはミッドウェーを攻撃すべきであると強硬な態度を崩さなかった。レイテ作戦では、軍令部や連合艦隊の作戦参謀に対して、栗田艦隊側は敵主力との艦隊決戦の可能性を認めさせている。

高級教育機関である海軍大学校の方針や制度も陸軍大学校とはかなり異なっていた。陸大が主として高級参謀を育成し、参謀を経験しなければ高級指揮官になる機会が非常に限られていたのに対し、海大は入学資格も大尉・少佐と一線指揮官の経験を持った人が多く（陸大は主として中・大尉）、教育方針は将官の育成をめざすものであった。また、海軍の人事は、海大出身者もその他の者と同じく海軍大臣がこれを一元的に掌握したために、人事上も陸軍のように、参謀（陸大出身）とそれ以外の者という区別は明確にはなかった。したがって、少数の超エリート・グループが形成されたり、彼らが重要な作戦を決定的に左右したりするということはあまり見られなかった。

しかし、下剋上的な現象が海軍に見られなかったかといえば、必ずしもそうはいえないのである。開戦前には海軍内部にも若手幹部を中心に親ドイツ傾向が生まれていたし、彼らはときとして陸軍の若手将校以上に強硬な下剋上の動きを見せることがあった。これに対応する上級指揮官や軍政のトップ（大臣、次官、軍務局長）も、適切なリーダーシップを十分に発揮したとはいえない。

以上あげたような日本軍の組織構造上の特性は、「集団主義」と呼ぶことができるであろう。ここでいう「集団主義」とは、個人の存在を認めず、集団への奉仕と没入とを最高の価値基準とするという意味ではない。個人と組織とを二者択一のものとして選ぶ視点ではなく、組織とメンバーとの共生を志向するために、人間と人間との間の関係（対人関係）それ自体が最も価値あるものとされるという「日本的集団主義」に立脚していると考えられるのである。そこで重視されるのは、組織目標と目標達成手段の合理的、体系的な形成・選択よりも、組織メンバー間の「間柄」に対する配慮である。ノモンハンにおける中央の統帥部と関東軍首脳との関係、ガダルカナル島撤退決定を遅らせる結果になった陸軍と海軍の関係、インパールにおける河辺ビルマ方面軍司令官と牟田口第一五軍司令官との関係、これらはいずれも「間柄」を中心として組織の意思決定が行なわれていく過程を示している。日本軍の集団主義的原理は、このようにときとして、作戦展開・終結の意思決定を決定的に遅らせることによって重大な失敗をもたらすことがあった。

これに対して、米軍の作戦速度の速さは決定的であり、日本軍の苦心の蓄積が最後の仕上げで一挙に粉砕されることが多かった。ガダルカナル島で飛行場を建設していた日本軍は、ほとんど完成した時点（昭和一七年八月七日）に米海兵隊の奇襲攻撃を受け、一日で飛行場を奪取されてしまった。二週間後の八月二一日には、ラバウルから第六航空隊戦闘機隊と三沢航空隊陸攻機隊の第一陣が進出予定であったが、米軍の作戦展開スピードがそれを上まわっていた。レイテ海戦の準備もマリアナ戦で全航空機の七割近くを失った主力の第一航空艦隊の再建ができないうちに米軍のレイテ上陸が行なわれた。当初二〇年二月フィリピン進攻というのがマッカーサー大将の計画であったが、それを二カ月早め一二月二〇日とした後、さらに日本軍の準備が十分でないのを知るや二カ月繰り上げて一〇月二〇日レイテ攻略を決定した。事情は沖縄戦でも同様であった。レイテ島の陸軍決戦（陸軍捷一号作戦）遂行のために台湾から二個師団が転用されたため、台湾そのものの防衛が手薄になった。それを穴埋めするために沖縄戦の中核をなすべき精鋭の第九師団が抽出転用されてしまった。その後の補充の手当てがなされないうちに沖縄戦が始まったのである。

米軍の作戦展開の速さは、豊富な生産力、補給力、優秀な航空機要員の大量供給といった、物的・人的資源の圧倒的優位性に負っていたが、同時に作戦の策定、準備、実施の各段階において迅速で効果的な意思決定が下されたという組織的特性にもその基盤を置いていた。その一つの表れがニミッツ太平洋艦隊司令長官によって行なわれた指揮官交替システムである。空母部隊指揮官としてハルゼー、スプルーアンスという二人の提督を、一定期間で交替させたうえに、指揮官が交替すると艦隊名も変更した。同一艦隊であるにもかかわらずハルゼーが指揮をとる場合は、第三艦隊、スプルーアンスの場合は第五艦隊と呼称した。有能な者の能力をフルに発揮させるという目的と、いつまでも同じポストに置いてその知的エネルギーを枯渇させてしまってはならないというねらいとを統合したアイデアである。交替人事システムは、指揮官だけでなく参謀についても実行されている。米海軍の作戦部長キング元帥は、作戦部員の人数を極力少なくすることに努めたが、それは組織を活性化するには、各自に精一杯仕事をさせることが重要であり、有能な少数の者にできるだけ多くの仕事を与えるのがよいと考えた結果である。しかし、人間は疲れるから、いつまでも同じ仕事を与えるのもまずい。その人間の能力の最良の部分を活用することが、大切である。キング元帥は、こう考えて特定の担当者のほかは、作戦部員を前線の要員と一年間前後で次々と交替させた。これによって、優秀な部員を選抜するとともに、たえず前線の緊張感が導入され、作戦策定に特定の個人のシミがつくこともなかったといわれる。また同時に、意思決定のスピード・アップも可能になったのである。

米海軍のダイナミックな人事システムは、将官の任命制度にも生かされていた。米海軍では一般に少将までしか昇進させずに、それ以後は作戦展開の必要に応じて中将、大将に任命し、その任務を終了するとまたもとに戻すことによってきわめて柔軟な人事配置が可能であった。この点、「軍令承行令」によって、指揮権について先任、後任の序列を頑なに守った硬直的な日本海軍と対照的である。米軍の人事配置システムは、官僚制が持つ状況変化への適応力の低下という欠陥を是正し、ダイナミズムを注入することに成功したのである。したがって、米軍の組織構造全体は、個人やその間柄を重視する日本軍の集団主義と決定的に異なる原理によって構成されていたということができる。それはすべてがシステムを中心に運営されるとともに、エリートの選別・評価を通じてそのシステムを活性化し、必要に応じて変更することができるという意味での「ダイナミックな構造主義」と呼べるものであった。

属人的な組織の統合

近代的な大規模作戦を計画し、準備し、実施するためには、陸・海・空の兵力を統合し、その一貫性、整合性を確保しなければならない。個々の戦闘においても、歩兵、砲兵の銃砲火器や飛行機、戦車など大量の総合戦力を統合できる組織・システムが開発されていなければならない。この点でも米軍はすぐれた統合能力を発揮し、日本軍を圧倒した。

統合作戦の策定のためには、参謀組織の上部機構に統合システムがビルト・インされる必要がある。米軍の上級参謀組織には、陸軍が参謀総長をヘッドとする参謀本部、海軍には作戦部長に率いられた作戦部とがあった。この点は日本軍と変わらないが、米軍では開戦とともに陸・海二つの参謀組織を統轄する統合参謀本部（Joint Command Staff）が、ルーズベルト大統領によって組織された。構成メンバーは、陸軍参謀総長ジョージ・マーシャル大将、海軍作戦部長アーネスト・キング大将、陸軍航空部隊総司令官へンリー・アーノルド大将の三名である。米国の大統領は陸海軍最高司令官であり、統合参謀本部は大統領の決定権に従属する立場にあった。したがって、陸・海軍の作戦は統合参謀本部において検討され、必要な調整を行なったうえで、統合作戦として統一的な作戦体系を構築することができたし、それは最終的には大統領によって決定され、実施に移される。

サイパン攻略の後日本本土攻撃のための進路をどのように選択するかについての決定に、統合参謀本部の機能が十分に発揮された例を見ることができる。海軍のニミッツ提督は、小笠原諸島をはしごづたい式にB―29爆撃機により登っていくものと、台湾と中国沿岸に基地を占領するものとの二股の進攻を最善と考えていた。陸軍のマッカーサー大将は、フィリピン奪回後に日本本土を攻撃するのを最善と信じた。この対立は、日本軍を戦争終結に追い込むのにどちらが、早期にかつ米軍の犠牲を少なくすることができるかという判断をめぐって、ますます強まった。統合参謀本部は、両者の主張を検討したうえで、ルーズベルト大統領の方針に基づいてフィリピン進攻を南西太平洋部隊に対し指示することを決定した。この際の統合参謀本部には、一九四二年七月に就任したリーヒ元大将が陸海軍最高司令官参謀長として加わっていた。このポストは軍事、政治の両面で多忙な大統領を補佐するために設けられたものであり、統合参謀本部の会議を主宰するとともに、大統領と本部との間のパイプ役として重要な役割を果たした。

米国海兵隊の水陸両用作戦のドクトリンは戦闘レベルにおける統合作戦である。水陸両用戦は、通常の地上戦と共通の特性も持つが、地上戦と比較した最も大きな相違点は、水陸両用戦闘においては、兵隊を母艦に乗船させ、相当の距離を航海して上陸地点に運び、そこで母艦から上陸用舟艇に移乗させ、軽装備で砲兵の直接支援のない状態で敵地に上陸させることである。しかも、これらすべてを、目的地の奪取ならびに占領攻撃を始める前に行なわなければならない。水陸両用戦を遂行するためには、指揮系統、艦砲射撃、航空支援、上陸行動、海岸堡確保、兵站というそれぞれ独自の戦闘特性を持つ構成要素を適切に組み合わせて、一定の作戦時空間のなかで統合することが必要である。米海兵隊は、きわめて統合性の高い水陸両用作戦のコンセプトを一九二二年から一九三五年にかけてすでにつくり上げており、太平洋を舞台とする日米戦で多くの改善を加えていった。

軍隊の持つ戦力とは何か、という基本認識においても米軍は総合戦力という見方を重視していた。「海軍力とはあらゆる兵器、あらゆる技術の総合力である。戦艦や航空機や上陸部隊、商船隊のみならず、港も鉄道も、農家の牛も、海軍力に含まれる」と述べたのは、米海軍の太平洋戦線における最高司令官ニミッツ大将である。

これに対して日本軍においては、陸・海・空の三位一体作戦についての陸海軍による共同研究らしいものはほとんどなかった。もともと明治四〇年の「帝国国防方針」以来、四〇年近くにわたって陸軍はソ連を、海軍はアメリカを仮想敵国とみなし、そのための戦力、戦備、戦術を充実させてきた。したがって、最も基本的な部分ですでに統合に対する障害があったといえる。平時は軍令（統帥）機関が陸軍は参謀本部に、海軍は軍令部に各々独立して設置されているが、戦時あるいは事変の際には戦時機関として大本営が設けられた。その際には、陸海各々の統帥機関も「大本営陸軍部」、「大本営海軍部」として位置づけられるのである。大本営は、陸海軍の策応協同を図る、つまり両者の統合を重要な任務とした。

大本営陸海軍部は昭和一五年末頃から相互に連絡をとりながら作戦計画を策定した。しかし、これはあくまでも陸軍、海軍の独自の作戦計画であって統合作戦をめざしたものではなかった。陸海軍の協同部分については、「陸海軍中央協定」、「陸海軍現地協定」などによって規定された。

陸海軍の間には、戦略思想の相違、機構上の分立、組織の思考・行動の様式の違いなどの根本的な対立が存在し、その一致は容易には達成できなかった。昭和一七年三月七日の大本営政府連絡会議で決定された「今後採るべき戦争指導の大綱」は、陸海軍の統帥が両者の妥協という形で、一貫性、整合性を持たなかった現れの一つである。その第一項には次のように述べられている。「英を屈伏し、米の戦意を喪失せしむる為、引続き既得の戦果を拡充して、長期不敗の政戦略態勢を整えつつ、機を見て積極的の方策を講ず」。海軍側が従来からの主張である戦果の拡充と積極攻撃による先制攻撃を主張したのに対し、陸軍は南方資源の確保によって長期持久戦の態勢を確立しようとした、そのまさに妥協的折衷案がこれであった。東条首相は、「これでは意味が通らぬではないか」と不満をもらしたという。

ガダルカナル戦やレイテ戦でも陸海軍の策応協同は実らなかった。そればかりか、ガ島では、陸海軍の思惑の違いが攻勢終末点を逸脱させ、多くの犠牲を生みだしている。しかし、レイテ戦は本格的な陸海空一体の統合作戦として戦われるはずであった。しかし、陸海はおろか、海軍内部の統合作戦も画にかいた餅に終わってしまった。

陸海軍の統合的作戦展開を実現するという大本営の目的が十分達成できなかったのは、組織機構上の不備が大きな理由としてあげられる。大本営にあっては陸海軍部は各々独自の機構とスタッフを持ち、相互に完全に独立し、併存していた。大本営令では、両軍の策応協同を図るよう命じていたが、現実には多くの摩擦や対立が生じた。両軍の協議が整わない場合、これに裁定が下せるのは天皇だけであった。しかし、天皇は個々の問題に対して、自ら進んで指揮、調整権を行使することはなかった。天皇は、陸海軍間の統帥や軍政上の対立については、両者の合意の成立を待ってその執行を命じるという形で自らの機能を果たしたのである。そのため、実際には陸海軍の作戦上の協力と統合作戦の展開は著しく困難であった。

こうした問題に対処するためにいくつかの試みがなされてきた。「大本営会議」は大本営の部内会議であり、陸海軍両統帥部長、陸海両大臣、両統帥部次長、両統帥部第一部長などによって構成されるものであり、「陸軍部、海軍部相互に関係を有する重要案件」について両部が協議し、大本営としての方策を立案するために開かれた。作戦の実務上の協議のために、両統帥部次長以下の作戦関係部課長を構成員とする「大本営参謀会議」も同時に設けられた。しかし、これらも結局、両部の対立が解消できない際には、それを最終的に決定すべき上部機関を欠いている。また、政府と大本営との間の問題、すなわち国務と統帥との調整を図るために設置された「大本営政府連絡会議」も同様の欠陥を持っていた。

もっと直接的に陸海軍両部を統合するための組織上の代替案が検討されたこともある。具体策としては次のような案があった。

(1) 両総長（参謀総長と軍令部総長）を廃止し、別に一幕僚長を置き、その下に陸海軍混合の幕僚を置く
(2) 両総長の上位に、さらに一人の幕僚総長を置く
(3) 両総長を並列して、別に一幕僚長を置き、もっぱら陸海軍の策応を図らせる
(4) 両総長の下に、陸海軍の強力な連絡機関を置く
(5) 海軍部の幕僚中に、陸軍将校を入れる

(6) 陸海軍部幕僚が同一場所に勤務し、連絡を緊密にし、かつ策応を容易にするサイパン失陥前後から陸海軍の協同作戦の必要性が増大したのを背景に、昭和一九年以降両軍の間で前記のような代替案についての検討が進められた。しかし、陸海軍両部の意見の調整が不調に終わったり、軍政担当の陸軍省、海軍省の反対があったりしたため、ほとんど見るべき成案は得られなかった。

日本軍の作戦行動上の統合は、結局、一定の組織構造やシステムによって達成されるよりも、個人によって実現されることが多かった。日本軍の作戦目的があいまいであったり、戦略策定が帰納的なインクリメンタリズムに基づいていたことはすでに指摘したが、これらが現場での微調整をたえず要求し、判断のあいまいさを克服する方法として個人による統合の必要性を生みだした。また、人的ネットワークの形成とそれを基盤とした集団主義的な組織構造の存在は、個人による統合を可能にする条件を提供した。たとえば、東条英機が昭和一六年一〇月に首相、陸相を兼ねることによって、国政の基本方針と戦争指導との統合を図ったり、さらに一九年二月には参謀総長をも兼務することによって、軍政と軍令の対立を克服しようとした。海軍でもこのとき、嶋田繁太郎海相が軍令部総長を兼務した。また、とくに陸軍の場合には、しばしば参謀自らが作戦遂行のために前線を指揮することもあった。さらに、陸海軍ともに、中央の参謀と現地軍の参謀とが、作戦の確認や調整のために、頻繁に打合せを行なったが、これは現場での微調整やスリ合せを可能にする一方、個人的なやり取りを許す結果をもたらすことが多く、作戦の統一性、一貫性を欠くことにもつながった。

このように、個人による統合は、一面、融通無碍な行動を許容するが、他面、原理・原則を欠いた組織運営を助長し、計画的、体系的な統合を不可能にしてしまう結果に陥りやすい。

結局、日本軍が陸海軍共通の作戦計画として策定したのは、昭和二〇年一月二〇日決定の「帝国陸海軍作戦大綱」が最初であった。しかしながら、この作戦大綱は本土の外郭地帯（南西諸島、小笠原方面）で進攻する米軍に対して出血・持久作戦を遂行しつつ本土最終決戦の遂行に備えるとするものであり、もはや終局的作戦の大綱でしかなかった。さらに、この共通の作戦の実施にあたってもなお、陸海の一致は得られなかった。七ヵ月足らずで日本は敗戦を迎えることになった。

学習を軽視した組織

およそ日本軍には、失敗の蓄積・伝播を組織的に行なうリーダーシップもシステムも欠如していたというべきである。ノモンハンでソ連軍に敗北を喫したときは、近代陸戦の性格について学習すべきチャンスであった。ここでは戦車や重砲が決定的な威力を発揮したが、陸軍は装備の近代化を進める代わりに、兵力量の増加に重点を置く方向で対処した。装備の不足を補うのに兵員を増加させ、その精神力の優位性を強調したのである。こうした精神主義は二つの点で日本軍の組織的な学習を妨げる結果になった。一つは、敵戦力の過小評価である。とくに相手の装備が優勢であることを認めても、精神力において相手は劣勢であるとの評価が下されるのがつねであった。敵にも同じような精神力があることを忘れていたといってもよい。精神主義のもう一つの問題点は、自己の戦力を過大評価することである。「百発百中の砲一門、よく百発一中の砲百門を制す」(日本海海戦直後の東郷司令長官の訓示)といった類の精神論は海軍でも例外ではなかった。ハワイ奇襲作戦で成功したのは日本軍であり、マレー沖海戦で英国の誇る「プリンス・オブ・ウェールズ」と「レパルス」を航空攻撃で撃沈したのも日本軍であった。しかし、二つの敗退から学習したのは、米軍であった。米軍は、それまであった大型戦艦建造計画を中止し、航空母艦と航空機の生産に全力を集中し、しだいに優勢な機動部隊をつくり上げていった。

ガダルカナル島での正面からの一斉突撃という日露戦争以来の戦法は、功を奏さなかったにもかかわらず、何度も繰り返し行なわれた。そればかりか、その後の戦場でも、この教条的戦法は墨守された。失敗した戦法、戦術、戦略を分析し、その改善策を探求し、それを組織の他の部分へも伝播していくということは驚くほど実行されなかった。これは物事を科学的、客観的に見るという基本姿勢が決定的に欠けていたことを意味する。

また、組織学習にとって不可欠な情報の共有システムも欠如していた。日本軍のなかでは自由闊達な議論が許容されることがなかったため、情報が個人や少数の人的ネットワーク内部にとどまり、組織全体で知識や経験が伝達され、共有されることが少なかった。作戦をたてるエリート参謀は、現場から物理的にも、また心理的にも遠く離れており、現場の状況をよく知る者の意見がとり入れられなかった。したがって、教条的な戦術しかとりえなくなり、同一パターンの作戦を繰り返して敗北するというプロセスが多くの戦場で見られた。ガダルカナルの失敗は日本軍の戦略・戦術を改めるべき最初の機会であったが、それを怠ってしまった。また、成功の蓄積も不徹底であった。さきに述べたように、緒戦の勝利から勝因を抽出して、戦略・戦術の新しいコンセプトを展開し、理論化を図ることを行なわなかった。レイテ海戦に至ってもなお、艦隊決戦思想からの脱却がなされていない。沖縄でも、中央部の発想は本土前線における決戦、そして機動反撃という戦略・戦術を一歩も出ていないのである。大東亜戦争中一貫して日本軍は学習を怠った組織であった。

これに対して、米軍は理論を尊重し、学習を重視した。ハルゼー麾下の米第三艦隊参謀長ロバート・B・カーニー少将はレイテ島攻略を前にして次のように語った。

どんな計画にも理論がなければならない。理論と思想にもとづかないプランや作戦は、女性のヒステリー声と同じく、多少の空気の震動以外には、具体的な効果を与えることはできない。

こうした理論の尊重は当然そのための学習を促すことになる。米軍にとって、理論とは他から与えられるものでなく、自らがつくり上げていくべきものと考えられているからである。米軍は一九四二年末頃までに、ガダルカナルでの経験から日本軍を攻撃する際、何が効果的で何がよくないかを海兵隊の過ちから完全に知り尽くしていた。実際、ガダルカナルは米軍にとって一八九八年以来初めての水陸共同作戦であり、ガダルカナルは事実上実験的な性格を有していた。したがって、ガダルカナルはその後の上陸作戦の指標となり、米軍は多様な戦闘を同時にかつ多次元で展開する方法を学習したのである。

事実を冷静に直視し、情報と戦略を重視するという米軍の組織学習を促進する行動様式に対して、日本軍はときとして事実よりも自らの頭のなかだけで描いた状況を前提に情報を軽視し、戦略合理性を確保できなかった。ミッドウェー島攻略の図上演習を行なった際に、「赤城」に命中弾九発という結果が出たが、連合艦隊参謀長宇垣少将は、「ただ今の命中弾は三分の一、三発とする」と宣言し、本来なら当然撃沈とすべきところを小破にしてしまった。しかし、「加賀」は、数次の攻撃を受けて、どうしても沈没と判定せざるをえなかった。そこでやむなく沈没と決まったが、ミッドウェー作戦に続く第二期のフィジー、サモア作戦の図上演習には沈んだはずの「加賀」が再び参加していた。

ここでの宇垣参謀長の措置は、図演参加者の士気の低下を恐れたためといわれる。つまり、日米の機動艦隊決戦という戦争の重大局面を前にして、甚大な被害あるいは敗北を予想させるような図演の結果は、参謀や前線指揮官の間の自信喪失につながることを懸念したのである。こうした配慮自体がまったく無意味だというわけではないが、図上演習は作戦計画の実行の可能性を検証し、問題点や改善策を総合的に検討する重要な学習機会であった。ミッドウェー海戦の結果は、日本軍にとって図上演習で予想された以上の決定的敗北であったが、作戦終了後に通常行なわれる作戦戦訓研究会もこの際には開かれなかった。作戦担当の黒島先任参謀は、戦後、次のように語ったといわれる。

本来ならば、関係者を集めて研究会をやるべきだったが、これを行なわなかったのは、突っつけば穴だらけであるし、みな十分反省していることでもあり、その非を十分認めているので、いまさら突っついて屍に鞭打つ必要がないと考えたからだった、と記憶する。（吉田俊雄『四人の連合艦隊司令長官』）

ここには対人関係、人的ネットワーク関係に対する配慮が優先し、失敗の経験から積極的に学びとろうとする姿勢の欠如が見られる。

こうした日本の陸海軍における学習の軽視は、士官学校、兵学校、陸軍大学校、海軍大学校という各種各級の教育のあり方とも関連性を持っていると考えられる。

陸軍士官を養成するための教育機関として陸軍士官学校があり、海軍士官については、同様に海軍兵学校があった。また、士官学校あるいは兵学校を卒業した士官のなかで、とくに優秀な者を選抜して高度な水準の戦略・戦術を教育する機関として、陸軍大学校、海軍大学校が設置されていた。日本軍の高級指揮官ならびに参謀の大多数は、この二つのレベルの教育機関を卒業していた。その意味で、これらの学校・大学で行なわれた教育システムと教育内容は、日本軍の組織学習の方向と方法とに決定的ともいえる影響を与えていた。

もっとも、日本軍という組織の持つ体質自体が、士官学校や兵学校および両大学校の性格を決定したともいえるわけであって、一方的に教育機関のあり方が日本軍の学習システムを規定したとするのは正しくないであろう。要は、この二つの要因が分かちがたくむすびついていたために、その修正や変革がむずかしかったという事実が問題なのである。

教育そのものを重視したという点では、日本軍は外国軍隊と比べてけっして劣っていなかった。わが国が明治以降の急速な工業化に成功したのは、教育制度の拡充と切り離しては論じられないのと同様に、日本軍がその軍事力を短期間に強化し、西欧の列強と並ぶ地位を占めるに至ったのも、兵、下士官、士官、上級将校の各レベルにおける教育・訓練の充実に負うところが大きかったのである。その点では、士官学校、陸軍大学校等のプロフェッショナルな養成機関の果たした役割はけっして小さくない。

しかし、だからこそ、これらの教育機関の持つ問題点もまた、少なからずネガティブな影響を日本軍の組織学習に与えたといえる。日清・日露の二つの大国との戦争で勝利を収めるなかで、日本軍は実に多くのことを学びとった。つまり成功によって因果関係の構造を理解し習得したのである。しかし時間の経過とともに、日本軍内部の各級の教育機関でもしだいに、与えられた目的を最も有効に遂行しうる方法をいかにして既存の手段群から選択するかという点に教育の重点が置かれるようになった。学生にとって、問題はたえず、教科書や教官から与えられるものであって、目的や目標自体を創造したり、変革することはほとんど求められなかったし、また許容もされなかった。

ほとんどの場合に問題になるのは、方法であり、手段であった。ときとして、目的・目標ばかりでなく、方法・手段そのものも所与のものとされ、教官や各種の操典が指示するところを半ば機械的に暗記し、それを忠実に再現することが、最も評価され、奨励されさえした。いわば「模範解答」が用意され、その解答への近さが評価基準となっているのである。兵士の訓練において「足を靴に合わせる」ような教育方法が採用されたが、士官レベルの教育においても、そうしたタイプの教育がしだいにウェイトを高めてきた。

しかも、海軍で聖典視された「海戦要務令」で指示されたことが、実際の戦闘場面で起きたことは、一度もなかったといわれる。海軍の用語に、「前動続行」という言葉がある。これは、作戦遂行において従来どおりの行動をとり続けるという戦闘上の概念であるが、まさに日本軍全体が、状況が変化しているにもかかわらず「前動続行」を繰り返しつつあった。

学習理論の観点から見れば、日本軍の組織学習は、目標と問題構造を所与ないし一定としたうえで、最適解を選び出すという学習プロセス、つまり「シングル・ループ学習(single loop learning)」であった。しかし、本来学習とはその段階にとどまるものではない。必要に応じて、目標や問題の基本構造そのものをも再定義し変革するという、よりダイナミックなプロセスが存在する。組織が長期的に環境に適応していくためには、自己の行動をたえず変化する現実に照らして修正し、さらに進んで、学習する主体としての自己自体をつくり変えていくという自己革新的ないし自己超越的な行動を含んだ「ダブル・ループ学習(double loop learning)」が不可欠である。日本軍は、この点で決定的な欠陥を持っていたといえる。

プロセスや動機を重視した評価

ノモンハン事件後にその責任を明らかにするための人事異動が行なわれた。中央部では参謀次長、第一部長、関東軍では軍司令官、参謀長、その他に第六軍司令官、第二三師団長らが予備役に編入された。しかし、作戦指導の実質的な責任者である関東軍司令部の作戦班長服部中佐と同ノモンハン事件主担任の辻少佐らは予備役編入を免れ更迭されるにとどまった。第六軍司令官は、辻参謀が勝手に第一線に行って部隊を指揮したりしたのは軍紀をみだす行為であって、責任をとって予備役に編入させるべきだと強く主張した。また、陸軍省人事局長も、この見解を支持した。しかし、参謀人事を掌握する参謀本部総務部長は、将来有用な人物として現役に残す処置をとった。その後、服部と辻は中央の参謀本部作戦課長および同課班長として、陸軍統帥部の中枢を占めることになる。昭和一七年四月にフィリピンのバターン半島総攻撃によって降伏した米比軍捕虜を射殺するようにという大本営命令が出された。これは大本営からの派遣参謀であった辻が独断で出した命令であり、明らかな越権行為であった。辻は、同じ年の七月派遣参謀としてモレスビー攻略命令を専断で出した。この専断命令によって日本軍は重大な損害を強いられることになった。辻は引き続いてガダルカナルでも現地司令部の意向を無視して川口少将の攻撃方面変更（正面から左への迂回攻撃）を積極的に支持し、結果として川口少将の罷免という事態を招いている。辻参謀は終始ガ島戦において総攻撃を主張したが、「一切の責任は敵の火力を軽視し今なお野戦陣地の観念より脱却せず作戦を指導した小官にあり。罪、万死にあたる」と自ら認めるように、将兵の大半を戦死させるという壊滅的打撃を受けることとなった。

もちろん、すべてが辻参謀一人の責任であるわけではない。しかし、同時に辻の参謀としての責任、それも越権行為、専断命令を含め、重大な責任があることも明白な事実である。にもかかわらず、日本軍はその責任を問おうとしなかった。ノモンハンの事例に見られるように戦闘失敗の責任は、しばしば転勤という手段で解消された。

しかもこれら転勤者はその後、いつの間にか中央部の要職についていた。なかには大本営作戦課の重要ポストを占めたものもいた。申し訳の左遷であったのである。これが陸軍人事行政の一側面と言えよう。信賞必罰は陸軍部内では公正でなかった。積極論者が過失を犯した場合、人事当局は大目にみた。処罰してもその多くは申し訳的であった。一方、自重論者は卑怯者扱いにされ勝ちで、その上もしも過失を犯せば、手厳しく責任を追及される場合が少なくなかった。

このような陸軍人事行政は、つぎつぎに平地に波瀾をまきおこして行く猪突性を助長する結果となった。（林三郎『太平洋戦争陸戦概史』）

この指摘からも明らかなように、日本軍は結果よりもプロセスを評価した。個々の戦闘においても、戦闘結果よりはリーダーの意図とか、やる気が評価された。

ガダルカナルで罷免された川口少将の罷免理由は、航空基地突撃に対する決心不足であったといわれる。しかし、これはすでに指摘したように辻参謀の指導によるものであった。

また、インパール戦では占領地のコヒマ死守命令に対し、補給の欠如を理由に牟田口軍司令官の命令に抗して撤退した第三一師団長佐藤幸徳中将の責任問題が問われたが、結局、正規の軍法会議を開かずに、抗命事件の責任者としての佐藤中将を「気が狂った」という形で退役させてしまっている。同時に、作戦全体の直接の責任者である牟田口司令官も軍司令官からは更迭されたものの、後に陸軍予科士官学校長として任命することによって責任追及そのものはあいまいな形で終わっている。

個人責任の不明確さは、評価をあいまいにし、評価のあいまいさは、組織学習を阻害し、論理よりも声の大きな者の突出を許容した。このような志向が、作戦結果の客観的評価・蓄積を制約し、官僚制組織における下剋上を許容していったのである。

日本軍のなかでも海軍はかなり公正な人事評価制度を持っていた。自己申告制度やトリプル・チェックといわれる直属上司、その上級者、海軍省人事局の三者による考課などは現在でも通用するシステムであった。しかし、作戦や統帥についてはその責任の所在が問われることはなかった。ミッドウェーの敗戦についても、機動部隊の指揮官である南雲長官やその部下の草鹿参謀長の責任は不問に付され、かえって「仇討ち」の機会として、次の作戦にも責任者として参加を許されている。

昭和一九年三月三一日、古賀峯一連合艦隊司令長官に随行して二番機に乗り遭難した福留繁参謀長が所持していた最高機密文書が米軍の手に落ちたという事件（海軍乙事件として知られる）でも、真相究明の努力は不徹底で、機密文書は海中に没したままであるという形で処理され、したがってその後の作戦計画もそれを前提にして設定されたといわれる。それればかりでなく、福留中将は第二航空艦隊司令長官に栄転したのである。

レイテの反転についても栗田長官以下の第二艦隊司令部の責任は問われることはなかった（栗田長官は、その後海軍兵学校長に就任している）。このように、海軍にあっても、多くの作戦計画は、実行において失敗が明らかであった場合でも、組織としての反省、批判を含めた適切な評価を下すことはついになされないで終わってしまっている。

海軍にはハンモックナンバー主義と呼ばれる将校の序列・進級制度があったが、これも成績万能の傾向が強く、大佐や将官クラスの上級指揮官の評価には必ずしも適さなかった。現実には、兵学校の成績優秀者が海大に進み、そのなかの成績上位者が将官に昇進するというケースが圧倒的に多かったのである。

海軍の場合には、種々の人事評価制度が確立されていたが、それが比較的オペレーショナルな面を重視した評価であり、公正を期すためのハンモックナンバー主義の採用によって、評価のダイナミズムにやや欠けるきらいがあった。これに対して陸軍では参謀とその他のグループという二本立て人事が存在し、下剋上的風土が強かったために、とかく声の大きな人々が評価されるという欠陥があった。とくに、業績評価があいまいであったために、信賞必罰における合理主義を貫徹することを困難にした。結果として、評価においても一種の情緒主義が色濃く反映され、信賞必罰のうちむしろ賞のみに汲々とし必罰を怠る傾向をもたらしたのである。

米軍の人事評価で注目されるシステムは、ニミッツ元帥が考案し、キング作戦部長に提案した海軍の指揮官人事制度である。この制度は、大佐のなかから誰を司令官クラスの少将に進級させるかを決定するためのものであった。まず、継続して六カ月以上、巡洋艦以上の艦長経験を積んだ大佐のなかから、海軍省人事局が適格者を選び、次に九人ないし一一人の将官で構成する昇進委員会の投票が行なわれる。その投票結果を海軍長官、作戦部長、作戦部次長、人事局長、航空局長その他が合議して、その四分の三以上の賛成で昇進が決定する。選定プロセスに感情が入り込む余地を排除することによって、選ばれた者はその結果に自信を持ち、選ばれなかった者も次の機会に希望を持って能力向上に励むことができるというのがニミッツの考えであった。この評価制度にも、官僚

分類	項　目	日本軍	米　軍
戦略	1 目的	不明確	明確
	2 戦略志向	短期決戦	長期決戦
	3 戦略策定	帰納的 （インクリメンタル）	演繹的 （グランド・デザイン）
	4 戦略オプション	狭い —統合戦略の欠如—	広い
	5 技術体系	一点豪華主義	標準化
組織	6 構造	集団主義 （人的ネットワーク・プロセス）	構造主義 （システム）
	7 統合	属人的統合 （人間関係）	システムによる統合 （タスクフォース）
	8 学習	シングル・ループ	ダブル・ループ
	9 評価	動機・プロセス	結果

表２－３　日本軍と米軍の戦略・組織特性比較

制組織を土台にしながらもそれを静態的な構造にとじこめないように、ダイナミズムを導入しようとする米軍の組織特性が反映されている。

要　約

ノモンハンから沖縄までの六つの敗け戦に表出した日本軍の失敗の要因を戦略と組織という二つの次元から検討を加えたが、今それらを要約的に示せば表２—３のようになるであろう。ここに示された日本軍と米軍との差異は、一つ一つを取り上げれば、ある意味では、程度の差にすぎないかもしれない。しかし、注目すべき点はこうした戦略と組織のさまざまな特性が個々に無関係に存在するのではなく、それぞれの特性の間に一定の相互関係が存在するということである。

日本軍の例で見ると、目的の不明確さは、短期決戦志向と関係があるし、また戦略策定における帰納的な方法とも関連性を持っている。明確なグランド・デザインがない場合には、戦略オプションも限定された範囲のなかでしか生まれてこない。短期決戦志向や全体としての戦略目的が明確でないとすれば、バランスのとれた兵器体系は生まれにくいであろう。

それはまた、組織の目標と構造の変革を行なうダブル・ループ学習を制約することにつながる。人的ネットワークを中心とする集団主義的な組織構造は、人間関係重視の属人的統合を生み出すし、業績評価においても、結果よりも動機や敢闘精神を重んじることになるであろう。

われわれが次に検討すべき課題は、日本軍がいったいなぜ、一連の失敗を招来したような、こうした戦略と組織の特性を持つに至ったのか、また、どうしてそれらを環境変化に対応して変革することができなかったのかを、その原理にまでさかのぼって考えてみることである。

三章

失敗の教訓

――日本軍の失敗の本質と今日的課題

軍事組織の環境適応

前章では、日本軍の失敗の原因が米軍との対比で詳細に分析された。日本軍の戦略については、作戦目的があいまいで多義性を持っていたこと、戦略志向は短期決戦型で、戦略策定の方法論は科学的合理主義というよりも独特の主観的インクリメンタリズムであったこと、戦略オプションは狭くかつ統合性に欠けていたこと、そして資源としての技術体系は一点豪華主義で全体としてのバランスに欠けていたこと、などが指摘された。組織については、本来合理的であるはずの官僚組織のなかに人的ネットワークを基盤とする集団主義を混在させていたこと、システムによる統合よりも属人的統合が支配的であったこと、学習が既存の枠組のなかでの強化であり、かつ固定的であったこと、そして業績評価は結果よりもプロセスや動機が重視されたこと、などが指摘された。これらの原因を総合していえることは、日本軍は、自らの戦略と組織をその環境にマッチさせることに失敗したということである。したがって、この三章では、日本軍の環境適応の失敗を、その根源にさかのぼって理論的に考察することにしたい。

さて、日本軍の環境適応の失敗を考察するにあたって、一つの分析枠組を示しておくことが便利だろう。図3―1は、われわれの考える、軍事組織の環境適応を分析する場合の枠組である。ここで示されている軍事組織は、日本軍全体である場合もあるし、陸軍または海軍の場合もあるし、あるいは陸海軍の下位組織である独立した戦闘能力を持つ単位（たとえば師団）などの場合もあり、分析の焦点をどこに置くかによって多層なレベルで考えることができる。

この分析枠組は、環境、戦略、資源、組織構造、管理システム、組織行動、それに組織学習という七つの概念で構成されている。

まず環境は、組織の直面する外部環境のことであり、それには、国際情勢、国内情勢、軍事技術の発展段階、国家戦略などのマクロで間接的な環境から、より直接的な作戦環境などが考えられる。これらの環境要因は、いずれも組織に対して、機会や脅威を生み出し、組織がなんらかの意思決定やアクションをとることを要求してくるものである。

組織の戦略とは、外部環境の生みだす機会（opportunities）や脅威（threats）に適合するように、組織がその資源を蓄積・展開することである。そのためには、まず組織はその戦略的使命（ストラテジック・ミッション）を定義しなければならない。つまり、軍事組織として環境要因のなかにいかなる機会・脅威が潜在的に存在するかを主体的に洞察

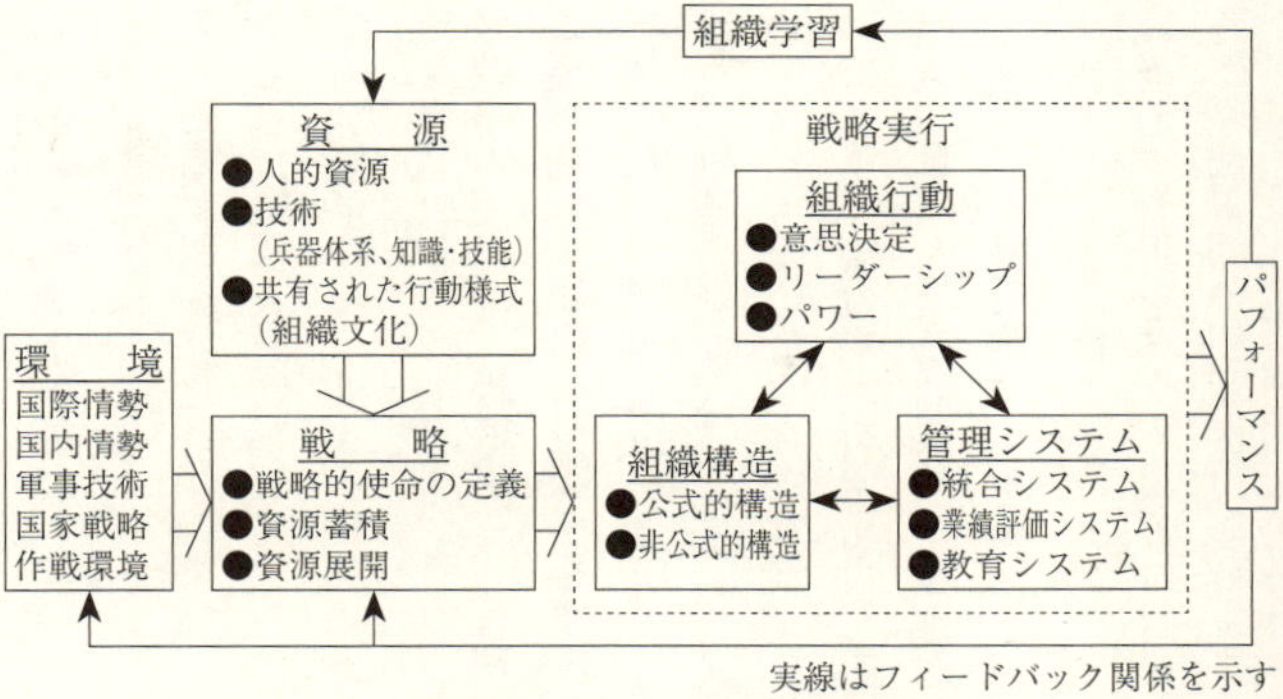

図３－１　軍事組織の環境適応の分析枠組

し、彼（敵）と我（味方）の強みや弱みを相対的に分析し、いかなる方向と領域で我の資源を最も効果的に展開するかについての基本的なデザインを描かなければならない。第二には、組織は、そのようなデザインに基づいて必要な資源を蓄積し、それを運用するヒトを練磨しなければならない。そして第三に、組織はそのようにして蓄積した資源を彼の弱みを突き我が優位に立てるような形で展開することが要請されるのである。一般に、戦略のレベルを下ろした、より短期的・実践的な側面が戦術といわれる。

資源には、さまざまなものが考えられよう。常識的には、資源は人的資源と物的資源で構成されると考えられるが、ここではさらに技術と組織文化を加えておきたい。技術には、兵器体系というハードウェアのみならず、組織が蓄積した知識・技能などのソフトウェアの体系がある。組織の知識・技能は、軍事組織でいえば、組織が蓄積してきた戦闘に関するノウハウといってもよいだろう。組織の文化とは、組織の成員が共有する行動様式の体系のことである。組織文化については、後に詳しく述べるが、組織の過去の環境適応行動の結果として組織成員に共有されるに至った、規範的な行動の仕方である。軍事組織の場合、最も典型的には、個々の戦闘にあたって、将校、下士官、兵が意識的にあるいは無意識的に共有している「戦闘のやり方」ということになるだろう。

戦略の実行は、組織構造、管理システム、組織行動の相互作用を通じて遂行される。組織構造は、組織の分業や権限関係の安定的なパターンである。最も組織構造らしい組織構造は、官僚制組織である。組織構造には、公式的な意思決定構造（たとえば、参謀本部、師団制度）のほかにインフォーマルな意思決定の人的ネットワーク（人脈）も含めて考えてよいだろう。管理システムは、組織構造以外の組織のコントロール・システムであり、統合システム（たとえば近接航空支援システム、兵站システム）、業績評価システム（たとえば昇進制度、予算制度）、教育システム（たとえば陸士、海兵制度）など多様である。組織行動は、組織内成員間の相互作用のプロセスであって、意思決定、リーダーシップ、パワー（影響力行使）などの継続的でダイナミックな組織内過程である。組織構造や管理システム自体は行動しない。行動するのは個人であるが、組織としての行動は、個人間の相互作用から生まれてくるのである。組織行動は、組織構造や管理システムに影響されると同時に、たえずそれらに働きかけ影響を与える。

これらの相互作用のなかから、なんらかの組織のパフォーマンス（成果）が生み出される。戦略・戦術が意図したものと、実際の結果との間にパフォーマンス・ギャップがなければ、その結果は既存の知識・技能や行動様式としての組織文化をますます強化していく。しかしながらパフォーマンス・ギャップがある場合には、それは戦略とその実行が環境変化への対応を誤ったかあるいは遅れたかを意味するので、新しい知識や行動様式が探索され、既存の知識や行動様式の変更ないし革新がもたらされるのである。とりわけ、既存の知識や行動様式を捨てることを、学習（learning）に対して、学習棄却（unlearning）という。このようなプロセスが組織学習なのである。軍事組織は、このようなサイクルを繰り返しながら、環境に適応していく。

さて組織の環境適応理論では、組織がうまく環境に適応するためには、組織は直面する環境の機会や脅威に組織の戦略、資源、組織特性（構造・システム・行動）を一貫性をもってフィットさせなければならない、と指摘されている。こういう考え方を、簡単な例で示せば、次のようになるだろう。帝国陸軍の戦略・戦術は、一貫して対ソビエト戦にあり、資源（兵力・装備）、組織構造（編成）から訓練、演習地の選定まで、北満とシベリアの環境特性を想定していた。このような陸軍が、第二次大戦では太平洋でアメリカ軍と戦闘することになったのである。しかしながら、零下三〇度になっても機能しうるようにつくられていた砲や機材は、高温多湿の熱帯では十分機能しなかったし、組織自体もアメリカ軍とジャングルを中心に展開する戦場にマッチしたものではなかったのである（山本七平『一下級将校の見た帝国陸軍』）。そして、そのような戦略・資源・組織と環境の不適合なことがわかっても、帝国陸軍はそれらを環境に適合するように自己変革をとげることができなかったのである。

このように考えてくると、組織の環境適応は、かりに組織の戦略・資源・組織の一部あるいは全部が環境不適合であっても、それらを環境適合的に変革できる力があるかどうかがポイントであるということになる。つまり、一つの組織が、環境に継続的に適応していくためには、組織は環境の変化に合わせて自らの戦略や組織を主体的に変革することができなければならない。こうした能力を持つ組織を、「自己革新組織」という。日本軍という一つの巨大組織が失敗したのは、このような自己革新に失敗したからなのである。しかし、このようなことがいえるためには、さらに突っ込んだ分析がなされなければならない。

日本軍の環境適応

前章で、日本軍の失敗の原因が六つのケースを通じて析出された。そこでは、日本軍の戦略、資源、組織がその作戦環境の生みだす機会や脅威に、いかに適合していなかったかが示された。これらの失敗の原因をつなぎ合わせて、その最も本質的な点をきつめていくと、まことに逆説的ではあるが、「日本軍は環境に適応しすぎて失敗した」、といえるのではないか。

進化論では、次のようなことが指摘されている。恐竜がなぜ絶滅したかの説明の一つに、恐竜は中生代のマツ、スギ、ソテツなどの裸子植物を食べるために機能的にも形態的にも徹底的に適応したが、適応しすぎて特殊化し、ちょっとした気候、水陸の分布、食物の変化に再適応できなかった、というのがある。つまり、「適応は適応能力を締め出す(adaptation precludes adaptability)」とするのである。

日本軍にも、同じようなことが起こったのではないか。このことを、われわれの分析枠組に基づいて明らかにしていこう。

戦略・戦術

本来戦略・戦術(以下では戦略という)は、個々の作戦ごとにその戦略的使命の定義が異なるので、ここでは作戦ごとに多様な戦略を分析することはできない。むしろ個々の作戦が共通に準拠していた戦略の原型を問題にする。

日本軍の戦略は、陸海軍ともきわめて強力かつ一貫した「ものの見方」に支配されていた。このような戦略の「ものの見方」や方法の原型ともなるようなものを、パラダイムと呼ぶことができる。帝国陸海軍には、それぞれ強力な戦略原型（パラダイム）が存在していた。そして、その戦略原型がつねに戦略的使命に影響を及ぼしていた。帝国陸軍が個々の作戦で共通に準拠していた戦略原型は、陸上戦闘において戦勝を獲得するカギは、白兵戦における最後の銃剣突撃にある、という「ものの見方」であった。いわゆる白兵戦思想である。

一方、その技術体系からはるかに近代合理性を身につけていた帝国海軍も、陸上の白兵銃剣主義が戦闘の雌雄を決するというのと同じような、艦隊決戦という戦略原型を定着させてきた。それは、海戦において勝利を決するのは、主力戦艦同士が相対する砲戦にあるとする見方で、ほとんどの海戦の背後には、艦対艦の決戦は最終的には戦艦の主砲に依存する、という「ものの見方」があった。それぞれの戦略原型について、もう少し詳しく見てみよう。

帝国陸軍は、西南戦争や日清戦争を通じて、火力の優越が戦闘のカギとなる要因であることを知っていた。現場第一線では、日本軍火砲の射程や威力不足について不満が多かった。しかし、いずれも戦争が終わると忘れられ、日本軍の軽砲主義は大東亜戦争まで続くことになった。近代戦の要素を持っていた日露戦争を経験しても、西南戦争に従軍した指導者は、過去の薩軍の突撃力がきわめてすぐれていたこと、露軍が歩兵の近接格闘を重視し実際白兵戦闘が強かったこと、旅順戦における二〇三高地の最後の勝利は肉弾攻撃であったこと、などに思いをはせて、結局は銃剣突撃主義に傾倒していった。

白兵戦による銃剣突撃主義が帝国陸軍の戦略原型であったことは、明治四一年五月の教育総監部発行による、「戦法訓練の基本」の原則に明確に表われている。それは、日本陸軍の戦法は、国力、軍の編成、民情、予想戦場の地形に適合する独特のものであるべきことを強調し、次の四項目を重視している（金子常規『兵器と戦術の世界史』）。

①　無形の精神的要素が最大の戦力であることを実証した戦訓に基づいて、とくに軍人精神の練磨向上を期すべきこと。

②　将来もいぜん予想される日本陸軍の物力不足に応ずるため、とくに軍隊の精練が必要であること。

③　当分の間歩兵中心主義に徹すること。

④　歩兵戦闘の主眼は攻撃精神に立脚する白兵戦にあり、射撃は敵に近接する一手段であることを明確にすること。

このような項目は、これ以降多少の修正はあっても、基本的な原型はまったく変更されずに、大東亜戦争末期に至るまで維持されたのである。帝国陸軍は、物的資源よりも人的資源の獲得が経済的により容易であったという資源的制約と、人命尊重の相対的に稀薄であった風土のなかで、火力重視の米軍の合理主義に対し白兵重視のパラダイムを精神主義にまで高めていったのであろう。

一方、海軍の艦隊決戦主義は、日本古来の兵学を踏襲し、日本海海戦によって検証され、体系づけられた、といわれる。明治三八年の日本海海戦は、世界の海戦史上いまだかつてない完全勝利であった。

東郷長官の敵前におけるUターンと、上村長官の相手の退路を断った西方向転換によって、バルチック艦隊は、日本艦隊東西両方面からの砲撃を浴びることとなった。五月二七、二八日にわたる海戦で、バルチック艦隊は戦艦八隻のうち六隻撃沈、二隻捕獲、巡洋艦九隻のうち五隻撃沈、一隻自沈、三隻武装解除、海防艦三隻のうち一隻撃沈、二隻降伏。目的地ウラジオストクにまでたどりついたのは、仮装巡洋艦一隻と二隻の駆逐艦だけであった。敵艦隊の戦死者は四五二四名、捕虜は六一六八名。これに対する連合艦隊の損害は水雷艇三隻を失ったのみで、戦死者は一一六名、負傷者五七〇名。まさに、世界海戦史上始まって以来の完全勝利であった。

この海戦の勝利は、当然のことながら日本海軍の戦略原型に大きな影響を及ぼさずにはおかなかった。すなわち、海軍作戦の真髄は艦隊決戦にあり、艦隊決戦に勝利を得れば、戦争そのものの帰趨にも決定的な影響が与えられるという、艦隊決戦主義の誕生であった。

そして、日本海海戦以後の帝国海軍の仮想敵が米国海軍となっても、対米戦争では日本海海戦の艦隊決戦を再現することによって勝利を得ることができる、という考え方を強化させていったのである。

以上の帝国陸海軍のパラダイムは、それぞれの戦略の構成要素である、戦略的使命の定義、資源蓄積、資源展開のあり方を終始その根底から規定していったのである。

資　源

日本軍は、その戦略に合わせてその資源の蓄積を推進した。資源は、もちろん、戦略発想を規定するものであるが、戦略もまたそれがうまくいけば、資源蓄積と展開のパターンを決めるものである。

帝国陸軍は、白兵銃剣主義に適合すべく資源の蓄積に励んだ。人的資源の量的充実は、白兵戦を遂行するための基本的な前提であったし、物的資源の乏しい国情のなかでは相対的に蓄積が容易であった。しかし近代的兵器・装備は、銃剣白兵が高く評価されていたので、作戦環境に合わせて十分に整備されることはなかった。

第二次大戦で使用された各国の小銃や機関銃は、第一次大戦型かその延長線上にあった。小銃は、ボルト・アクション形式の手動連発銃が主用されていたが、米軍のみは一九三六年に自動小銃M１を制式化していた。日本軍は、明治三九年制定の三八式歩兵銃で大東亜戦争を闘った。これは、日露戦争に勝った三〇年式歩兵銃を改良したもので、満州の砂塵のなかでも困らないように、遊底覆いをつけたものであった。ガダルカナル奪回を図った一木支隊は、白兵による夜襲で銃剣突撃をもって一挙に飛行場突入を計画したが、このときに携帯した三八式歩兵銃をもって、帝国陸軍の対米戦闘の緒戦が始まったのである。

また、帝国陸軍は、大正一四年戦車隊を創立以来、戦車の価値についてはつねに懐疑的であった。第二次大戦に至るまでの列国の戦車の使い方には、①歩兵を主兵とし戦車で強化してその戦闘能力を増強する（したがって歩兵速度に合わせた歩兵直協戦車を開発する）、②戦車を主兵とし、これに歩兵、砲兵、工兵などを支援兵種として突破、機動を遂行しうる諸兵種統合の戦闘団とする（したがって戦闘戦車としての中・重戦車を開発する）、③騎兵を機械化しその軽快な機動力を活用する（したがって軽戦車や巡航戦車を開発する）、の三つの考え方があった。帝国陸軍は、戦車をフランスから学び、その伝統を模倣して軽量小型の戦車を多数つくって、歩兵に直接協同させる方針をとった。また、騎兵が鞍にしがみついて列国のように機械化部隊に変身しようとしなかったので、戦車は大正一三年に歩兵の一部として育てていくことに決定された。昭和九年に、帝国陸軍は諸兵種連合の機械化部隊として独立混成第一旅団を創設したが、わずか四年で解散され、関東軍はノモンハン事件では独立の戦車部隊に諸兵種を臨機に配属させるというやり方をとったのである（加登川幸太郎『帝国陸軍機甲部隊』）。

このような歩兵による白兵第一主義の発想から九五式軽戦車や九七式中戦車などが開発されたが、火力や防護力の低さは第二次大戦中の列国戦車に比すべくもなかった。たとえば、九七式中戦車の備砲は五七ミリ榴弾砲で歩兵直協の域を出ず、戦車対戦車の戦闘など望むべくもなかった。戦車の威力が弱ければ、技術的に強力な対戦車装備（対戦車戦車、対戦車砲、対戦車地雷など）が開発されるはずはなく、最後は地雷、爆薬を持った歩兵が戦車に対して白兵戦を挑むことになったのである。白兵第一主義の戦略原型は、帝国陸軍をして、三八式歩兵銃、三八式野砲と九五式軽戦車、九七式中戦車を典型とする技術資源をもって大東亜戦争を迎えさせたのである。

一方、海軍では、まず敵を相手にする前に自然との闘いが求められる。自然との闘いの武器は科学であり、合理的思考である。その環境特性から、陸軍よりはるかに技術的合理性を潜在的に有していた海軍も、大艦巨砲主義の戦略原型を中心にして、資源蓄積をおそらく陸軍よりも徹底して行なった。その技術体系は、「海戦要務令」に示されたように、終始一貫して戦艦部隊を主体とする艦隊決戦に航空部隊や潜水艦部隊がそれを支援するという考え方を軸に展開された。

帝国海軍は、ワシントン条約およびロンドン条約の劣勢な比率をカバーするために、建艦政策のハードウェア面では個艦優秀主義、ソフトウェア面では少数精鋭・名人芸の奨励を強調した。この個艦優秀主義の典型が、「大和」、「武蔵」の建造であった。

このような大艦巨砲主義の戦略は、より具体的には先制と集中を強調し、「攻撃は最良の防御なり」という考え方につながってくる。したがって帝国海軍は、このようなパラダイムに合わない海上交通保護（旧式艦艇による臨時編成で充当）、防空および艦艇の防御（火災に対する脆弱性）、航空機の防御（たとえば零戦は完全な無防備であったし、一式陸上攻撃機は「一式ライター」と呼ばれた）、潜水艦の使用（通商破壊というよりは艦艇攻撃にあてる）などのハードウェアならびにソフトウェアの蓄積を怠ったのである。

組織特性

組織構造、管理システム、組織行動で構成される組織特性も、すべて一貫性をもって、帝国陸海軍の戦略を支援するように設計された。日本軍が戦略に適合した組織特性をいかに発達させたかについて、具体的に見てみよう。

①組織構造

まず、組織構造の面では、日本軍は、組織的な統合が弱かったとよく指摘されるが、このことも組織の戦略適合性ということと関係がある。日本軍は、米軍のように、陸・海・空の機能を一元的に管理する最高軍事組織としての統合参謀本部を持たなかった。大本営といっても、陸・海軍の作戦を統合的に検討できるような仕組みにはなっておらず、むしろそれぞれの利益追求を行なう協議の場にすぎなかった。この問題は、統帥権の問題にも関係があるけれども、やはり日本軍の戦略原型に影響を受けていたものと考えられる。

白兵銃剣主義と大艦巨砲主義には、軍事合理性あるいは技術の面から統合を促す必然性が乏しかったのではあるまいか。そもそも日本軍は、陸軍と海軍で目標とする仮想敵国が異なっていた。明治以来、陸軍はソ連を仮想敵国とほぼ限定し、作戦用兵は北満の原野を予想戦場とする大陸作戦に偏っていた。したがって、陸軍の戦略・戦術の研究は、大陸における運用を基本として、米軍を相手としての太平洋諸島をめぐる攻防戦の研究はほとんど顧みられなかった。いわんや、米本土への上陸作戦など思いもよらなかったのである。

一方海軍では、米海軍を仮想敵とし、戦艦群を中心にした輪型陣で太平洋を西進してくる米艦隊の邀撃を想定した。このような戦略発想の原点は、東航するバルチック艦隊を迎え撃ちほとんど全滅させた日本海海戦の戦訓にある。それは、米主力艦隊が日本近海に近づくまでに、潜水艦と南洋諸島の基地からの飛行機で先制奇襲を反覆して漸減させ、最後に連合艦隊の艦隊決戦によって一気に制海権を獲得するという短期決戦思想であった。したがって、前進基地の重要性は認識しながらも、太平洋諸島をめぐる長期陸上戦闘に対する配慮はもともと稀薄だったのである。

このような仮想敵国（環境）の相違は、組織の性格にも影響を与える。たとえば、次のような指摘がある。

陸海軍はその性質上、陸軍は大陸を根拠とし、海軍は海洋を舞台としているのは当然であるが、作戦的にも陸軍は大地に立脚して泰然としているのに対し、海軍は洋上を馳駆して変幻極まりない。陸軍の静に対し海軍の動というか、陸軍は熟慮のうえにひとたび方針をきめればなかなか変更しないが、海軍は情勢の変転によって軽易に方針も変更する。良くいえば陸軍は決心強固で物に動じない性格であり、海軍は融通自在柔軟性に富む、悪くいえば陸軍は頑冥、海軍は骨なしである。（高山信武『参謀本部作戦課』）

組織の環境適応理論によれば、ダイナミックな環境に有効に適応している組織は、組織内の機能をより分化させると同時に、より強力な統合を達成しなければならない。つまり、「分化（differentiation）」と「統合（integration）」という相反する関係にある状態を同時に極大化している組織が、環境適応にすぐれているということである。「分化」というのは、上述の引用が示唆しているように、環境特性によって、組織の構成員の目標、時間、人間関係についての態度やものの見方が違ってくるということである。より

	環境（仮想敵国）	目標志向性	時間志向性	対人志向性
陸軍	ソ　連	大陸に展開する白兵戦	時速４～５km	情緒的
海軍	米　国	太平洋に展開する艦隊決戦	20～30ノット 時速40～60km	合理的

表３－１　日本軍の「分化」

具体的には、組織の構成員の目標志向性、時間志向性、対人志向性に差が出てくるということである。日本軍の「分化」を単純化してみると、表３―１のようになるだろう。

これに空軍を独立的に考えれば、たとえばその時間志向性は時速三〇〇～四〇〇キロメートルであるから「分化」はより増大されることになる。環境が複雑になればなるほど、その複雑性に対応するために、組織はよりいっそう「分化」をせざるをえないのである。問題は、このような「分化」をいかにして「統合」するかである。

米軍は、前述のように統合参謀本部という組織的な統合部門を持ち、陸海軍部隊の戦略と運用の一元的な統合を確保し、陸海軍の間に基本的な葛藤（コンフリクト）がある場合には、大統領が統合者として積極的にその解消に乗り出した。これに対して日本軍は、大本営という統合部門を持ちながら、強力な統合機能を欠いたために、陸軍はソ連―白兵主義、海軍は米国―艦隊決戦主義という目標志向性の差を最後まで調整することができなかった。基本的な葛藤がある場合でも、天皇という実体のない統合機構のなかであいまいなままに処理されていたのである。

戦闘組織についても、帝国海軍は、機動部隊という航空優位の組織構造をつくり上げたけれども、戦艦優位の編成を最後まで崩すことができなかった。これに対して、米海軍は真珠湾の奇襲から南雲機動部隊を真似てタスクフォースをつくったが、それを日本海軍よりはるかに洗練させてしまった。たとえば、米海軍は一隻ごとの空母を中心にした半径一五〇〇メートルの円周の上に、戦艦、巡洋艦、駆逐艦あわせて約九隻を等間隔に位置づける輪型陣対空防衛システムを開発した。空母に突入する艦爆機は横合いからねらわれ、雷撃機は目標の空母から約一五〇〇メートルちょうどのところで速度を殺して低空に下り、魚雷を投ずるのでそこをねらわれた。南雲部隊では、輪型陣を形成する警戒艦が少ないので空母を一隻ずつに分けることができなかった。したがって、四隻を五キロの距離で正方形に配置し、その外側中距離に警戒艦をばらまく形で置いたが、レーダーがないこととあいまって警戒艦が高角砲や機銃で空母を襲う敵機を撃墜するのは無理だった。空母を襲う敵機は、空母が自分で防ぐより方法がなかったのである（御田俊一『帝国海軍はなぜ敗れたか』）。

日本陸軍においても、歩兵、火砲、航空機の有機的統合が図られた組織になっていなかった。白兵戦を展開する歩兵が、中核として突出するような組織になっていたし、歩砲分離の状態で戦闘を行なうことが多かった。昭和九年に創設された諸兵種連合の機械化部隊も、わずか四年にして消えてしまったのである。

これに対して太平洋諸島において日本軍が対決した米軍の最も大きな特色の一つは、水陸両用作戦のドクトリンとその方法を開発していたことである。このために、米軍に特有の兵種、すなわち「海兵隊」を発展させ、陸・海・空を有機的に統合した独特のタスクフォース組織をつくり上げていたのである。

②管理システム

管理システムのなかでは、人事昇進システム、業績評価システム、教育訓練システムなどが主要なものであるが、戦略思想同様、日本軍の原点は日露戦争にあった。人事昇進システムは、日本軍は基本的には年功序列であった。したがって、陸軍の首脳部は歩兵科出身の将軍に占められていたし、海軍でも砲術科出身の提督が支配的な地位にあった。たとえば、開戦時に、連合艦隊の一〇名の各艦隊司令長官のうち、砲術系は山本五十六、高須四郎、近藤信竹、高橋伊望の四名、水雷系は南雲忠一、細萱戊子郎、清水光美、小沢治三郎の四名、航海系は井上成美の一名、塚原二四三は勤務歴から唯一の航空系であった。

さらに、戦時において日本軍には米軍のような能力主義による思い切った抜擢人事はなかった。将官の人事は、平時の進級順序を基準にして実施されていた。したがって、人事昇進システムの面で既存の価値体系を強化こそすれ、それを破壊することはきわめて困難であった。

教育システムについては、代表的なものには陸軍士官学校、海軍兵学校があり、さらに、陸士、海兵の上に陸軍大学校ならびに海軍大学校があった。

教育内容については、海軍兵学校では理数系科目が重視され、また成績によって序列が決まったので、大東亜戦争中の提督のほとんどは、理数系能力を評価されて昇進した。陸軍士官学校では、理数よりも戦術を中心とした軍務重視型の教育が行なわれた。理解力や記憶力がよく（これは理数系重視型教育においても同様であるが）、それに行動力のある者は成績がよかった。しかし陸軍の場合には、海軍と異なり陸士の成績よりは陸大の成績がその後の昇進を規定した。陸大卒業者は、記憶力、データ処理、文書作成能力にすぐれ、事務官僚としてもすぐれており、たとえば東条大将はメモ魔といわれたほどだが、またその記憶力のよさも人を驚かせていたといわれる（熊谷光久「大東亜戦争将帥論」）。

このような教育システムを背景として、実務的な陸軍の将校と理数系に強い海軍の将校が、大東亜戦争のリーダー群として輩出してきた。しかしいずれのタイプにも共通するのは、それらの人々がオリジナリティを奨励するよりは、暗記と記憶力を強調した教育システムを通じて養成されたということである。

このような画一化された教育での成績が昇進を左右したわけであるから（とりわけ年功序列を重視する組織では、学校成績の序列が最もコンセンサスを得やすい業績評価基準となるので）、いかに要領よく整理・記憶するかがキャリア形成のポイントであった。このような教育でしつけられた行動様式は、戦闘が平時の訓練のように決まったシナリオで展開していく場合にはよいが、いつ不測事態（コンティンジェンシー）が起こるかわからないような不確実性の高い状況下で独自の判断を迫られるようになってくると、十分に機能しなくなるだろう。艦隊決戦主義や白兵銃剣主義の墨守は、このような教育体系の産物でもあったのである。

③組織行動

組織行動については、リーダーシップの問題を取り上げてみよう。ここでは、日々のリーダーシップ行動の特性を分析することはできないが、その行動主体であるリーダーは考察することができる。日本軍には、組織の成員が日々の生活のなかで観察でき、またその行動の手本としたリーダーあるいは英雄が存在した。英雄とは、組織の成員の多くがその思考・行動の準拠枠として考える組織の価値を体現する人々のことである。このような英雄は、通常その組織をつくり上げた創始者から特定の戦闘で成功を収めた将官や兵士まで多様に存在する。

帝国陸海軍の白兵銃剣主義や大艦巨砲主義というパラダイムを具現したリーダーないし英雄は、おそらく乃木希典ならびに東郷平八郎にまでさかのぼることができるだろう。大東亜戦争の諸戦闘に従事し注目を浴びた将兵は、いずれもなんらかの形でこれらの戦略原型を体現あるいは伝承した人々であった。

たとえば、帝国陸軍のガダルカナル戦における一木清直大佐は、昭和一二年七月の蘆溝橋事件の際の大隊長であり、大東亜戦争当時の連隊長クラスのなかでは最も野戦に長けた古参連隊長であった。ガダルカナル島第二回総攻撃の主力部隊である仙台第二師団そのものは、明治三七年八月二六日の遼陽会戦における敵の主要陣地「弓張嶺」の大夜襲に成功した歴史を持つ夜戦に強い師団であった。東海林俊成大佐は、その麾下の勇猛をうたわれた若松満則少佐に決死的突進によってバンドン要塞へ先駆け一番乗りを果たさせた戦歴を有していた。

インパール作戦の牟田口廉也中将は、蘆溝橋事件の北京連隊長。大東亜戦争に入って第一八師団長としてシンガポール攻略の第一戦に戦い、転じてビルマ平定戦に参加して神速の武名をあげた。田中信男中将は、満州事変当時馬占山を追討して名をあげ、インパール作戦では「ビシェンプール七〇日包囲戦」を展開し、旅順要塞を肉弾で攻略した乃木将軍の故事に学び、突撃の反覆によってこれを抜こうとした。宮崎繁三郎少将は、ノモンハン戦では唯一の「不敗の連隊長」であり、インパール作戦では右翼突撃隊長として、「山頂涼風、渓谷清流」を唱えながら突進し、鵯越作戦の一環としてコヒマを占領した。沖縄戦での長勇中将は、昭和一三年七月の張鼓峰事件当時連隊長として豪放なる振舞いに相手の胆を奪って勇名を馳せていた。

山本五十六長官は、日本海軍の現役提督のなかで日露戦争に参加し負傷した体験を持つ唯一の人であったが、大艦巨砲主義を批判し航空戦力を重視したすぐれた戦略家であった。しかしながら、その戦略構想は、真珠湾攻撃とミッドウェー作戦に見られるように短期決戦思想に強く彩られている。「それは、これからの海上作戦はいかなる様相で戦われるかを徹底的に究明し、航空兵力こそ作戦の主兵であるとの認識に基づいて立てられた作戦でなかった」（千早正隆『日本海軍の戦略発想』）のである。「大勢に押されて立上がらざるを得ずとすれば、艦隊担当者としては到底尋常一様の作戦にては見込み立たず、結局桶狭間と鵯越と川中島とを併せ行うの已むを得ざる羽目に追い込まれる次第に御座候」といっていたように、開戦時の連合艦隊の作戦計画は、伝統的艦隊決戦と山本長官の真珠湾奇襲攻撃の妥協案であった。それは帝国海軍の継戦能力の冷徹な分析に基づいたものであったが、井上成美中将の持久戦をも考慮した航空戦力重視構想とは異なる。その点で、「日露戦争の戦訓で太平洋戦争を戦った」とも指摘されている。

真珠湾、ミッドウェー作戦の南雲忠一中将は、水雷系の出身で真珠湾作戦には消極的であり、奇襲成功後も第二次攻撃をせずに帰投したり、ミッドウェーでも航空機による戦い方を真に理解できていなかった艦隊決戦の信奉者であった。三上軍一中将は、第一次ソロモン海戦で雷撃による一大奇襲の夜戦により戦果を挙げたが、荷揚げ中の輸送船三〇余隻を見逃した。レイテ海戦の栗田健男中将も南雲中将同様水雷系の出身で、昭和一七年九月のガダルカナル島砲撃を指揮した純実戦派の指揮官であったが、レイテ湾の輸送船団の攻撃をせずに米艦隊との華々しい艦隊決戦を志向して反転したのである。

日本軍のなかで組織成員が日々見たり接したりできたリーダーの多くは、白兵戦と艦隊決戦という戦略原型をなんらかの形で具現化した人々であった。組織の戦略原型が末端にまで浸透するためには、組織の成員が特定の意味や行動を媒介にして特定のものの見方や行動の型を内面化していくことが必要である。このようなパラダイムの浸透には、とりわけ組織のリーダーの言動による影響力が大きい。これらのリーダーは、意識的・無意識的に日常部下にそれぞれの体験を戦闘に直結する言葉や比喩を使って説いたことであろう。つまり、組織のパラダイムが使徒（後継者）の日常のリーダーシップ行動を通じて伝承されていく。年功序列型の組織では、人的つながりができやすく、またリーダーの過去の成功体験が継続的に組織の上部構造に蓄積されていくので、価値の伝承はとりたてて努力をしなくても日常化されやすいのである。

このようなリーダーシップの積み上げによって、戦略・戦術のパラダイムは、組織の成員に共有された行動規範、すなわち組織文化にまで高められる。組織の文化は、とり立てて目を引くでもない、ささいな、日常の人々の相互作用の積み重ねによって形成されることが多いのである。

組織学習

組織は学習しながら進化していく。つまり、組織はその成果を通じて既存の知識の強化、修正あるいは棄却と新知識の獲得を行なっていく。組織学習（organizational learning）とは、組織の行為とその結果との間の因果関係についての知識を、強化あるいは変化させる組織内部のプロセスである、と定義される。しかしながら、組織は、個人の頭脳に匹敵する頭脳を持たないし、またそれ自体で学習行動を起こすこともできない。学習するのは、あくまで一人一人の組織の成員である。したがって組織学習は、組織の成員一人一人によって行なわれる学習が互いに共有され、評価され、統合されるプロセスを経て初めて起こるのである。そのような学習が起こるためには、組織は、個々の成員に影響を与え、その学習の成果を蓄積し、伝達するという学習システムになっていなければならない。組織は、ちょうど一人一人の俳優によってドラマのレパートリーが演じられる舞台にたとえることができるのである。

さて、日本軍は既存の知識を強化させるという面ではまことによく学習したといえる。そして、実際、帝国陸軍の白兵銃剣主義の成果はけっして悪いものではなかった。満州事変、日中戦争などで対決した近代的陸軍とはいえない中国軍に対しては、個々の戦闘では十分に機能したのである。また、大東亜戦争の緒戦でも、まさに連戦連勝の成果を収めたのである。

大東亜戦争での帝国陸軍の最初の大戦闘の一つは、香港攻略戦であった。この勝利のきっかけは、第一線の歩兵一個大隊が英軍の警戒のスキを見て主陣地線ジン・ドリンカーズ・ラインの中核火点を奇襲占領したことであった。マレー半島のコタバル上陸戦においても、準備砲爆撃もなしにいきなり佗美少将の兵団約五〇〇〇名が奇襲上陸し、兵団長自ら斬り込んで第一線を抜き、その後も大雷雨を衝いた夜襲を敢行して飛行場と周辺一帯を制圧した。さらに、シンゴラに上陸した第五師団の先鋒佐伯捜索連隊は、わずか五八一名を以て第五師団主力の攻撃路を開くべくやみくもに突進し、六〇〇〇名で守っていた英軍の堅陣ジットラ・ラインに予期せずしてぶつかり、夜襲を敢行してわずか一日で抜いてしまった。この速攻の成果は、戦術的に説明がつかないものでさえあった。その後の快進撃を行なった第一線部隊は、自転車利用のいわゆる「銀輪部隊」であり、連隊長以下全員がペダルを踏んで走り、往々にして英印軍をその速度において超越した突進を行なったことでも有名であった。

満州・中国から香港、シンガポールへと続いた白兵銃剣主義の成功は、火力に頼らずにやれたという自信とあいまって、ますます強化されたのは、当然のことであった。

帝国海軍の学習の強化は、むしろ成果というよりは、戦艦を中心とした兵器体系、連合艦隊中心の組織編成、砲術、水雷中心のエリートを集中させた昇進システム、艦隊決戦の戦略原型を徹底した海軍大学校、「月月火水木金金」の猛訓練を反覆させた教育訓練システム、などの結果であろう。

成果という点からいえば、帝国海軍は自らの手による航空攻撃で米国戦艦を倒し、大艦巨砲主義から転換できるはずであった。しかしながら、すでに議論されたように山本連合艦隊司令長官が緒戦において真に戦艦中心から空母中心への移行を洞察したのかどうかという点については、必ずしも明確ではない。真珠湾攻撃後の連合艦隊では、航空優先の策は具体化されなかったし、その後も戦艦部隊中心の艦隊決戦の志向がいぜんとして根強かったからである。

いずれにせよ、帝国陸海軍は戦略、資源、組織特性、成果の一貫性を通じて、それぞれの戦略原型を強化したという点では、徹底した組織学習を行なったといえるだろう。しかしながら、組織学習には、組織の行為と成果との間にギャップがあった場合には、既存の知識を疑い、新たな知識を獲得する側面があることを忘れてはならない。その場合の基本は、組織として既存の知識を捨てる学習棄却（unlearning）、つまり自己否定的学習ができるかどうかということなのである。

そういう点では、帝国陸海軍は既存の知識を強化しすぎて、学習棄却に失敗したといえるだろう。帝国陸軍は、ガダルカナル戦以降火力重視の必要性を認めながらも、最終的には銃剣突撃主義による白兵戦術から脱却できなかったし、帝国海軍もミッドウェーの敗戦以降空母の増強を図ったが、大艦巨砲主義を具現した「大和」、「武蔵」の四六センチ砲の威力が必ず発揮されるときが来ると、最後まで信じていたのである。

組織文化

かつて部族のカルチャーが部族内の成員に対して価値や行動規範となるようなトーテムやタブーを持っていたように、組織にも文化が形成され、それが直接あるいは間接に当該組織の成員のものの見方や行動を規定する。文化人類学では、文化は、「シンボルによって獲得され伝達される、明示的・黙示的な行動の形」(クローバー&クラックホーン)、あるいは、「教示もしくは模倣によって獲得した共有された諸概念、条件づけられた情緒的反応、習慣的行動の形などの総和」(ソントン)などと定義されている。ここでは、組織文化(organizational cultures)を、組織が環境に適応した結果、組織成員に明確にあるいは暗黙に共有されるに至った行動様式の体系と定義する。組織が新たな環境変化に直面したときに最も困難な課題は、これまでに蓄積してきた組織文化をいかにして変革するかということである。組織文化は、組織の戦略とその行動を根底から規定しているからである。

組織文化は、共有された行動様式であるから、組織学習と密接な関係がある。それは、成員に共有されるに至った、行動とのむすびつきが強い知識といってもよいだろう。組織文化は、①価値、②英雄、③リーダーシップ、④組織・管理システム、⑤儀式などの一貫性をもった相互作用のなかから形成される。

組織の共有された行動様式の体系が組織文化であるとすれば、その最も根幹をなすのは、その組織の持っている価値である。日本軍には、最もマクロ的には「大東亜共栄圏」、「五族協和」、「八紘一宇」などの政治的な価値があった。しかしながら、このような抽象的かつあいまいな政治的価値は、戦闘における行動様式にはなりえない。したがって、帝国陸海軍が個々の戦闘で最も強調したのは、結局、陸の白兵銃剣主義、海の艦隊決戦主義であったと思われる。

英雄とは、組織の成員の多くがその思考や行動の準拠枠として考える組織の価値を体現する人々のことである。このような英雄は、通常その組織をつくりあげた創始者から特定の戦闘で成功を収めた将や兵までさまざまである。価値は、通常シンボルなどによって目に見えるようにならなければ、組織のなかには浸透しにくいものである。帝国陸海軍の突貫主義や大艦巨砲主義の価値を最も典型的に具現した英雄は、乃木希典や東郷平八郎であったが、大東亜戦争の諸戦闘に従事し注目を浴びた将兵も、すでに述べたように、いずれもなんらかの形でこれらの価値を体現した人々であった。

組織の価値が末端にまで文化として浸透するためには、組織の成員が特定の知識や行為を媒介にして特定のものの見方や行動の型を内面化していくことが必要である。このような価値の制度化には、とりわけ組織のリーダーの言動による影響力が大きい。つまり、組織の価値が指導者の日常のリーダーシップ行動を通じて伝承されていくのである。既述のように、陸軍では、指導者は白兵戦で名をあげた将校が多く、また海軍でリーダーシップをとったのは砲術系あるいは水雷系の将校が多かった。これらのリーダーが、意識的・無意識的に日常生活のなかでそれぞれの体験を戦闘に直結する言葉や比喩を使って説いていったのである。

組織の価値は、また組織の成員が仲間同士でたえず解釈、あるいは確認し合うことによっても学習される。帝国陸海軍における小集団組織内での先輩による後輩の指導・育成や、ビンタなどの行為も価値の伝承に貢献したと考えられる。

組織の価値が組織内に具現化されるためには、さらにそれが組織の仕組みやシステムに支援されていなければならない。白兵銃剣主義や艦隊決戦主義を支援する組織やシステムについては、すでに述べた。

軍事組織とカトリック教会は、その価値の反覆・伝承のために、最も頻繁に儀式を行なう組織である。儀式とは、組織内の日常生活でプログラム化された行事である。それは、会議に始まって、行進、運動、式典などさまざまである。たとえば、日本海軍は五月二七日を海軍記念日とし、毎年当日には日本海海戦の勝利の回顧と称賛が反覆され、艦隊決戦の原点と思想統一が図られたのである。

かくして、価値、英雄、リーダーシップ、組織・管理システム、儀式、環境特性などの一貫した相互作用のなかから、「白兵銃剣主義」あるいは「艦隊決戦主義」などの言葉で表現される行動様式が帝国陸海軍に確立されていったのである。たとえば、帝国海軍における日本海海戦の艦隊決戦の再現が行動様式化していったことを示唆する次の指摘は、きわめて興味深い。

それは、海軍にとって、これ以上ないほどの重大な基本認識であり、あらゆるものの原点でさえあった。兵術思想も、組織も、軍備も、教育訓練も、人事行政も、海軍のすべてをあげて、その原点から出発した。これほど同原同質に、一つの大組織を効率よくまとめあげた例は、そうたくさんないのではあるまいか。

もうすこし具体的にいおう。

日本海海戦のような、両軍主力部隊の全力をあげた激突、つまり艦隊決戦で勝利を収めるため、東郷司令長官が実行して成功したような猛訓練、ロシア艦隊に撃ち勝った主砲射撃の命中精度の高さと射撃速度の速さ、砲弾威力の大きさ、そして敵の同型艦よりもすぐれた艦艇の性能。また、一糸乱れず艦隊が敵前で機動し、最大戦力を敵にぶつける作戦指揮法、操艦法。波浪に強い堅艦快艇の設計建造法など。

いいかえれば、西太平洋に米主力艦隊を迎え撃つ艦隊決戦に対する作戦研究と思想統一、それに勝つための軍備、組織づくりと人事と猛訓練を、一日も休まずにくりかえし、ついに、主砲射撃も魚雷発射も、飛行機による雷撃、爆弾も、前代未聞の高い命中率をあげ、艦隊の運用、艦艇の操縦も、熟練の結果、「技神に入る」ところまできた。(吉田俊雄「帝国海軍とは何であったか」)

つまり、帝国陸海軍においては、戦略・戦術の原型が組織成員の共有された行動様式にまで徹底して高められていたのである。その点で、日本軍は適応しすぎて特殊化していた組織なのであった。

自己革新組織の原則と日本軍の失敗

組織が継続的に環境に適応していくためには、組織は主体的にその戦略・組織を環境の変化に適合するように変化させなければならない。このようなことができる、つまり主体的に進化する能力のある組織が自己革新組織である。最近の進化論の有力な考え方の一つは、進化の普遍的な原則をこの自己革新という考え方に求めている。組織は、自己革新行動を通じて日々進化をとげていく。軍事組織も、けっしてこの例外ではないのである。

ここで、日本軍の環境適応の失敗をさらに理論的に考察するために、組織が自己革新的であるための普遍的原則を示し、それに照らしてなぜ日本軍が自己革新に失敗したかを明らかにすることにしよう。すなわち、自己革新能力のある組織は、以下にのべるような条件を満たさなければならない。

不均衡の創造

適応力のある組織は、環境を利用してたえず組織内に変異、緊張、危機感を発生させている。あるいはこの原則を、組織は進化するためには、それ自体をたえず不均衡状態にしておかなければならない、といってもよいだろう。不均衡は、組織が環境との間の情報やエネルギーの交換プロセスのパイプをつなげておく、すなわち開放体制（オープン・システム）にしておくための必要条件である。完全な均衡状態にあるということは、適応の最終状態であって組織の死を意味する。逆説的ではあるが、「適応は適応能力を締め出す」のである。もちろん、われわれの分析枠組でも明らかなように、ある時点で組織のすべての構成要素が環境に適合することは望ましい。しかし、環境が変化した場合には、諸要素間の均衡関係をつき崩して組織的な不均衡状態をつくり出さねばならない。

均衡状態からずれた組織では、組織の構成要素間の相互作用が活発になり、組織のなかに多様性が生み出される。組織のなかの構成要素間の相互作用が活発になり、多様性が創造されていけば、組織内に時間的・空間的に均衡状態に対するチェックや疑問や破壊が自然発生的に起こり、進化のダイナミックスが始まるのである。

軍事組織は、他の組織と比較して組織内外にたえず緊張が発生し、不安定な組織であると考えられるかもしれないが、それは戦時だけのことである。それは、平時には、企業組織のように常時市場とつながりを持ち、そこでの競争にさらされ、結果のフィードバックを頻繁に受けるという、開放体制の組織ではないのである。だからこそ、軍事組織は平時にいかに組織内に緊張を創造し、多様性を保持して高度に不確実な戦時に備えるかが課題になるのである。

日本軍は、逆説的ではあるが、きわめて安定的な組織だったのではなかろうか。「彼等（陸海軍人：筆者注）は思索せず、読書せず、上級者となるに従って反駁する人もなく、批判を受ける機会もなく、式場の御神体となり、権威の偶像となって温室の裡に保護された。永き平和時代には上官の一言一句はなんらの抵抗を受けず実現しても、一旦戦場となれば敵軍の意思は最後の段階迄実力を以て抗争することになるのである。政治家が政権を争い、事業家が同業者と勝敗を競うような闘争的訓練は全然与えられていなかった」（高木惣吉『太平洋海戦史』）。さらにいえば、日本海軍について、次のような指摘がある。

単一民族、大家族主義の上に組織された生活共同体的日本海軍であった。病気で勤まらなくなるとか、よくよくの失態でもないかぎり、だれでも大佐までは進級させる。平時は福祉にも十分注意を払っていた。海に隔てられた別社会だった。

創設以来七十五年たち、二代、三代と代替わりして、すっかり安定した日本人的な長老体制ができあがっていた。抜擢は大佐に進級するまでで、将官になると、ずっと序列は変らなくなった。本来、海上で働く将官は、少将で四十歳、大将は五十歳が理想とされたが、住み心地がよすぎたせいか、新陳代謝がすすまなかった。開戦のとき、中沢人事局長によると、だいたい五歳から八歳くらい老けすぎていた（開戦時山本長官五十七歳、永野軍令部総長六十一歳）。

仕事はきまったことのくりかえし、長老は頭の上に載せておく帽子代わりでよい、というのは平和時代のことである。戦時には、トップこそ豊富な経験と知恵の上に想像力と独創力を働かせ、頑健な身体と健全なバランス感覚で、誤りない意思決定をしなければならなかった。

山本五十六が、自分で、独自の対米作戦構想を練り、その構想にもとづいて指導していったことは、そのような無風帯的バックグラウンドからすると、突出的でありすぎた。海軍は、連合艦隊を含めて、すっかりこんがらかった。（吉田俊雄『四人の連合艦隊司令長官』）

このような組織に緊張を創造するためには、客観的環境を主観的に再構成あるいは演出するリーダーの洞察力、異質な情報・知識の交流、ヒトの抜擢などによる権力構造のたえざる均衡破壊などがカギとなる。

日本軍のなかで対米戦争に最も危機感を抱いていたのは、山本五十六を中心とする一部将官のみであった。帝国海軍は、ワシントン軍縮会議で対米六割の枠をはめられたが、その劣勢を人の練磨によってカバーすべく「月月火水木金金」の猛訓練に励んだ。それでも、この組織も国民や新聞から「無敵海軍」などとちやほやされ、日本海海戦の「大勝利」から時間がたつにつれて、組織も硬直化し、当初のハングリー精神が薄れていったのではなかろうか。

米国を仮想敵国とする合理的海軍に危機感がなければ、ソ連を仮想敵国とし北満の原野を予想戦場とする、より情緒的陸軍には、危機感を洞察するリーダーもいなければ、日中戦争での個別戦闘の勝利を反覆するなかで、どうしようもない驕りが組織内に満ち満ちていた。

軍事組織は、平時から戦時への転換を瞬時にして行なえるシステムを有していなければならない。日本軍には、高級指揮官の抜擢人事はなかった。将官人事は、平時の進級順序を基準にして行なわれた。年功序列を基準とした昇進システムのなかで、最も無難で納得性のある基準が、陸士・海兵の卒業成績と陸軍・海軍大学校の卒業者の成績順位であった。

日本海軍はきわめて洗練された人事評価システムをつくり上げたが、学歴主義を否定することはできなかった。既述のように、海軍兵学校の卒業席次は、兵学はすべて理数系の実学であったから、理数科に強い学校秀才型の学生が有利であった。しかしながら、予測のつかない不測事態が発生した場合に、とっさの臨機応変の対応ができる人物は、定型的知識の記憶にすぐれる学校秀才からは生まれにくいのである（池田清『海軍と日本』）。

これに対して米軍は、南北戦争での体験から第二次大戦では徹底的な能力主義を貫いた。アイゼンハワー、ニミッツのトップ人事からして、思い切った能力本位の抜擢人事であった。日本軍でも、日露戦争開戦の三カ月前に、当時の海軍大臣山本権兵衛大将が、常備艦隊司令長官日高壮之丞中将を舞鶴鎮守府長官東郷平八郎中将に替えて、平時から戦時への切り替え人事を行なった例があるが、大東亜戦争の日本軍は平時の安定・均衡志向の組織のままで戦争に突入したのである。

自律性の確保

自律性を確保しつつ全体としての適応を図るためには、組織はその構成要素の自律性を確保できるように組織の単位を柔構造にしておかなければならない。自律性のある柔構造組織、すなわちルース・カプリング型組織の特色は次のとおりである。

① それぞれの組織単位が自律性を持ち、自らの環境を細かく見て適応するので、小さな環境の変化に敏感に適応することができ、またそれが多様なルートで諸単位間に伝達されるので、相互作用が活発化し、全体として環境に敏感なシステムになる。

② 各組織単位は自律的に環境に適応していくので、適応の仕方に異質性、独自性を確保でき、どこかに創造的な解を生み出す可能性を持っている。

③ 官僚制のようにタイトに連結された組織に比較して、組織単位間の相互の影響度が軽く自由度が高いので、予期しない環境変化に対する脆弱性が小さい。

軍事組織は、企業組織に比較すれば、柔構造というより剛構造のタイト・カプリング型組織になるであろう。しかしながら、異質かつ多様な作戦を同時に展開するには組織の構成要素の主体的かつ自律的な適応を許すことが必須であるために、程度の差はあれ柔構造の原則をビルト・インしていなければならない。にもかかわらず、現場第一線における戦闘単位の自律性を制約し、参謀本部に極度の集権化を行なってきたのが日本軍の組織であった。

また、日本軍の第一線の高級指揮官には人事権が与えられていなかった。彼の権限は、無能な指揮官の交代を陸軍省に上申することだけで、その発令があるまでは、その指揮権を奪うことは許されなかった。これに対して、米軍では、第一線指揮官に、その要求どおりの成果を挙げられない隷下の指揮官を任免する人事権が与えられていた。典型的な例としては、海兵隊ホーランド・スミス少将は、サイパン島戦において戦意不足ということで第二七歩兵師団長ラルフ・スミス少将を戦闘中に解任した。

しかしながら、米軍は必要な自律性を与える代りに業績評価を明確にしていた。真珠湾で日本海軍の奇襲により大損害を受けた米太平洋艦隊司令長官キンメル大将は、その責を問われてただちに解任され軍法会議にかけられた。

日本軍は結果よりもプロセスや動機を評価した。個々の戦闘においても、戦闘結果よりはリーダーの意図とかやる気が評価された。このような志向が、作戦結果の客観的評価とその事実や経験の蓄積を制約し、官僚制組織のなかでの下剋上を許していった。業績評価があいまいであることは、信賞必罰における合理主義を貫徹することを困難にする。情緒主義は、信賞必罰のうちむしろ賞のみに汲々とし必罰を怠る傾向をもたらす。山本長官でさえ、ミッドウェー敗戦後、「敵討させて下さい」という草鹿参謀長の懇請を容れて、南雲・草鹿をそのまま新編第三艦隊に留任させた。レイテ作戦を指揮した栗田第二艦隊司令長官も、その責任をまったく問われていない。インパール作戦の牟田口中将は、後に陸軍予科士官学校校長に任命されている。

日本軍の現地軍は、責任多く権限なしともいわれた。責任権限のあいまいな組織にあっては、中央が軍事合理性を欠いた場合のツケはすべて現地軍が負わなければならなかった。「決死任務を遂行し、聖旨に添うべし」、「天佑神助」、「能否を超越し国運を賭して断行すべし」などの空文虚字の命令が出れば出るほど、現地軍の責任と義務は際限なく拡大して追及され、結果的にはその自律性を喪失していったのである。

創造的破壊による突出

既述のように組織がたえず内部でゆらぎ続け、ゆらぎが内部で増幅され一定のクリティカル・ポイントを超えれば、システムは不安定域を超えて新しい構造へ飛躍する。そのためには漸進的変化だけでは十分でなく、ときには突然変異のような突発的な変化が必要である。したがって、進化は、創造的破壊を伴う「自己超越」現象でもある。つまり自己革新組織は、たえずシステム自体の限界を超えたところに到達しようと自己否定を行なうのである。進化は創造的なものであって、単なる適応的なものではないのである。自己革新組織は、不断に現状の創造的破壊を行ない、本質的にシステムをその物理的・精神的境界を超えたところに到達させる原理をうちに含んでいるのである。

日本軍にとってまことに不幸であったのは、第一次世界大戦という近代戦あるいは消耗戦を組織全体がまともに体験しなかったことであった。戦車、航空機などの軍事組織の戦略や組織自体を根底から変革させる技術革新にも、実感をもって十分目を向けることはできなかった。外部環境から来る脅威をテコにして、過去の戦略、組織、行動様式を自己革新する機会を失ったのである。

米軍にとって、不幸中の幸いであったのは、開戦時に真珠湾で低速戦艦を一挙に失ったことである。このことは、大艦巨砲主義から航空機を主体とした空母機動部隊への自己革新を容易にしたといわれている。ちなみに、これらのうち浮揚修理のできた戦艦は、サイパンや沖縄で上陸支援の艦砲射撃専門に使われ、ガダルカナル攻防や空母機動部隊の輪型陣を支援した戦艦は、すべて高速かつ対空砲の充実した新鋭艦であった。

創造的破壊は、ヒトと技術を通じて最も徹底的に実現される。ヒトと技術が重要であるのは、それらがいずれも戦略発想のカギになっているからである。米軍は重要な戦略発想の革新を、ダイナミックな指揮官・参謀の人事によって実行した。また、F4F、F6F、F8Fなどの戦闘機やB17からB29に至る長距離戦略爆撃機が、次々と連続的に開発された。これらの一連の技術革新が米軍の大艦巨砲主義から航空主兵への転換を可能にする基盤になった。米軍のこうしたヒトと技術における「突出」は、それが単なる突出にとどまらず、戦略体系全体の革新を導き、それと整合的に接合されていたのである。

これに対して日本軍は、ヒトを戦略発想の転換の軸として位置づけることを怠った。

長老支配体制と若手将校による下剋上が頻発するなかで、資源としてのヒトの戦略的活用はなされないままに終わった。

零戦の優秀性は誰しもが認めるところである。戦後に至っても戦闘機としての大きな技術革新として評価されている。ところがその零戦にしても、技術開発陣のヒト資源の余裕のなさも手伝ってその後は場当たり的な改良に終始したため、艦隊決戦という時代遅れになりつつあった戦略発想を覆すものではなく、その枠内にとどまるものでしかなかった。攻撃能力を限度ぎりぎりまで強化した名機は、ベテラン搭乗員の練度の高い操縦によって初めて威力を発揮した。米軍は、防御に強い、操縦の楽なヘルキャットを大量生産し、大量の新人搭乗員を航空主兵という戦略のヒト資源として活用した。日本軍の零戦は、それが傑作であることによって、かえって戦略的重要性を見る眼をそいでしまった。日本軍は、突出した技術革新を戦略の発想と体系の革新にむすびつけるという明確な視点を欠いていたといえるのである。

日本軍はある意味において、たえず自己超越を強いた組織であった。それは、主体的というよりは、そうせざるをえないように追い込まれた結果であることが多かった。往々にして、その自己超越は、合理性を超えた精神主義に求められた。そのような精神主義的極限追求は、そもそも初めからできないことがわかっていたものであって、創造的破壊につながるようなものではなかったのである。

日本軍はまた、余裕のない組織であった。走り続けて、大東亜戦争に入ってからは客観的にじっくり自己を見つめる余裕がなかったのかもしれない。物的資源と人的資源、すべてに余裕がなかった。たとえば、日本海軍の航空機の搭乗員は一直制であとがなく、たえず一本勝負の短期戦を強いられてきた。米海軍は、第一グループが艦上勤務、第二グループは基地で訓練、第三グループは休暇という三直制を採用できた。加えて、自動車免許が常識の国だから、アマチュア・パイロットやエンジン整備の知識を有する潜在的予備軍も多かったのである。ガダルカナル戦では、海兵隊員が戦争のあい間にテニスをするのを見て辻政信は驚いたといわれている。彼らの戦い方には、なにか余裕があった。

これに対して、日本軍には、悲壮感が強く余裕や遊びの精神がなかった。これらの余裕のなさが重大な局面で、積極的行動を妨げたのかもしれない。南雲艦隊が真珠湾攻撃において第二次攻撃をせずに帰投したこと、三川艦隊が第一次ソロモン海戦で米輸送船団を見過ごしたこと、栗田艦隊がレイテ海戦で米輸送船団を攻撃せずに反転したことなど、どこかで資源的制約に基づく「艦を沈めてはならない」という消極性が目につくのである。つまり、これぞと思う一点にすべてを集中せざるをえず、次が続かなかった。そのために、既存の路線の追求には能率的ではあっても、自己革新につながるような知識や頭脳や行動様式を求めることが困難だったのではなかろうか。

異端・偶然との共存

およそイノベーション（革新）は、異質なヒト、情報、偶然を取り込むところに始まる。官僚制とは、あらゆる異端・偶然の要素を徹底的に排除した組織構造である。日本軍は、異端者を嫌った。ガダルカナル島放棄論を唱えた二見秋三郎参謀長、沖縄持久戦を主張した八原博通高級参謀、海軍の空軍化という独創的戦略論を唱えた井上成美航空本部長など、いずれも異端者は組織の中枢を占めることはできなかった。また異端者も、米空軍独立論を一身を賭して主張したミッチェル准将のような行動はとらなかった。山本長官のように、権力を握った者のみが、イノベーションを実現できたのである。ボトムアップによるイノベーションは困難であった。

およそ日本軍の組織は、組織内の構成要素間の交流や異質な情報・知識の混入が少ない組織でもあった。たとえば、参謀本部における最大の欠陥は、作戦課の独善性と閉鎖性にあったといわれる。この点について、有末精三（終戦時参謀本部第二部長）は次のようにいっている。

参謀本部第一部とくに作戦課については、一種の独善的な雰囲気があった。作戦計画について外に一切もらさず、またその策定について外からの干渉を排除し、意見を聞くことすらいやがった。

自分が参謀本部第二部長のとき、第一部との一体化の話を持ち出したが、この作戦課の閉鎖性のため実現しなかった。

演習課にいた頃、演習計画策定の基本として参考とするため作戦計画を見せてくれと申し出たが、とんでもないと言われた。自分の上司の班長ですら見せてもらえない。演習課長ですら見ておらず、早速課長同士で話してみせてもらったが、課長の話では「該当部分の前後は手で隠し、ご本尊は一寸八分、あれじゃ浅草の観音様だ」とのことであった。

それほど参謀本部作戦課は、閉鎖的であり独裁的であった。

また、大正十五年三月中支で臨城事件というトラブルが起きた際、当時第一部長荒木貞夫少将（第二部ロシア畑、情報畑出身）は、第一部の部員全員（作戦課〈作戦、兵站〉、要塞課、演習課）を集めて、意見を徴された。自分も呼ばれて、若い順で第一番目に指名されて答えた記憶がある。しかし、その席上、第二課（作戦課）の者と外の者の意見にはかなり隔たりがあり、第二課はこのようなことを嫌ったのであろう。それ以来このような会合は一度も開かれなかった。

情報畑出身の部長の新しい試みは沙汰やみとなったように思われた。

「このような参謀本部内の作戦部による情報部の軽視と独善は、作戦畑とか作戦課育ちという閉鎖集団の発生をもたらした」（土居征夫『下剋上』）。

日本軍の最大の特徴は「言葉を奪ったことである」（山本七平）という指摘にもあるように、組織の末端の情報、問題提起、アイデアが中枢につながることを促進する「青年の議論」が許されなかったのである。

軍事組織とはいえ、個々の戦闘から組織成員が偶然に発見した事実は数かぎりなくあったはずである。日本軍は、それらの偶然の発見を組織内に取り込むシステムや慣行を持っていたとはいえない。そもそも戦闘におけるコンティンジェンシー・プラン自体を持たなかったことは、偶然に対処するという発想が稀薄であったことを示しているのかもしれない。

知識の淘汰と蓄積

組織は進化するためには、新しい情報を知識に組織化しなければならない。つまり、進化する組織は学習する組織でなければならないのである。組織は環境との相互作用を通じて、生存に必要な知識を選択淘汰し、それらを蓄積する。

およそ日本軍には、失敗の蓄積・伝播を組織的に行なうリーダーシップもシステムも欠如していたというべきである。ガダルカナルの失敗は日本軍の戦略・戦術を改めるべき最初の機会であったが、それを怠った。成功の蓄積も不徹底であった。母艦航空部隊中心戦法など日本海軍が成功させておきながら、その後の一貫した集中的運用が不徹底であった。大東亜戦争の最後まで、日本軍は自らの行動の結果得た知識を組織的に蓄積しない組織であった。

これに対して、米軍は一九四二年末頃までに、ガダルカナルでの経験により、日本軍を攻撃する際には何が効果的で何がよくないかを海兵隊の過ちから完全に知りつくしていた。実際、ガダルカナルは米軍にとって一八九八年以来初めての水陸両用作戦であり、ガダルカナルは事実上実験的性格を有していた。したがって、ガダルカナルはその後の上陸作戦の指標となり、それを基盤として米軍はその後の戦闘の成功と失敗の経験を累積的に学習していったのである。

日本軍は、個々の戦闘結果を客観的に評価し、それらを次の戦闘への知識として蓄積することが苦手であった。これに比べて、米軍は一連の作戦の展開から有用な新しい情報をよく組織化した。とくに、海兵隊は水陸両用戦の知識を獲得していく過程で、個々の戦闘の結果、とりわけ失敗を次の作戦に必ず生かしてきた。たとえば、一九四三年一一月二〇日のタラワ作戦では、日本側海軍陸戦隊二六一九名を含む四八〇〇名の戦死に対し、海兵隊戦死一〇〇九名、戦傷二二九六名という大きな被害を出した。海兵隊はこの作戦から、①事前の砲爆撃の効果を確認すること、②リーフを乗り切る上陸用装甲車を必要とすること、③着岸直前の近距離砲撃の必要、④これを統制する水陸両用指揮艦の必要性を学んだ。それから一ヵ月半後のクェゼリン上陸では、タラワ攻略の五倍の砲爆撃が行なわれ、リーフを乗り切る上陸用装甲車が使用され、吃水の浅い歩兵揚陸艇も登場した。また近距離砲撃を正確に行なうため、上陸第一波が水際から四五〇メートルの距離に達したとき空中観測機は吊光弾を投下して艦隊に報告した。その結果、アメリカ軍の戦死者は三七二名、戦傷者一五八二名にとどまり、日本軍はタラワの約二倍の兵力約九〇〇〇名が投降者約一〇〇名を除き全員玉砕した。

太平洋諸島における作戦の最大のカギといわれた水陸両用作戦のノウハウは、海兵隊がガダルカナルから沖縄に至る一八回の上陸作戦を経て確立されたものである。第二次大戦後アレキサンダー・A・バンデグリフト大将は、海兵隊の貢献について次のようにいっている。

過去の戦争での戦闘部隊としての驚異的記録もさることながら、海兵隊のより大きな貢献は戦争の教義（ドクトリン）においてである。すなわち、合衆国海兵隊は、オーソドックスな戦略からしばしば無視され疑義を投げかけられたなかで、第二次大戦でのあらゆる海岸へ連合軍を上陸させた水陸両用作戦の教義の基本を、主に一九二二年から一九三五年にかけてつくりあげたという事実である。

海兵隊は、このような水陸両用作戦のドクトリンを海兵隊学校を中心に開発した。これに対して、日本軍の教育機関においては、いかなる学習が行なわれていたのだろうか。海軍大学校における学習について、次のような指摘がある。

航空戦術、砲戦術、水雷戦術、潜水艦戦術等に分かれて、それぞれの部門の研究をしたがそれを総合しての作戦の研究というものはほとんどなかった。学生のなかにはそれまでの作戦、海戦に参加した者が少なくなかったが、それらの体験者の貴重な戦訓を中心とした、ミッドウェー、ガダルカナルあるいはアッツ島沖等の失敗の原因を徹底的に研究するということも、ほとんど行なわれなかった。彼我の戦力が今後どのような見通しになるのかについても、ほとんど触れるところはなかった。（千早正隆『日本海軍の戦略発想』）

さらに、戦略的思考は日々のオープンな議論や体験のなかで蓄積されるものである。海兵隊は、水陸両用作戦のドクトリンを開発したときには、海兵隊学校の授業をストップし、教官と学生が一体となって自由討議のなかから積み上げていった。このような戦略・戦術マインドの日常化を通じて初めて戦略性が身につくのである。明治の軍人が戦略性を発揮しえたのは、武士としての武道とならんで兵法が作法として日常しつけられていたからであった。その後の日本軍では、日露戦争の幸運なる勝利についての真の情報が開示されず、その表面的な勝利が統帥綱領に集約され、戦略・戦術は「暗記」の世界となっていったのである。戦略がなければ、情報軽視は必然の推移である（岡崎久彦『戦略的思考とは何か』）。

統合的価値の共有

最後に、自己革新組織は、その構成要素に方向性を与え、その協働を確保するために統合的な価値あるいはビジョンを持たなければならない。自己革新組織は、組織内の構成要素の自律性を高めるとともに、それらの構成単位がバラバラになることなく総合力を発揮するために、全体組織がいかなる方向に進むべきかを全員に理解させなければならない。組織成員の間で基本的な価値が共有され信頼関係が確立されている場合には、見解の差異やコンフリクトがあってもそれらを肯定的に受容し、学習や自己否定を通してより高いレベルでの統合が可能になる。ところが、日本軍は、陸・海軍の対立に典型的に見られたように、統合的価値の共有に失敗した。

日本軍は、アジアの解放を唱えた「大東亜共栄圏」などの理念を有していたが、それを個々の戦闘における具体的な行動規範にまで論理的に詰めて組織全員に共有させることはできなかった。このような価値は、言行一致を通じて初めて組織内に浸透するものであるが、日本軍の指導層のなかでは、理想派よりは、目前の短期的国益を追求する現実派が主導権を握っていた。「大東亜共同宣言」の一項に、「大東亜各国は相互に其の伝統を尊重し各民族の創造性を伸暢した大東亜の文化を昂揚す」とあるが、第一線兵士は現地における現実のなかで、どれほどこの理念を信じて戦うことができたのであろうか。

日本軍の失敗の本質とその連続性

自己革新組織とは、環境に対して自らの目標と構造を主体的に変えることのできる組織であった。米軍は、目標と構造の主体的変革を、主としてエリートの自律性と柔軟性を確保するための機動的な指揮官の選別と、科学的合理主義に基づく組織的な学習を通じてダイナミックに行なった。

日本軍には、米軍に見られるような、静態的官僚制にダイナミズムをもたらすための、①エリートの柔軟な思考を確保できる人事教育システム、②すぐれた者が思い切ったことのできる分権的システム、③強力な統合システム、が欠けていた。そして日本軍は、過去の戦略原型にはみごとに適応したが、環境が構造的に変化したときに、自らの戦略と組織を主体的に変革するための自己否定的学習ができなかった。

日本軍は、独創的でかつ普遍的な組織原理を自ら開発したことはなかった。帝国陸軍が、本来の官僚制が適した大軍の使用・管理ができたのは、初期の進攻作戦だけである。マレー・シンガポール作戦、フィリピン作戦、ジャワ作戦、ビルマ作戦などでは、作戦の手本のような先制奇襲作戦をやってのけたが、初期作戦以降はウソのように弱体化していった。成長期には異常な力を発揮するが、持久戦にはほとんど敗者復活ができない。成長期には、組織的欠陥はすべてカバーされるが、衰退期にはそれが一挙に噴出してくるからである。

そのような欠陥の本質は、日本軍の組織原理にある。陸軍は、ヨーロッパから官僚制という高度に合理的・階層的組織を借用したが、それは官僚制組織が本来持っているメリットを十分に機能させる形で導入されていなかった。戦前における最も進んだ官僚制組織は軍隊であるといわれてきたが、日本軍のそれは官僚制と集団主義が奇妙に入り混じった組織であった。階層がありながら、ほどよい情緒的人的結合（集団主義）と個人の下剋上的突出を許容するシステムを共存させていた。それが機能しえたのは、①現場第一線の自由裁量と微調整が機能する、②すぐれた統合者を得て有効な属人的統合がなされる、③自動的コンセンサスが得られる状況にある（勝ち戦、白星、成長期）、などの条件が満たされた場合だけであった。

以上の点から、日本軍は、近代的官僚制組織と集団主義を混合させることによって、高度に不確実な環境下で機能するようなダイナミズムをも有する本来の官僚制組織とは異質の、日本的ハイブリッド組織をつくり上げたのかもしれない。しかも日本軍エリートは、このような日本的官僚制組織の有する現場の自由裁量と微調整主義を許容する長所を、逆に階層構造を利用して圧殺してしまったのである。そして、既述したように、日本軍の最大の失敗の本質は、特定の戦略原型に徹底的に適応しすぎて学習棄却ができず自己革新能力を失ってしまった、ということであった。

戦後、日本軍の組織的特性は、まったく消滅してしまったのであろうか。それは連続的に今日の日本の組織のなかに生きているのか、それとも非連続的に進化された形で生きているのだろうか。この問いに明確に答えるためには、新たなプロジェクトを起こし、実証研究を積み上げなければなるまい。しかしながらわれわれは、現段階では、日本軍の特性は、連続的に今日の組織に生きている面と非連続的に革新している面との両面があると考えている。

日本の政治組織についていえば、日本軍の戦略性の欠如はそのまま継承されているようである。しかしながら、日本政府の無原則性は、逆説的ではあるが、少なくともこれまでは国際社会において臨機応変な対応を可能にしてきた。原則に固執しなかったことが、環境変化の激しい国際環境下では、逆にフレキシブルな微調整的適応を意図せざる結果としてもたらしてきたのである。しかし、経済大国に成長してきた今日、日本がこれまでのような無原則性でこれからの国際環境を乗り切れる保証はなく、近年とみに国家としての戦略性を持つことが要請されるようになってきていると思われる。

日本軍が特定のパラダイムに固執し、環境変化への適応能力を失った点は、「革新的」といわれる一部政党や報道機関にそのまま継承されているようである。すべての事象を特定の信奉するパラダイムのみで一元的に解釈し、そのパラダイムで説明できない現象をすべて捨象する頑なさは、まさに適応しすぎて特殊化した日本軍を見ているようですらある。さらに行政官庁についていえば、タテ割りの独立した省庁が割拠し日本軍同様統合機能を欠いている。このような日本の政治・行政組織の研究は、われわれの今後の課題である。

日本軍の持っていた組織的特質を、ある程度まで創造的破壊の形で継承したのは、おそらく企業組織であろう。戦後の日本の企業組織にとって、最大の革新は財閥解体とそれに伴う一部トップ・マネジメントの追放であった。これまでの伝統的な経営層が一層も二層もいなくなり、思い切った若手抜擢が行なわれたのである。その結果、官僚制の破壊と組織内民主化が著しく進展し、日本軍の最もすぐれていた下士官や兵のバイタリティがわき上がるような組織が誕生したのである。

日本的経営が戦前すでに確立されていたのか、それとも戦後に確立されたものなのかについては、議論のあるところである。しかしながら最も大きな非連続的進化は、権威の否定が敗戦という外在的要因によってもたらされたということである。これは、日本的官僚制組織にとって、きわめて大きな価値観の転換でもあった。公職追放によって、突如抜擢された若手経営者は、戦後の企業再建過程のなかで激しい労働運動に対処するために、食わんがための、ナベ、カマ、弁当箱などの製造・販売さえもやりながら、「われわれは同じ仲間ではないか」、「一緒にやろうじゃないか」を合言葉に平等主義を定着させていった。このような権威の否定と仲間意識のなかから、下士官・兵の強かった日本軍は民主主義の旗の下に、その長所を最大限に生かすような形で自己否定的に再生したとも考えられる。事実、戦後の日本経済の奇跡を担ったのは復員将兵を中心とする世代であり、彼らが「天皇戦士」から「産業戦士」への自己否定的転身の過程で日本的経営システムをつくり上げたという指摘もある（中村忠一『戦後民主主義の経営学』）。

しかし同時に、これらの人々の多くは長年にわたる統制経済と軍隊における体験しか持たなかったため、新しい自由競争下の企業経営の経験に乏しかった。また、復員者を含めた多数の従業員をいかに統率するかという課題に直面していた。そのため彼らの軍隊における経験が活用されることになった。率先垂範の精神や一致団結の行動規範は、日本軍の持っていたいい意味での特質であったといえる。意識すると否とにかかわらず、日本軍の戦略発想と組織的特質の相当部分は戦後の企業経営に引き継がれているのである。

加護野忠男ほかの日米企業の経営比較によれば、日本企業の戦略と組織の強みは次のように指摘されている（『日米企業の経営比較』）。

戦略について

日本企業の戦略は、論理的・演繹的な米国企業の戦略策定に対して、帰納的戦略策定を得意とするオペレーション志向である。この長所は、継続的な変化への適応能力をもつことである。変化に対して、帰納的かつインクリメンタルに適応する戦略は、環境変化が突発的な大変動ではなく継続的に発生している状況では強みを発揮する。戦後の日本は、欧米をモデルとしながら、経済成長を実現してきたが、この過程では量的な拡大と対応して、多様な変化が混合しながら継続的に発生していた。このような変化がもたらす機会や脅威に対応するためには、適応のタイミングを失わないように、変化に対して微調整的な対応を行なわなければならない。

以上のような強みは、大きなブレイク・スルーを生みだすことよりも、一つのアイデアの洗練に適している。製品ライフサイクルの成長後期以後で日本企業が強みを発揮するのは、このためである。家電製品、自動車、半導体などの分野における日本企業の強さはこれに由来する。

組織について

日本企業の組織は、米国企業のような公式化された階層を構築して規則や計画を通じて組織的統合と環境対応を行なうよりは、価値・情報の共有をもとに集団内の成員や集団間の頻繁な相互作用を通じて組織的統合と環境対応を行なうグループ・ダイナミックスを生かした組織である。その長所は、次のようなものである。

① 下位の組織単位の自律的な環境適応が可能になる。

② 定型化されないあいまいな情報をうまく伝達・処理できる。

③ 組織の末端の学習を活性化させ、現場における知識や経験の蓄積を促進し、情報感度を高める。

④ 集団あるいは組織の価値観によって、人々を内発的に動機づけ大きな心理的エネルギーを引き出すことができる。

しかしながら以上の長所も、戦略については、①明確な戦略概念に乏しい、②急激な構造的変化への適応がむずかしい、③大きなブレイク・スルーを生みだすことがむずかしい、組織については、①集団間の統合の負荷が大きい、②意思決定に長い時間を要する、③集団思考による異端の排除が起こる、などの欠点を有している。そして、高度情報化や業種破壊、さらに、先進地域を含めた海外での生産・販売拠点の本格的展開など、われわれの得意とする体験的学習だけからでは予測のつかない環境の構造的変化が起こりつつある今日、これまでの成長期にうまく適応してきた戦略と組織の変革が求められているのである。とくに、異質性や異端の排除とむすびついた発想や行動の均質性という日本企業の持つ特質が、逆機能化する可能性すらある。

さらにいえば、戦後の企業経営で革新的であった人々も、ほぼ四〇年を経た今日、年老いたのである。戦前の日本軍同様、長老体制が定着しつつあるのではないだろうか。米国のトップ・マネジメントに比較すれば、日本のトップ・マネジメントの年齢は異常に高い。日本軍同様、過去の成功体験が上部構造に固定化し、学習棄却ができにくい組織になりつつあるのではないだろうか。

日本的企業組織も、新たな環境変化に対応するために、自己革新能力を創造できるかどうかが問われているのである。

参考文献

一章　失敗の事例研究

1　ノモンハン事件

朝日新聞法廷記者団『東京裁判』（上）（中）（下）東京裁判刊行会、一九六二年
防衛庁防衛研修所戦史室『戦史叢書　関東軍（一）』朝雲新聞社、一九六九年
草葉栄『ノロ高地』（正）（続）鱒書房、一九四一年、一九四三年
辻政信『ノモンハン』亜東書房、一九五一年
林三郎『関東軍と極東ソ連軍』芙蓉書房、一九七四年
五味川純平『ノモンハン』文藝春秋、一九七五年
玉田美郎『ノモンハンの真相』原書房、一九八一年
ソ連共産党中央委員会附属マルクス・レーニン主義研究所編／川内唯彦訳『第二次世界大戦史』第二巻、弘文堂、一九六三年
ゲ・カ・ジューコフ／清川勇吉、相場正三久、大沢正共訳『ジューコフ元帥回想録』朝日新聞社、一九七〇年
平井友義「ソ連史料からみたノモンハン事件」、『歴史と人物』増刊、中央公論社、一九八三年一

月

2　ミッドウェー作戦

防衛庁防衛研修所戦史室『戦史叢書　ミッドウェー海戦』朝雲新聞社、一九七一年
Buell, Thomas B., *The Quiet Warrior : A Biography of Admiral Raymond A. Spruance*, Little, Brown & Co., 1974
源田実『風鳴り止まず』サンケイ出版、一九八二年
Lord, Walter, *Incredible Victory*, Harper & Row, Inc., 1967
Morison, Samuel Eliot, *History of United States Naval Operations in World War II, Vol. IV, Coral Sea, Midway and Submarine Actions*, Little, Brown & Co., 1949
長田順行『暗号』ダイヤモンド社、一九七九年
Potter, E. B. and Nimitz, C. W. (ed.), *The Great Sea War*, Prentice-Hall, 1960
Prange, Gordon W., *Miracle at Midway*, McGraw-Hill Book Co., 1982
柴田武雄「ミッドウェー海戦と源田参謀の無能」、『軍事研究』一九七八年六月号
外山三郎「大東亜戦争の軍事的教訓（その三）―ミッドウェー海戦について―」、『防衛大学校紀要』第三五輯、一九七七年

3　ガダルカナル作戦

防衛庁防衛研修所戦史室『戦史叢書　南太平洋陸軍作戦（一）（二）』朝雲新聞社、一九六八年
五味川純平『ガダルカナル』文藝春秋、一九八〇年

井本熊男『作戦日誌で綴る大東亜戦争』芙蓉書房、一九七九年
伊藤正徳『帝国陸軍の最後』決戦編、文藝春秋、一九六〇年
亀井宏『ガダルカナル戦記』全三巻、光人社、一九八〇年
グレイム・ケント／柳澤健訳『ガダルカナル』サンケイ出版、一九七二年
Marine Corps Monographs, *The Guadalcanal Campaign*, Greenwood Press, 1949
Morison, S. E., *The Struggle for Guadalcanal*, Little, Brown & Co., 1949
越智春海『ガダルカナル』図書出版社、一九七四年
御田重宝『ガダルカナル作戦』徳間書店、一九七七年
辻政信『ガダルカナル』養徳社、一九五一年
Wheeler, R., *A Special Valor : The U. S. Marines and the Pacific War*, Harper & Row, 1983
山岡荘八『小説太平洋戦争』二、講談社、一九八三年

4　インパール作戦

防衛庁防衛研修所戦史室『戦史叢書　インパール作戦——ビルマの防衛』朝雲新聞社、一九六八年
服部卓四郎『大東亜戦争全史』原書房、一九六五年
林三郎『太平洋戦争陸戦概史』岩波書店、一九五一年
片倉衷『インパール作戦秘史』経済往来社、一九七五年
デリク・タラク／小城正訳『ウィンゲート空挺団——ビルマ奪回作戦』早川書房、一九七八年
『昭和史の天皇』第九巻、読売新聞社、一九六九年

5 レイテ海戦

防衛庁防衛研修所戦史室『戦史叢書　海軍捷号作戦(一)—台湾沖航空戦まで』朝雲新聞社、一九七〇年
同　右『戦史叢書　海軍捷号作戦(二)—フィリピン沖海戦』朝雲新聞社、一九七二年
同　右『戦史叢書　大本営海軍部・連合艦隊(六)—第三段作戦後期』朝雲新聞社、一九七一年
吉田俊雄・半藤一利『全軍突撃—レイテ沖海戦』R出版、一九七〇年
福田幸弘『連合艦隊—サイパン・レイテ海戦記』時事通信社、一九八一年
小島清文『栗田艦隊』図書出版社、一九七九年
J・A・フィールドJr／中野五郎訳『レイテ湾の日本艦隊』日本弘報社、一九四九年
小柳富次『栗田艦隊』潮書房、一九五六年
大岡昇平『レイテ戦記』中央公論社、一九七二年
伊藤正徳『連合艦隊の最後』文藝春秋、一九五六年

6 沖縄戦

防衛庁防衛研修所戦史室『戦史叢書　沖縄方面陸軍作戦』朝雲新聞社、一九六八年
同　右『戦史叢書　沖縄・台湾・硫黄島方面陸軍航空作戦』朝雲新聞社、一九七〇年
八原博通『沖縄決戦——高級参謀の手記』読売新聞社、一九七二年
太田嘉弘『沖縄作戦の統帥』相模書房、一九七九年
神直道『沖縄かくて潰滅す』原書房、一九六七年

陸戦史普及会『沖縄作戦』原書房、一九六八年

二章　失敗の本質

秦郁彦『太平洋戦争六大決戦』読売新聞社、一九七六年
服部卓四郎『大東亜戦争全史』原書房、一九六五年
高木惣吉『太平洋海戦史』岩波書店、一九七〇年
児島襄『太平洋戦争』（上・下）中央公論社、一九六五年、一九六六年
児島襄『指揮官』文藝春秋、一九七一年
児島襄『参謀』文藝春秋、一九七二年
大江志乃夫『天皇の軍隊』小学館、一九八二年
木坂順一郎『太平洋戦争』小学館、一九八二年
土居征夫『下剋上』日本工業新聞社、一九八二年
千早正隆『日本海軍の戦略発想』プレジデント社、一九八二年
山本七平『一下級将校の見た帝国陸軍』朝日新聞社、一九七六年
山本七平『私の中の日本軍』（上・下）文藝春秋、一九七五年
山本七平『空気の研究』文藝春秋、一九七七年
池田清『海軍と日本』中央公論社、一九八一年
岡崎久彦『戦略的思考とは何か』中央公論社、一九八三年

山本親雄『大本営海軍部』朝日ソノラマ、一九八二年
C・W・ニミッツ、E・B・ポッター／実松譲、富永謙吾共訳『ニミッツの太平洋海戦史』恒文社、一九六二年
プレジデント編『海軍式マネジメントの研究』プレジデント社、一九七八年
堀元美『連合艦隊の生涯』朝日ソノラマ、一九八二年
吉田俊雄『四人の連合艦隊司令長官』文藝春秋、一九八一年
C・ウィロビー／大井篤訳『マッカーサー戦記』時事通信社、一九五六年
吉田俊雄『五人の海軍大臣』文藝春秋、一九八三年
実松譲『日米情報戦記』図書出版社、一九八〇年
松村茂平『敗北の法則』叢文社、一九八三年

三章　失敗の教訓

池田清『海軍と日本』中央公論社、一九八一年
岡崎久彦『戦略的思考とは何か』中央公論社、一九八三年
熊谷光久「大東亜戦争将帥論」、『国防』一九八一年一一月号
熊谷光久「旧陸海軍兵科将校の教育人事」、『新防衛論集』第八巻第三号、一九八〇年一二月
実松譲『海軍を斬る』図書出版社、一九八二年
高山信武『参謀本部作戦課』芙蓉書房、一九七八年

千早正隆『日本海軍の戦略発想』プレジデント社、一九八二年
土居征夫『下剋上』日本工業新聞社、一九八二年
中村忠一『戦後民主主義の経営学』東洋経済新報社、一九八三年
長谷川慶太郎『軍隊式マネジメント比較』プレジデント社、一九八三年
林三郎『太平洋戦争陸戦概史』岩波書店、一九五一年
御田俊一『帝国海軍はなぜ敗れたか』芙蓉書房、一九八〇年
山本七平『一下級将校の見た帝国陸軍』朝日新聞社、一九七六年
吉田俊雄『四人の連合艦隊司令長官』文藝春秋、一九八一年
吉田俊雄「帝国海軍とは何であったか」、『ビッグマン・スペシャル』世界文化社、一九八三年九月号
金子常規『兵器と戦術の世界史』原書房、一九七九年
加登川幸太郎『帝国陸軍機甲部隊』原書房、一九八一年
野中郁次郎・加護野忠男・小松陽一・奥村昭博・坂下昭宣『組織現象の理論と測定』千倉書房、一九七八年
加護野忠男・野中郁次郎・榊原清則・奥村昭博『日米企業の経営比較』日本経済新聞社、一九八三年
Lawrence, P. R. and J. W. Lorsch, *Organization and Environment : Managing Differentiation and Integration*, Harvard Business School, Division of Research, 1967（吉田博訳『組織の条件適応理論』産業能率短期大学出版部、一九七七年）
Argyris, C. and D. A. Schon, *Organizational Learning : A Theory of Action Perspective*, Addison-

Wesley, 1978

Duncun, R. B. and A. Weiss, "Organizational Learning : Implications for Organizational Design," in Staw, B.（ed.）, *Research in Organizational Behavior,* JAI Press, 1979

Hedberg., B., "How Organizations Learn and Unlearn," in Nystrom, P. C. and W. H. Starbuck（eds.）, *Handbook of Organizational Design,* Vol. 1, 1981

Shrivastava, P., "A Typology of Organizational Learning Systems," *Journal of Management Studies,* Vol. 20, No. 9, 1983

Deal, T. E. and A. A. Kennedy, *Corporate Cultures,* Addison-Wesley, 1982（城山三郎訳『シンボリック・マネジャー』新潮社、一九八三年）

Jantsch, Eric, "Unifying Principles of Evolution," in Jantsch, E.（ed.）, *Evolutionary Vision,* Westview Press, 1981

Sahal, D., "A United Theory of Self-Organization," *Journal of Cybernetics,* Vol. 9, 1979

Clifford, K. J., *Progress and Purpose : A Developmental History of the United States Marines Corps 1900-1970,* History and Museum Division, Headquarters, U. S. Marines Corps, Washington, 1973

文庫版あとがき

本書がダイヤモンド社より上梓されてから、既に七年も経った。刊行以来、本書はわれわれ執筆者の予想あるいは期待以上の反響を呼び、その大きさに執筆者たるわれわれ自身さえ当惑させられる程であった。『失敗の本質』という本書のやや誇大なタイトルが、読者に過大な期待を抱かせ、多くの関心を引いたのかもしれない。それとともに、われわれの問題意識が、多くの読者が日頃考えていることと重なり合う部分が少なくなかったということでもあろう。やがて本書は、われわれの手を離れて、いわば一人歩きを始めた。そして、本書がもともと共同研究によるものであるためか、われわれは、まるで他人の手になる書物であるかのように、醒めた眼で冷静に読み直すことができるようにもなった。

われわれにとっての日本軍の失敗の本質とは、組織としての日本軍が、環境の変化に合わせて自らの戦略や組織を主体的に変革することができなかったということにほかならない。戦略的合理性以上に、組織内の融和と調和を重視し、その維持に多大のエネルギーと時間を投入せざるを得なかった。このため、組織としての自己革新能力を持つことができなかったのである。

それでは、なぜ日本軍は、組織としての環境適応に失敗したのか。逆説的ではあるが、その原因の一つは、過去の成功への「過剰適応」があげられる。過剰適応は、適応能力を締め出すのである。近代史に遅れて登場したわが国は、日露戦争（一九〇四～五）をなんとか切り抜けることによって、国際社会の主要メンバーの一つとして認知されるに至った。が同時に日露戦争は、帝国陸海軍が、それぞれ「白兵銃剣主義」、「艦隊決戦主義」というパラダイムを確立するきっかけともなった。その後、第一次世界大戦という近代戦に直接的な関わりを持たなかったこともあって、これらのパラダイムは、帝国陸海軍によって過剰学習されることになったのである。

組織が継続的に環境に適応していくためには、組織は主体的にその戦略・組織を革新していかなければならない。このような自己革新組織の本質は、自己と世界に関する新たな認識枠組みを作りだすこと、すなわち概念の創造にある。しかしながら、既成の秩序を自ら解体したり既存の枠組みを組み換えたりして、新たな概念を創り出すことは、われわれの最も苦手とするところであった。日本軍のエリートには、狭義の現場主義を超えた形而上的思考が脆弱で、普遍的な概念の創造とその操作化ができる者は殆どいなかったといわれる所以である。

自らの依って立つ概念についての自覚が希薄だからこそ、いま行っていることが何なのかということの意味がわからないままに、パターン化された「模範解答」の繰り返しに終始する。それゆえ、戦略策定を誤った場合でもその誤りを的確に認識できず、責任の所在が不明なままに、フィードバックと反省による知の積み上げができないのである。その結果、自己否定的学習、すなわちもはや無用もしくは有害となってしまった知識の棄却ができなくなる。過剰適応、過剰学習とはこれにほかならなかった。

日露戦争から三十六年後の一九四一年、わが国は既存の国際秩序に対して独自のグランド・デザインを描こうとする試みを開始した。そして、三年八ヵ月の失敗の検証をへて、この試みは挫折した。これによって、日露戦争によって獲得した国際社会の主要メンバーとしての資格と地位をすべて喪失した。

それから半世紀、一九八〇年代末から顕在化した世界秩序の枠組みの増幅的な変動と模索の過程の中で湾岸戦争が生じた。これに対するわが国の対応の仕方は、本質的議論を避け、まさに主体的に独自の戦略概念を形成することができないという、自己革新能力の欠如を確認する以外の何物でもなかった。不確実性が高く不安定かつ流動的な危機的状況では、日本軍にみられたような戦略・組織特性は有効に機能しえず、さまざまな組織的欠陥を露呈したのだった。

一九四五年以来今日に至るまで、わが国は、国際社会の中における独立国家としての機能や役割を忘失してしまったままであるかのようにみえる。組織としての日本軍の失敗に籠められたメッセージの解読が、今日、なお教訓となっていない、あるいは教訓となりえないということなのだろうか。

いずれにしても、わが国にとってもはや先行モデルや真似るべき手本がなくなってしまったといわれる。こと企業活動に関していえば、意図せざるうちに先頭集団を走るようになってしまった。概念創造能力の不在を、第一線現場での絶えざる自己超越や、実施段階における創意工夫による不確実性吸収だけでカバーすることができなくなってきたのである。

なぜなら、このようなやり方は、既成の秩序やゲームのルールの中で先行目標を後追いする時にのみ、その強みを発揮するからである。むしろ、明示的な概念を持たないことは、組織の柔軟性を確保して流動的な状況への対応にしばしば有利に作用してきたともいえる。

しかし、いまやフォローすべき先行目標がなくなり、自らの手で秩序を形成しゲームのルールを作り上げていかなければならなくなってきた。グランド・デザインや概念は他から与えられるものではなく、自らが作り上げていくものなのである。新秩序模索の過程では、ゲームのルールも動揺を繰り返すであろう。

企業をはじめわが国のあらゆる領域の組織は、主体的に独自の概念を構想し、フロンティアに挑戦し、新たな時代を切り開くことができるかということ、すなわち自己革新組織としての能力を問われている。本書の今日的意義もここにあるといえよう。

平成三年七月

執筆者一同

文庫版あとがき（二〇二四年）――戦後八十年によせて

野中郁次郎

『失敗の本質』は、博士論文をベースに発展させた『組織と市場』（一九七四年）につづく、私にとっては五冊目の著書で、戦史に関する研究プロジェクトによる最初の本です。研究プロジェクトは、当時防衛大学校長だった猪木正道先生からのお誘いで、私が防衛大学校に移り一九八〇年秋にスタートしました。メンバーは戦史研究の杉之尾孝生と組織論の鎌田伸一と私、そこに戸部良一（政治外交史）が加わり、さらに村井友秀（軍事史）と寺本義也（組織論）が参加し全六名。研究テーマはノモンハン、ミッドウェー、ガダルカナル、インパール、レイテ、沖縄の六作戦を失敗事例とした日本軍の組織特性の分析でした。

大別すれば、メンバーは組織論と歴史の研究者であり、研究分野の手法の違いからしばしば意見が対立しました。個別性、特殊性を重視する歴史研究者と、普遍化、理論化を目指す組織論者の間で、何度も妥協することなく知的コンバットを積み重ねました。異質な者同士のぶつかり合いが創造性を触発します。これこそ、異なる専門性を持つ研究集団の共同研究の面白さであり、研究の深化をはっきりと認識できました。そして八四年五月、ダイヤモンド社から『失敗の本質』を刊行しました。

刊行当初、反応はあまり芳《かんば》しくありませんでした。しかし、『週刊文春』（一九八四年七月五日号）の岡崎久彦氏の書評を受けてベストセラーになります。岡崎氏は当時、外務省調査企画部長で、『戦略的思考とは何か』（中公新書）の著者としても知られていました。氏の書評は〈特に、独創的《オリジナル》とさえ言えるのは、各作戦の敗因の大きな部分を「日本的集団主義」に見出し、またそれが現代日本社会に内在する欠陥とも相通ずることを指摘した点にある〉という、『失敗の本質』の肯綮《こうけい》に中《あた》る見事なものでした。『失敗の本質』の中にも『戦略的思考とは何か』についての言及がありますが、私たちが岡崎氏の発想に共鳴したのだと思います。

『失敗の本質』はその後九一年に中公文庫版が刊行され、さらに多くの読者に手にとっていただくようになりました。『失敗の本質』以降、企業のイノベーションと戦史に関わる研究が私の研究の二本柱となりました。研究プロジェクトは『戦略の本質』（二〇〇五年）、『失敗の本質　戦場のリーダーシップ篇』（二〇一二年）、『国家経営の本質』（二〇一四年）、『知略の本質』（二〇一九年）へと結実しました。また、『失敗の本質』で分析した日本軍が負けた相手ともいえる「最強の軍事組織」アメリカ海兵隊の組織論的研究『アメリカ海兵隊』（一九九五年、中公新書）、さらに『知的機動力の本質』（二〇一七年、中公文庫版二〇二三年）へと展開しました。

こうした研究を続けるなかで、しばしば、なぜ戦史に学ぶのかと聞かれることがあります。それは戦後の日本で最も欠けていたのが戦略と戦争の研究ではないかと思うからです。大木毅氏が「戦争という極限状態において、人間はもっとも醜悪で愚かな言動と、いちばん美しく、聡明なそれとを同時にひらめかせる」と語るように、国家に尽くす高潔な精神と愚かで醜い行為が同時に存在します。

日本が平和を望むのなら、極端な悲観論や事勿《ことなか》れ主義に陥るのではなく、歴史的構想力を発揮して過去に学ぶべきです。しっかりと検証し、教訓を引き出したうえで、美化することも侮蔑することもなく、激動のなかで動いている現実を直視する。そして、未来の共通善に向かうイノベーションを実現する理想主義的プラグマティズムを徹底すべきだと考えています。

『失敗の本質』は、戦後四十年を目前にした一九八四年五月に初版が刊行され、そこからさらに四十年の時が経ちました。奇《く》しくもそれは、「失われた三十年」と重なります。

本書の終章では、日本軍の自己革新力を奪ったさまざまな組織的特性が、戦後の日本の組織に連続したのかという問題提起を行いました。現在でも、過去の成功体験への過剰適応によって、自己革新を妨げるようなさまざまな兆候が、実は日常に潜んでおり、それがいわゆる「大企業病」をもたらしているように思います。

私は人間の無限の可能性を信じています。人間は、未来に向かって他者と相互作用しながら、新たな価値や意味を創造する動的な主体です。

動く現実のただ中で、何が本質であるかを直観する。他者との共感を媒介に、忖度抜きに知的コンバットを行い本質を練磨する。あらゆる知見を綜合し、未来の共通善に向かって自在に新しい集合知を創造する。スクラムを組んで試行錯誤しつつ機動的に実践し、やり抜く。このような無限の努力をレジリエントに続けるという実践知のリーダーシップを日々、発揮できているか、読者の皆さんに問い続けることを本書に託したいと思います。

二〇二四年一一月

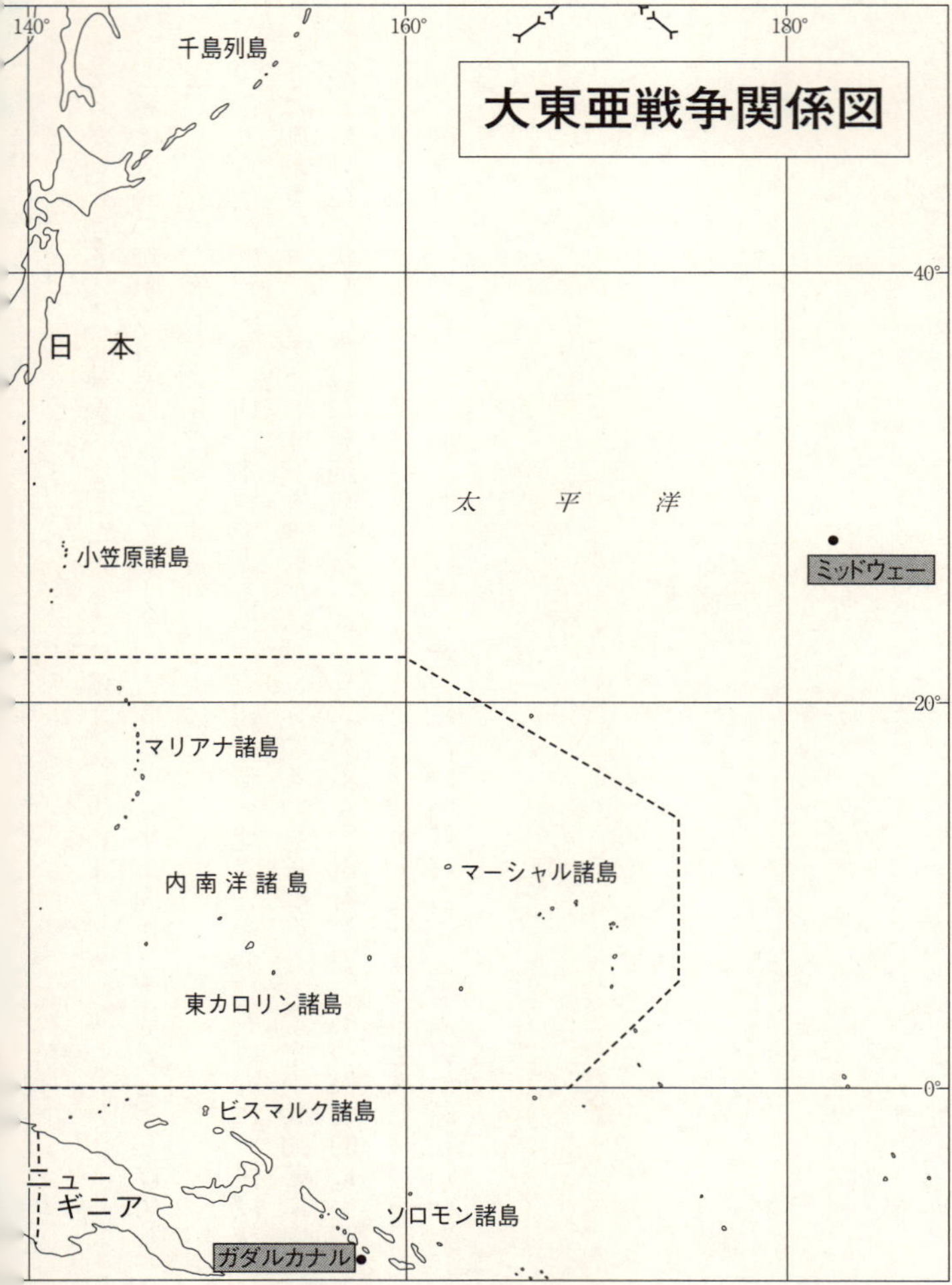

大東亜戦争関係図
140°
160°
180°
40°
20°
0°
千島列島
日　本
太　平　洋
ミッドウェー
小笠原諸島
マリアナ諸島
マーシャル諸島
内 南 洋 諸 島
東カロリン諸島
ビスマルク諸島
ニュー
ギニア
ソロモン諸島
ガダルカナル

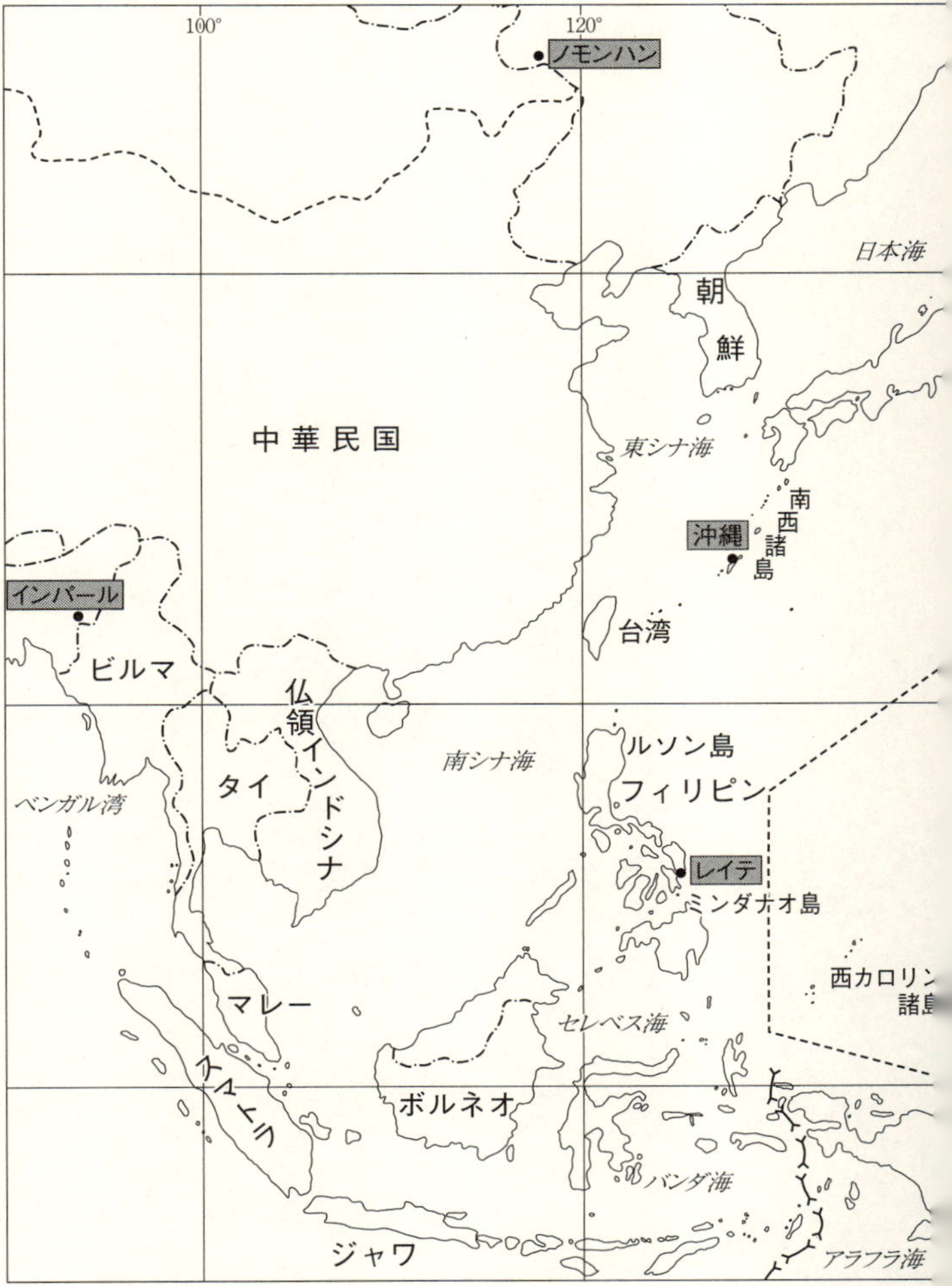
100°
120°
ノモンハン
日本海
朝鮮
中華民国
東シナ海
南西諸島
沖縄
インパール
台湾
ビルマ
仏領インドシナ
ルソン島
南シナ海
タイ
フィリピン
ベンガル湾
レイテ
ミンダナオ島
西カロリン諸島
マレー
セレベス海
スマトラ
ボルネオ
バンダ海
ジャワ
アラフラ海

『失敗の本質　日本軍の組織論的研究』
単行本　ダイヤモンド社　一九八四年五月刊
文　庫　中公文庫　一九九一年八月刊

付記
本書は中公文庫版（七七刷、二〇二四年一月刊）を底本とし、
「文庫版あとがき（二〇二四年）」を新たに加えたものです

中公文庫

失敗《しっぱい》の本質《ほんしつ》
——日本軍《にほんぐん》の組織論的研究《そしきろんてきけんきゅう》

1991年 8 月10日　初版発行
2024年12月25日　改版発行
2025年 6 月20日　改版 5 刷発行

著　者　戸部《とべ》 良一《りょういち》／寺本《てらもと》 義也《よしや》
　　　　鎌田《かまた》 伸一《しんいち》／杉之尾《すぎのお》孝生《よしお》
　　　　村井《むらい》 友秀《ともひで》／野中《のなか》郁次郎《いくじろう》

発行者　安 部 順 一

発行所　中央公論新社
　　　　〒100-8152　東京都千代田区大手町 1-7-1
　　　　電話　販売 03-5299-1730　編集 03-5299-1890
　　　　URL https://www.chuko.co.jp/

ＤＴＰ　嵐下英治
印　刷　三晃印刷
製　本　フォーネット社

Published by CHUOKORON-SHINSHA, INC.
Printed in Japan　ISBN978-4-12-207593-1 C1121

各書目の下段の数字はISBNコードです。978－4－12が省略してあります。

中公文庫既刊より

の-19-1
知的機動力の本質 アメリカ海兵隊の組織論的研究
野中郁次郎
アメリカ海兵隊の体現する知的機動力を解明し、日本的経営の創造の方位を示す。日本軍の敗因分析をした『失敗の本質』の姉妹篇にして組織論研究の決定版。
207307-4

あ-1-1
アーロン収容所
会田雄次
ビルマ英軍収容所に強制労働の日々を送った歴史家の鋭利な観察と筆。西欧観を一変させ、今日の日本人論ブームを誘発させた名著。〈解説〉村上兵衛
200046-9

い-61-2
最終戦争論
石原莞爾
戦争術発達の極点に絶対平和が到来する。戦史研究と日蓮信仰を背景にした石原莞爾の特異な予見は、日本を満州事変へと駆り立てた。〈解説〉松本健一
203898-1

い-61-3
戦争史大観
石原莞爾
使命感過多なナショナリストの魂と冷徹なリアリストの眼をもつ石原莞爾。真骨頂を示す軍事学論・戦争史観・思索史的自叙伝を収録。〈解説〉佐高　信
204013-7

い-65-2
軍国日本の興亡 日清戦争から日中戦争へ
猪木正道
日清・日露戦争に勝利した日本は軍国主義化し、国際的に孤立した。軍部の独走を許し国家の自爆に至った経緯を詳説する。著者の回想「軍国日本に生きる」を併録。
207013-4

い-108-6
昭和16年夏の敗戦 新版
猪瀬直樹
日米開戦前、総力戦研究所の精鋭たちが出した結論は「日本必敗」。それでも開戦に至った過程を描き、日本的組織の構造的欠陥を衝く。〈巻末対談〉石破　茂
206892-6

お-2-13
レイテ戦記（一）
大岡昇平
太平洋戦争の天王山・レイテ島での死闘を再現した戦記文学の金字塔。巻末に講演「『レイテ戦記』の意図」を付す。毎日芸術賞受賞。〈解説〉大江健三郎
206576-5

お-2-14
レイテ戦記（二）
大岡昇平
リモン峠で戦った第一師団の歩兵は、日本の歴史自身と戦っていたのである――インタビュー「『レイテ戦記』を語る」を収録。〈解説〉加賀乙彦
206580-2

お-2-15
レイテ戦記（三）
大岡昇平
マッカーサー大将がレイテ戦終結を宣言後も、徹底抗戦を続ける日本軍。大西巨人との対談「戦争・文学・人間」を巻末に新収録。〈解説〉菅野昭正
206595-6

お-2-16
レイテ戦記（四）
大岡昇平
太平洋戦争最悪の戦場を鎮魂の祈りを込め描く著者渾身の巨篇。巻末に「連載後記」、エッセイ「『レイテ戦記』を直す」を新たに付す。〈解説〉加藤陽子
206610-6

き-46-1
組織の不条理　日本軍の失敗に学ぶ
菊澤研宗
個人は優秀なのに、組織としてはなぜ不条理な事をやってしまうのか？　日本軍の戦略を新たな経済学理論で分析、現代日本にも見られる病理を追究する。
206391-4

き-46-2
命令の不条理　逆らう部下が組織を伸ばす
菊澤研宗
日本の組織に必要なのは、勇気ある部下の「命令違反」と、それを許容するマネージメントだった！『組織の不条理』への解答篇。『命令違反』が組織を伸ばす』改題。
207280-0

き-46-3
戦略の不条理　変化の時代を生き抜くために
菊澤研宗
戦略は「合理的に失敗する」。ならば、どうすれば良いのか？　歴史上の軍事戦略を手がかりとして、現代を組織が生き抜くための多元的な経営戦略を提案する。
207293-0

と-35-1
開戦と終戦　帝国海軍作戦部長の手記
富岡定俊
作戦課長として対米開戦に立ち会い、作戦部長として戦艦大和水上特攻に関わった軍人が、日本海軍の作戦立案や組織の有り様を語る。〈解説〉戸髙一成
206613-7

な-68-1
新編　現代と戦略
永井陽之助
戦後日本の経済重視・軽武装路線を「吉田ドクトリン」と定義づけた国家戦略論の名著。岡崎久彦との対論を併録。文藝春秋読者賞受賞。〈解説〉中本義彦
206337-2